纺织新技术书库

喷气涡流纺纱技术及应用

李向东　主编
刘艳斌　刘　琳　副主编

中国纺织出版社

内 容 提 要

本书阐述了关于喷气涡流纺纱的技术原理、纱线结构与性能特点、成纱的工艺与质量要求、机器操作注意事项及专件器材的维护保养等，并对喷气涡流纺纱线相关织物产品及其后续应用领域的研究开发等方面进行了拓展分析。

本书适用于纺织企业工程技术人员、喷气涡流纺设备维修人员、大专院校纺织专业学生阅读。

图书在版编目（CIP）数据

喷气涡流纺纱技术及应用／李向东主编．—北京：中国纺织出版社，2019.5

（纺织新技术书库）

ISBN 978-7-5180-5678-1

Ⅰ．①喷… Ⅱ．①李… Ⅲ．①喷气纺纱 ②涡流纺纱 Ⅳ．①TS104.7

中国版本图书馆 CIP 数据核字（2018）第 264218 号

责任编辑：符 芬　　责任校对：楼旭红　　责任印制：何 建

中国纺织出版社出版发行
地址：北京市朝阳区百子湾东里 A407 号楼　邮政编码：100124
销售电话：010—67004422　传真：010—87155801
http://www.c-textilep.com
E-mail:faxing@c-textilep.com
中国纺织出版社天猫旗舰店
官方微博 http://weibo.com/2119887771
北京玺诚印务有限公司印刷　各地新华书店经销
2019 年 5 月第 1 版第 1 次印刷
开本：710×1000　1/16　印张：15
字数：201 千字　定价：98.00 元

前　言

喷气涡流纺是目前纺纱工程中一项最新的纺纱技术。它与传统环锭纺相比具有纺纱流程短、生产效率高、质量在线监控的自动化和智能化程度高等特点，同时它又拥有占地面积少、用工省、能耗低等优势。村田喷气涡流纺纱机从研发到投入生产，只有10多年时间，其全球总销量已达2000余台，先后经历了三次更新换代，从MVS851型到MVS861型再到最新的MVS870机型。虽然喷气涡流纺设备推出时间不长，但在国内得到快速发展。据相关资料显示，国内从2005年少数纺纱企业引进这项纺纱技术以来，随着生产企业数量逐年增加，产能不断扩大，截至2016年国内已拥有喷气涡流纺设备1000余台。尤其是浙江地区，产能占全国60%以上。据统计，目前中国是世界喷气涡流纺最大的生产基地，喷气涡流纺纱线日产量约1000吨，占全球喷气涡流纺纱线产量的52%以上，产量逐年增加。喷气涡流纺已成为纺纱领域的重要组成部分，其纺纱技术及应用也成为纺纱领域的重点研究对象。在此背景下，基于多年喷气涡流纺一线生产实践经验及成果，我们编辑整理了该书。

本书第1章由李向东、刘艳斌、刘琳共同编写，第2~3章由李向东、刘琳编写，第4~6章由李向东、刘艳斌编写，第7~9章由刘艳斌编写，第10章由刘琳编写。

在本书的编写过程中参考了其他图书和资料，在此谨向有关参考资料的作者表示最诚挚的谢意。本书在编写过程中得到了村田机械（上海）有限公司、中国纺织出版社的大力支持，在此一并表示感谢。

由于编者水平有限，书中难免存在疏漏和不足，敬请读者批评指正。

李向东

2018年10月

目　　录

第一章　喷气涡流纺纱技术原理及优势 …… 1

第一节　喷气涡流纺纱技术成纱原理 …… 1

一、成纱原理 …… 1

二、喷气涡流纱中纤维的空间轨迹研究 …… 3

第二节　喷气涡流纺成纱结构与性能的关系 …… 8

一、喷气涡流纺纱结构 …… 8

二、包缠纤维对成纱性能的影响 …… 10

三、纱芯纤维对成纱性能的影响 …… 12

第三节　纱线结构特点与织物性能关系 …… 13

一、织造效率高且现场飞花少 …… 13

二、具有毛细效应 …… 13

三、织物外观性能优异 …… 14

第四节　喷气涡流纺技术特点 …… 15

一、优势 …… 15

二、缺陷 …… 16

第二章　喷气涡流纺适纺原料 …… 18

第一节　天然纤维 …… 18

一、棉纤维 …… 18

二、麻纤维 …… 19

三、竹纤维 …… 21

四、羊毛及羊绒 …… 22

第二节　化学纤维 …… 22

一、黏胶纤维 …… 22
二、Modal 纤维 …… 23
三、天丝纤维 …… 25
四、涤纶 …… 25
五、腈纶 …… 26
第三节　喷气涡流纺原料预处理及配棉 …… 27
一、喷气涡流纺原料的预处理 …… 27
二、喷气涡流纺原料的配棉要求 …… 28
三、化纤原料选配技术 …… 31

第三章　前纺各道工序工艺要求 …… 35
第一节　清梳工序工艺及质量要求 …… 35
一、开清棉 …… 35
二、清梳联 …… 42
三、梳棉机 …… 42
四、梳棉工序产生疵点的成因分析 …… 47
第二节　精梳及精梳前准备工序工艺及质量要求 …… 49
一、精梳机前准备工序工艺配置 …… 49
二、精梳工序 …… 53
第三节　并条工序工艺及质量要求 …… 56

第四章　喷气涡流纺工艺设计 …… 61
第一节　喷气涡流纺工艺设计原理 …… 61
一、罗拉中心距 …… 62
二、纺锭到前罗拉距离 …… 62
三、喷嘴规格 …… 62
四、纺锭规格 …… 63
五、集棉器 …… 63

六、喂入比 …… 63
七、喷嘴压力 …… 64
八、捻接工艺及关键技术 …… 64
第二节　喷气涡流纺纱工艺参数 …… 68
一、NO. 861 喷气涡流纺设备工艺设计 …… 68
二、NO. 870 型喷气涡流纺机工艺设计 …… 69

第五章　喷气涡流纺纱设备及使用要求 …… 71
第一节　喷气涡流纺设备安装工场准备 …… 71
一、设备运输要求 …… 71
二、设备排列 …… 72
三、驱动端和外尾部凸轮箱安装及对地面的要求 …… 73
四、机器电源准备 …… 74
第二节　压缩空气 …… 76
一、压缩空气的压力与用气量 …… 76
二、空压站的建设与维护 …… 76
第三节　排风设计 …… 78
第四节　喷气涡流纺纱设备的构成 …… 78
一、牵伸机构 …… 80
二、加捻机构 …… 81
三、卷绕张力控制机构及输出机构 …… 81
第五节　设备的日常保养 …… 83
第六节　常见设备故障及维修办法 …… 86
一、常见单锭故障的维修处理 …… 86
二、常见捻接小车故障 …… 87
三、常见 AD 小车故障 …… 88
第七节　设备零故障的管理 …… 89
一、迈向零故障的出发点 …… 89

二、将故障的“潜在缺陷”暴露出来 …… 89
三、零故障的对策 …… 90

第六章 喷气涡流纺质量控制 …… 91
第一节 弱捻问题的质量控制 …… 91
一、纱线耐磨度 …… 91
二、弱捻问题的日常检修 …… 93
三、喷油装置的使用 …… 93
第二节 关键纺专器材的管理 …… 94
一、纺锭的管理 …… 94
二、纺锭、喷嘴、针座的清洗 …… 95
三、胶辊、胶圈的使用与管理 …… 96
第三节 条干不匀率的控制 …… 96
一、重量不匀 …… 96
二、条干不匀 …… 101
第四节 棉结、粗节问题的质量控制 …… 104
一、梳棉工序棉结产生的原因 …… 104
二、粗节问题 …… 105

第七章 喷气涡流纺生产管理 …… 107
第一节 专件使用及工艺管理 …… 107
一、喷气涡流纺专件的使用 …… 107
二、喷气涡流纺工艺的调整 …… 109
第二节 生产运转交接工作 …… 111
一、运转交班工作注意事项 …… 111
二、运转接班工作注意事项 …… 112
第三节 操作及巡回工作 …… 112
一、喷气涡流纺条子上车的操作要求 …… 112

二、生产过程中更换条子的操作方法 …… 113
三、处理红灯的操作要求 …… 113
四、喷气涡流纺落筒子的操作方法 …… 113
五、操作法测试及巡回要求 …… 114
六、单项操作 …… 114
第四节　设备定期保养 …… 115
一、设备的定期保养 …… 115
二、设备定期清洁 …… 122
第五节　安全生产 …… 123
一、设备维修安全注意事项 …… 123
二、变频器的使用要求 …… 124
三、生产安全注意事项 …… 125
第六节　VOS可视化操作系统介绍 …… 126
一、介绍 …… 126
二、设置 …… 131
三、运行数据 …… 139
四、质量界面 …… 147
五、维护界面 …… 150
六、批次管理 …… 158

第八章　胶辊、胶圈的使用与管理 …… 162
第一节　胶辊、胶圈 …… 162
一、纺织橡胶的分类 …… 162
二、纺织胶辊、胶圈的主要工艺流程 …… 162
三、胶辊制造过程中关键工序控制及对成纱质量的影响 …… 163
四、胶辊表面粗糙度 *Ra* 值大小与成纱质量的关系 …… 165
五、生产不同的品种选用不同性能的胶辊 …… 167
六、不同工艺、不同纤维和不同牵伸型式对胶辊性能要求不同 …… 167

第二节　胶辊紫外线光照技术 …… 169
一、紫外线光照处理的优势和经济指标 …… 169
二、紫外线光照处理胶辊在纺企的应用 …… 170
三、紫外线光照处理胶辊的常见误区 …… 172
第三节　胶辊应用及胶辊房管理 …… 173
一、胶辊房设备及通常配置 …… 174
二、胶辊制作及表面处理注意要点 …… 174
三、专件的颜色管理和台账管理 …… 177
四、胶辊研磨 …… 177
五、胶辊表面处理 …… 178

第九章　空调系统 …… 180
第一节　湿空气与水蒸气 …… 180
一、湿空气的组成 …… 180
二、水蒸气 …… 181
第二节　空调车间的送风状态和送风量的确定 …… 184
一、夏季车间送风状态及送风量的确定 …… 184
二、冬季车间送风状态及送风量的确定 …… 185
第三节　夏季车间的空气调节过程分析 …… 186
一、全新风时的空气调节过程 …… 187
二、一次回风的空气调节过程 …… 188
三、二次回风空气调节过程 …… 190
第四节　冬季车间的空气调节过程分析 …… 191
一、全新风时的空气调节过程 …… 191
二、一次回风的空气调节过程 …… 192
三、二次回风的空气调节过程 …… 193
第五节　喷气涡流纺工序空调要求 …… 193
一、温湿度与回潮率的关系 …… 194

二、温湿度与强力的关系 …… 194
三、温湿度与伸长度的关系 …… 195
四、温湿度与柔软性的关系 …… 196
五、温湿度与导电性的关系 …… 197

第十章 喷气涡流纺纱线的开发与应用 …… 199
第一节 喷气涡流纺色纺纱的开发与实践 …… 199
一、常规色纺纱的质量控制要点 …… 200
二、小比例色纺纱质量控制要点 …… 204
三、喷气涡流纺色纺纱工艺设计及生产管理 …… 207
第二节 功能性及特殊风格喷气涡流纺纱的开发 …… 210
一、功能性喷气涡流纺纱线的开发 …… 210
二、特殊风格的喷气涡流纺纱 …… 210
第三节 喷气涡流纺纱线在织造过程中的应用 …… 214
一、针织物 …… 214
二、机织物 …… 216
第四节 喷气涡流纺纱线的后续应用 …… 220
一、纱线结构对服装面料的影响 …… 220
二、新型服装面料开发的新思路 …… 222
三、喷气涡流纺具体应用实例 …… 224

参考文献 …… 228

第一章　喷气涡流纺纱技术原理及优势

第一节　喷气涡流纺纱技术成纱原理

一、成纱原理

喷气涡流纺（也称 MVS 纺纱技术）是通过喷嘴喷射压缩空气形成高速旋转气流，使得针座入口部位形成负压，从而将经过牵伸的纤维流吸入空心锭内并与纱尾相搭接，利用空心锭内高速旋转强负压气流对集聚于纺锭头端的自由尾端纤维加捻成纱，如图 1-1 所示。具体成纱过程可作如下描述：熟条通过涡流纺的导条架穿入喇叭口，在第一后罗拉与第二后罗拉组成的后区牵伸区内经初步牵伸，经过集棉器的集束与控制进入第三与第四罗拉组成的主牵伸区进行高倍牵伸。在主牵伸区上下胶圈的严格控制下，纤维完全被控制，须条快速牵伸。经过牵伸后的纤维须条，通过针座的螺旋曲面结构在导引针的作用下进入高速旋转的喷嘴腔；位于导引针周围的单纤维头端，受到正在形成的纱尾拉引而进入空心锭中；当须条尾端脱离前罗拉

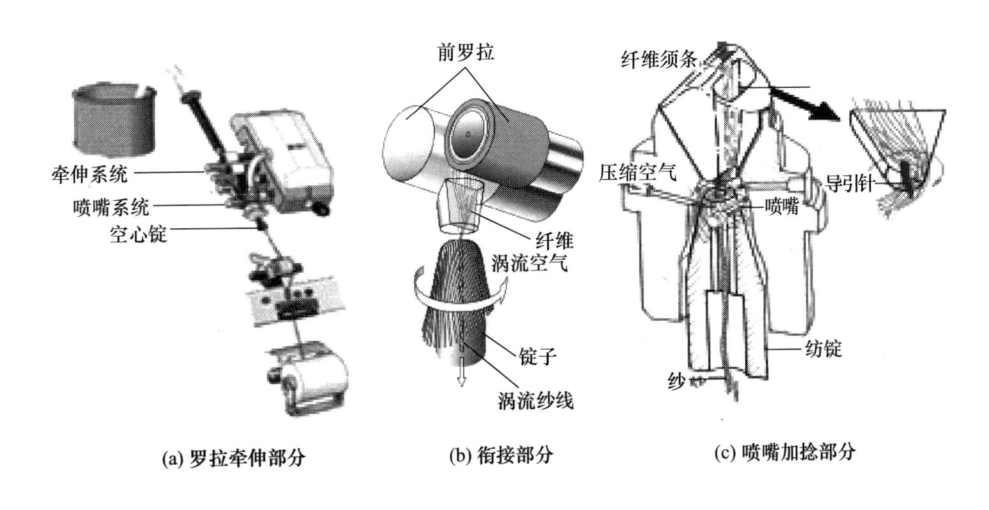

图 1-1　喷气涡流纺纺纱原理

握持点后，形成自由端，受高速旋转涡流作用后，纤维须条分离成单纤维状倒伏在静止的空心锭入口的边缘，然后被旋转涡流加捻成纱（加捻过程中捻度趋于向前罗拉传递，导引针与纤维的摩擦力阻碍捻度向上传递，从而形成自由端纤维须条）；最后纱线从空心锭子中引出。因此，喷气涡流纺具有一定的自由端纺纱的特征：分离纤维、凝聚、剥取、加捻等过程。

1. 分离纤维

如图 1-2 所示，从前罗拉出来的纤维束，通过纺纱喷嘴的轴向流的作用被吸引，进入加捻器（涡流室），在引导针的作用下，纤维前端进入空心管的中孔，与此同时，纤维的后端脱离了前罗拉的控制，通过喷管的最窄部位后，到达突然扩大了的喷嘴室内，纤维束的外层纤维受纺纱喷嘴的旋转气流的径向作用力而膨胀扩大，脱离了纤维束的主体，呈现了断裂状态。需要指出的是，引导面、引导针及其气流共同的作用，形成了纤维在进入涡流室初期，即在引导针附近形成的自由端状态。引导针的作用之一是引导纤维进入空心管中孔，引导曲面的作用除了作为纤维输送通道、引导纤维进入喷嘴室外，还能更好地分离与断裂纤维。

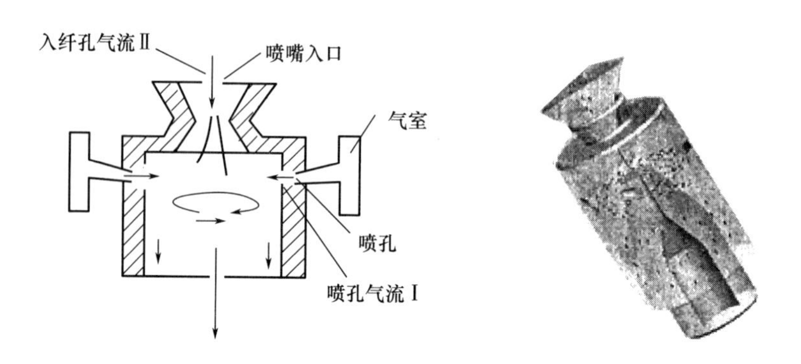

图 1-2　喷嘴室内气流的流动

进入涡流室的气流有喷孔气流Ⅰ、入纤孔气流Ⅱ，两股气流在涡流室内形成一个较为复杂的流场，气流通过空心管的中孔及四周孔隙排出。从喷孔进入的气流Ⅰ，以空间螺旋状运动，可分成三个方向运动：切向分量 $W_{\mathrm{I}\tau}$、轴向分量 W_{In}、径向分量 W_{Ir}气流Ⅰ的旋转流量为：

$$W_{\mathrm{I}}=\sqrt{W_{\mathrm{I}\tau}^{2}+W_{\mathrm{In}}^{2}+W_{\mathrm{Ir}}^{2}}$$

切向分量 $W_{I\tau}$形成旋转涡流，并对须条进行加捻；轴向分量 W_{In}从空心管四周排走和进入空心管（引纱孔）；径向分量 W_{IIr}向中心运动的同时，由于空心管顶端（圆锥面）的摩擦作用，使气流逐渐减少，一部分进入空心管，另一部分沿锥面又回流到空心管的四周而排走。气流Ⅱ从入纤孔经引导曲面进入喷嘴室（涡流室），进入喷嘴室后，空间突然增大，使气流产生扩散，最后，进入空心管和空心管的四周而排走。值得指出的是，这些气流流动过程中相互影响，共同完成纺纱过程。

2. 凝聚

凝聚是指在加捻器中形成新的纤维须条，纤维随着纤维流进入喷嘴室，在引导针的作用下，前端进入引纱孔（空心管中孔），纤维后端在脱离前罗拉的钳口握持后，由于气流的扩散和引导面的作用，使外层纤维脱离了须条主体。因此，在喷嘴室内，以空心管顶孔为输出点，在其后部形成类似菊花开放形状或火箭尾部喷射气流形状的纤维体，为喷气涡流纺的自由端纱尾。由于气流从空心管四周流出，因而部分纤维覆盖在空心管的锥形顶部。

3. 加捻

引纱尾在被引出的同时，由于旋转气流的作用，四周扩展出来的纤维，在中心纤维（将成为纱的芯纤维）的四周按一定方向（旋转气流方向）缠绕，从而完成纱线的加捻。纺成的纱则由导出罗拉以一定速度输出，经卷绕机构绕成筒子纱。值得指出的是，这种尾端纤维包缠加捻方式不同于纱体整体旋转加捻方式。喷气涡流纺有明显的自由端纺纱特征，尾端自由状态纤维的数量决定了加捻的程度，且仍有芯纤维存在，该芯纤维可以引导纤维更好地与前端输出纱条搭接。合理的涡流室结构和气流流动，可以增加尾端自由状态纤维的数量，增加加捻程度。

二、喷气涡流纱中纤维的空间轨迹研究

喷气涡流纺采用高速旋转气流对自由端纤维束进行加捻成纱，纤维在纱线内的分布情况与传统环锭纺不同。

1. 纤维的空间轨迹分析

从喷气涡流纺成纱过程看，以纤维头端顶点（位于纱线截面中心）为坐标原点构建空间笛卡尔直角坐标系，纤维头端顶点所在的纱线截面构建 x 轴、y 轴，令与

导纱反向的纱线中心为 z 轴，据此构建坐标图如图 1-3 所示。

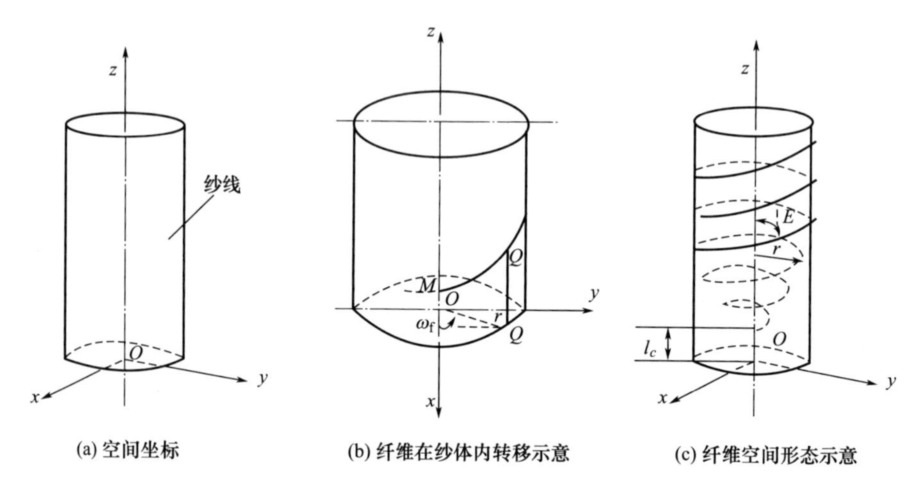

图 1-3　喷气涡流纺纱线内纤维空间转移轨迹示意图

经罗拉牵伸后的纤维头端首先在负压的作用下吸入空心锭内的纱尾中，同时纤维尾端受前罗拉钳口控制，则此时纤维两端被握持，纤维位于纱线中心而不受气流作用产生内外转移现象。在纤维尾端未脱离前罗拉钳口以前，进入纱体的纤维部分（定义为芯纤维部分）位于纱芯。设纤维长度为 l，纺纱速度大小为 V_y，前罗拉钳口与空心锭入口距离为 L，假设忽略因螺旋通道存在引起单纤维从前罗拉钳口到空心锭入口间的路径增加，则纤维成为纱芯的长度 l_c 可由式（1-1）求得：

$$l_c = l - L \tag{1-1}$$

在纤维头端刚开始进入纱芯到纤维尾端离开前罗拉钳口的时间内，由假设可知导纱距离等于芯纤维部分的长度，设该时间间隙为 t_1，则可得式（1-2）：

$$l_c = V_y \cdot t_1 \tag{1-2}$$

则芯纤维部分在纱体内的空间轨迹可由式（1-3）表示：

$$z = V_y\, t \quad (0 \leqslant t < t_1 = (l - L) / V_y) \tag{1-3}$$

当纤维的尾端脱离前罗拉钳口后，纤维尾端在旋转气流作用下形成自由端，并随旋转气流旋转，此时纤维在离心力的作用下，使得自由尾端纤维绕空心锭旋转的同时，纤维往纱尾外表面转移，纤维从纱芯向外转移的示意图见图 1-3，从而假定纤维在纱线径向转移的半径 r 与时间的函数关系符合对数螺线规律，见式（1-4）：

$$r = e^{aw_f(t-t_1)} - e^b \tag{1-4}$$

式中：ω_f 为纤维旋转的平均角速度，由喷嘴气压、喷嘴结构及纤维参数共同决定；a、b 为待定系数。

当 $t=t_1$ 时，$r \approx 0$，代入式（1-4）则有 $b=0$，由式（1-4）可得纤维由纱芯向纱表面转移的加速度，即对纤维沿纱线径向转移的半径 r 取时间 t 的导数，可得纤维径向转移的加速度 a_f，见式（1-5）：

$$a_f = \frac{dr}{dt} = a\omega_f e^{a\omega_f(t-t_1)} \tag{1-5}$$

由牛顿动力学原理可得式（1-6）：

$$m_f a_f = f_c \tag{1-6}$$

式中：$m_f = \rho_f \pi r_f^2$，为单位长度纤维的质量；ρ_f 为纤维的密度；r_f 为纤维的半径；f_c 为单位长度纤维因旋转产生的离心力，由喷嘴气压和喷嘴结构参数共同决定。

由式（1-5）、式（1-6）可求得待定系数 a 的值；由图 1-3 可知纤维由纱芯向纱体外表面转移过程中的参数方程，见式（1-7）：

$$\begin{aligned} x &= r\cos[\omega_f(t-t_1)] \\ y &= r\sin[\omega_f(t-t_1)] \\ z &= V_y(t-t_1) \end{aligned} \tag{1-7}$$

当自由尾端纤维在离心力作用下由纱芯完全转移到纱体外表后，纤维就完成了在纱体内的转移，自由尾端纤维将以某一恒定捻回角 θ_0 包缠纱体，形成类似环锭的外观形态，纱线外表的捻回角 θ_0 可由式（1-8）求得：

$$\tan\theta_0 = \frac{\pi d_y \omega_f}{V_y} \tag{1-8}$$

式中：d_y 为纱线直径。纤维在纱体内转移停止的临界条件可由式（1-9）表示：

$$r = e^{a\omega_f(t_2-t_1)} = d_y/2 \tag{1-9}$$

由式（1-9）可解出纤维在纱体内转移结束的时间 t_2：

$$t_2 = t_1 + \left(\ln\frac{d_y}{2}\right)/(a\omega_f) \tag{1-10}$$

当 $t>t_2$ 时，即纤维包缠在纱体外表面的情况，此时纤维的空间轨迹可用式（1-11）表示：

$$
\begin{aligned}
x &= d_y/2\cos\left[\omega_f\ (t-t_2)\right] \\
y &= d_y/2\sin\left[\omega_f\ (t-t_2)\right] \\
z &= V_f\ (t-t_2)
\end{aligned}
\qquad (1-11)
$$

2. 喷气涡流纱中纤维的空间形态及影响因素

由以上分析可得出喷气涡流纱中纤维的空间形态，图 1-3(c) 可粗略描述，喷气涡流纱中每根纤维由以下三部分组成：位于纱芯的芯纤维部分、由纱芯向纱体外表面转移过程中的包缠部分及包缠纱体外表面的包缠部分。因此，喷气涡流纱中纤维的空间形态决定了喷气涡流纱具有极少的长毛羽，较长的纤维尾端都将被旋转气流作用而包缠于纱体。纤维在纱中的空间形态受纺纱速度、前罗拉钳口与空心锭入口距、纤维长度、纱线直径等参数影响。式(1-3) 表明纺纱速度、前罗拉钳口与空心锭入口距一定，纤维长度越长，纤维成为芯纤维部分越长；纺纱速度及纤维长度一定，前罗拉钳口与空心锭入口距越短，芯纤维部分越长，纱体对纤维的握持力越大，旋转气流对纤维的抽拔越困难，造成落纤机会因此会减少。由式(1-7)、式(1-10) 及式(1-11) 知，由纱芯向纱体外表面转移过程中的包缠宽度及包缠纱体外表面的包缠宽度均受纱线直径、纤维旋转的平均角速度及纺纱速度影响。当由纱芯向纱体外表面转移过程中的包缠宽度增加，包缠纱体外表面的包缠宽度则减少；当纤维旋转的平均角速度及纺纱速度一定时，纱线直径增加，由纱芯向纱体外表面转移过程中的包缠宽度增加；当纱线直径及纺纱速度一定时，纤维旋转的平均角速度增加，由纱芯向纱体外表面转移过程中的包缠宽度将增加。

3. 高速摄影喷气涡流纺纱线中纤维形态

采用 MotionProTM 高速 CMOS：PCI 摄像机来完成纤维运动图像的捕捉。用透明的有机玻璃材料制作喷嘴，观察喷嘴内的纤维运动和加捻运动情况。由于单纤维太细（20μm 左右），在高速摄影中很难捕捉到清晰的图像，在实验中用纤维束代替单纤维。高速摄影图像中，观察到开放状的尾端自由状态纤维（图 1-4）。

由于涡流室内直径很小，且喷嘴入口处有一定的轴向速度，当纤维进入纤维纱道后，在喷嘴入口处受到轴向速度的作用，因此，一开始纤维保持平直的状态，使边纤维主要以平行于喷嘴轴向的形态进入喷嘴。压缩空气进入加捻区经过环形收

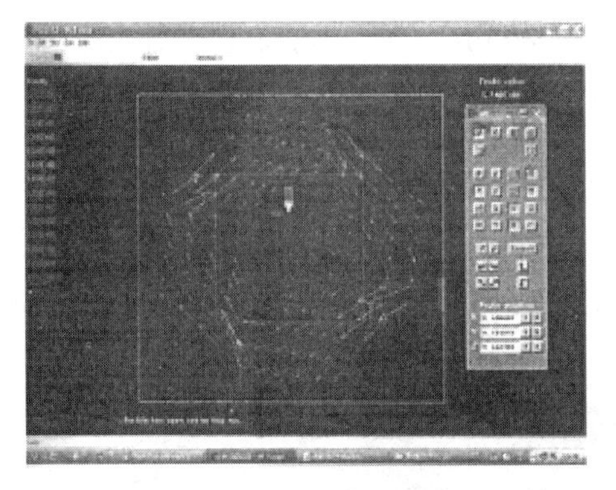

(a) 喷孔处截面气流

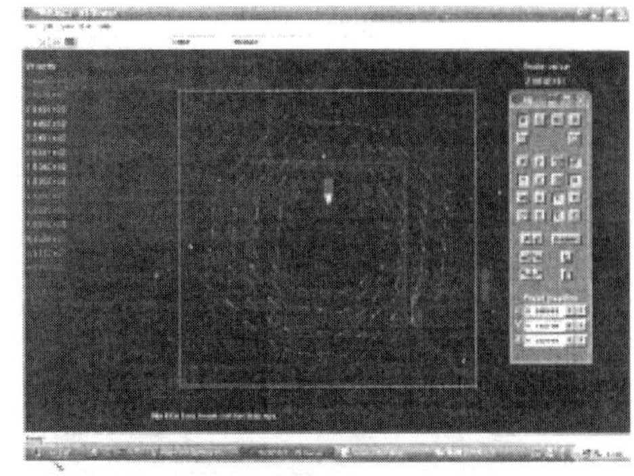

(b) 喷孔上端截面气流

图 1-4 喷嘴室内截面气流（切向）

缩通道到达空心管四周环隙，由于通道截面越来越小，气流逐步加速。当纤维的头端到达喷孔后，纤维束受到气流强烈的经向速度和轴向速度的作用。由于纤维的初始位置尾端已经伸出到纤维须条的外部，在经向速度和轴向速度的作用下向外分离，渐渐地离开纤维须条的主体，形成尾端自由状态纤维。如图 1-5 所示是对一根边纤维在喷嘴中运动状况的模拟，即尾端自由状纤维的形成过程。

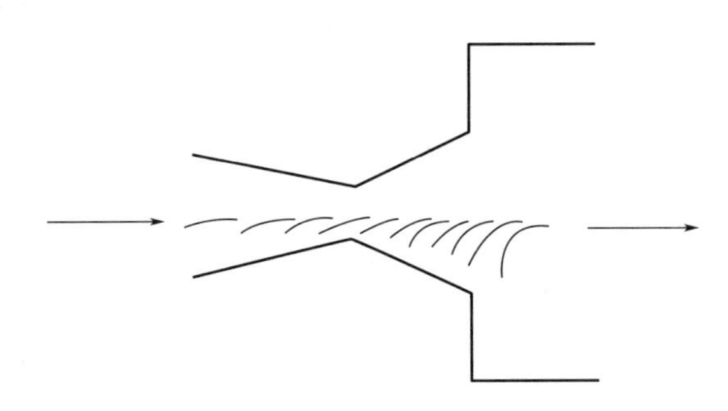

图 1-5 尾端自由状纤维在喷嘴中的形成过程

边纤维在形成自由状尾端的同时受到了切向速度的作用包缠在纱体上，从而在喷嘴中完成包缠运动，使得尾端自由纤维以螺旋状态包缠在纱体上。尾端自由纤维就是通过这样的包缠运动包覆在纱体上，而使喷气涡流纱获得强力。

图 1-6、图 1-7 为喷气涡流纱结构照片，从中可以看出，喷气涡流纱由部分芯纤维和外层的加捻纤维组成，外层纤维占 70%，外层纤维有明显的螺旋加捻特征，不同于喷气包缠纺纱的包缠特征，只有处于一端自由状态的纤维加捻成纱时，才能

成为这样的状态。此外，外层纤维的捻缠有明显的方向性，而只有纤维尾端脱离纱的主体，加捻后才能形成这样的方向。因此，从最终成纱中纤维的排列状态也说明喷气涡流纺是一定程度的自由端纺纱，而且是尾端自由端纺纱。由于中心部分仍有部分连续的纤维，这部分纤维又是正常成纱所必需的，因此，喷气涡流纺可以看成是部分自由端纺纱、半自由端纺纱或亚自由端纺纱。

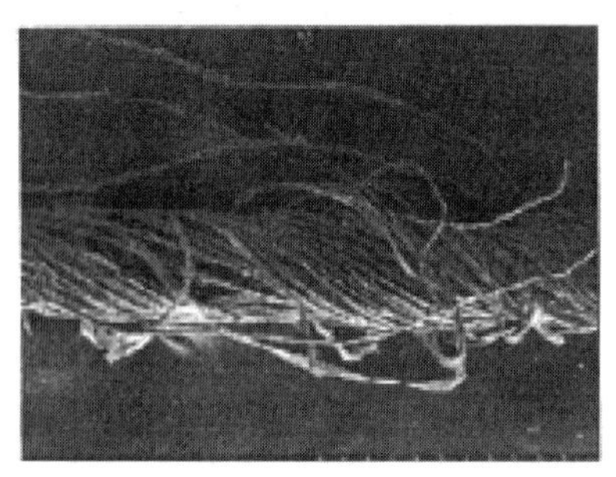
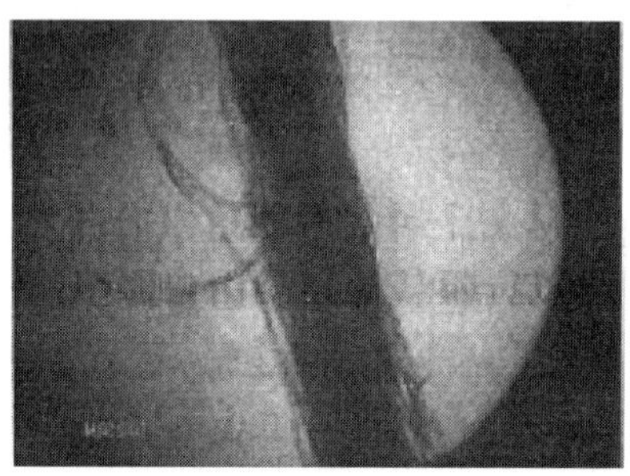

图 1-6 MVS 纱线结构图

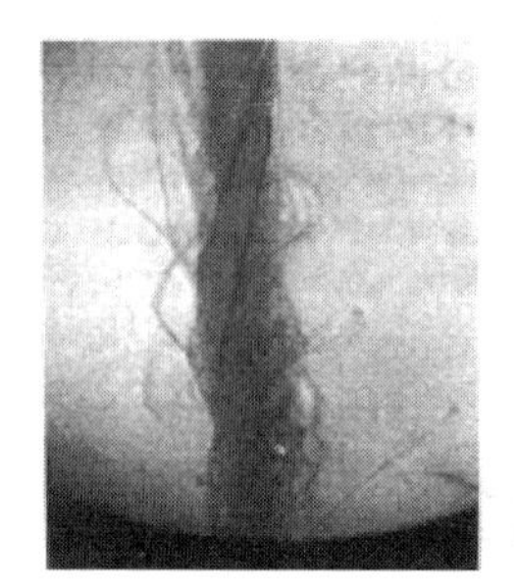

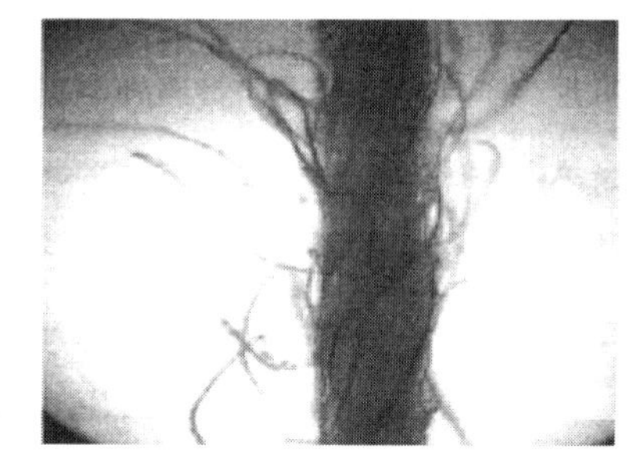

图 1-7 纤维在纱中的排列

第二节 喷气涡流纺成纱结构与性能的关系

一、喷气涡流纺纱结构

喷气纺成纱过程为经罗拉牵伸机构牵伸后的须条进入喷嘴内进行加捻成纱，其为非自由端纺纱，即纤维一端由前罗拉握持，另一端被高速旋转气流加捻。

涡流纺成纱过程为经分梳辊分梳后的纤维流进入涡流管内进行加捻成纱，其为自由端成纱，即纤维一端脱离分梳辊成为自由短纤维，纤维被高速旋转涡流加捻成纱。

喷气涡流纺综合了以上两种成纱方法的优点并进行了改进，其成纱过程为经罗拉牵伸机构牵伸后的须条，先进入带有引导针棒的固定栓，再进入空心锭加捻成纱，其为自由端纺纱，即由于引导针棒的阻捻和引导作用，使得纤维尾端脱离前罗拉的握持，成为自由端纤维倒伏在空心锭顶端，由空心锭内高速旋转射流加捻成纱。

喷气涡流纺采用正向压缩空气，在凝聚腔体内形成高速旋转涡流场，对集聚在凝聚加捻口上的自由尾端纤维加捻成纱。其自由端纺纱原理完全突破了传统的喷气纺加工原理，是喷气纺与涡流纺加工原理的综合。该技术的进一步成熟，促使其产品替代了喷气纺和涡流纺，甚至转杯纺的产品领域，将成为 21 世纪最具潜力的纺纱技术之一。

不同纺纱系统导致不同的纱线结构，纱线结构的差异是引起纱线性能变化的主要原因。纱线都可看成由纱芯纤维、包缠纤维、包缠—浮游纤维、腹带纤维和浮游纤维组成，不同纺纱系统导致各成分比例存在差异。就市场现有主要纱线种类，即环锭纺、转杯纺与喷气涡流纺而言，环锭纺的纱线是由均匀一致的芯纤维以螺旋方式构成的纱体；喷气涡流纺的纱线具有周期性包缠纤维，纱芯纤维基本平行排列无捻度，而纱芯纤维的末端被包缠纤维束缚，具有纱芯和包缠纤维的双层结构；转杯纱外观不同于前两者，纤维的组成难以分类。图 1-8 为喷气涡流纺纱的理想结构和 SEM 图。

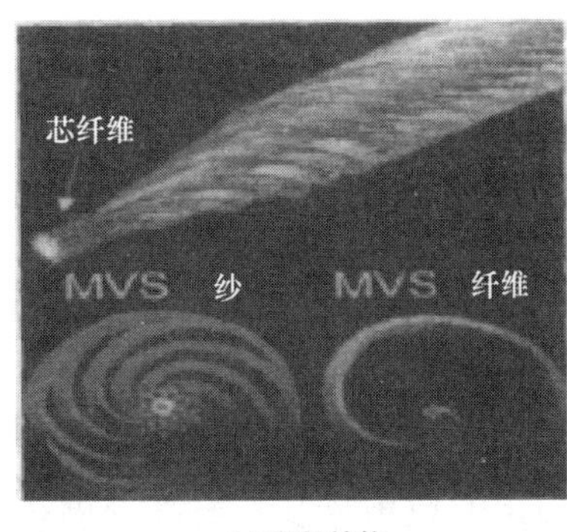

(a) 理想结构

(b) 实际纱线SEM图

图 1-8　喷气涡流纺纱结构

纺纱速度、较大的喷嘴角度及喷气压力、较短的前罗拉与空心锭距将导致较大的纤维平均转移强度与频率；低纺纱速度导致纤维束在加捻区中停留时间延长，纱线结构紧密，喷嘴角度越大，纱线越均匀；低喷嘴角度，高喷气压导致纤维包缠纱芯更加紧密。

小的空心锭直径致使纤维包缠较紧密，捻度损失少，纱体紧密，毛羽少；牵伸条件变化带来单纤维须条平行伸直度的变化。建立喷气涡流纺工艺参数与纱线结构的关系，确定工艺参数与喷气涡流纺纱线的包缠纤维量、包缠角度、纤维转移强度的定量表达，是对喷气涡流纺纱线结构与性能设计的关键，最终可指导喷嘴结构设计与工艺参数优化。

二、包缠纤维对成纱性能的影响

喷气涡流纺与喷气纺，其纱线的形成都离不开包缠纤维，两者最大区别是包缠纤维的数量差异（图 1-9）。对喷气纺与喷气涡流纺而言，在旋转气流作用下，从牵伸须条中分离的边缘纤维量存在差异，前者须条一直处于非自由状态，对单纤维控制较强。在一个捻回内，喷气涡流纺的纱线内包缠纤维所占面积与纱表面之比达 0.57，这意味着喷气涡流纺的纱线表面一半以上都被包缠纤维包覆。

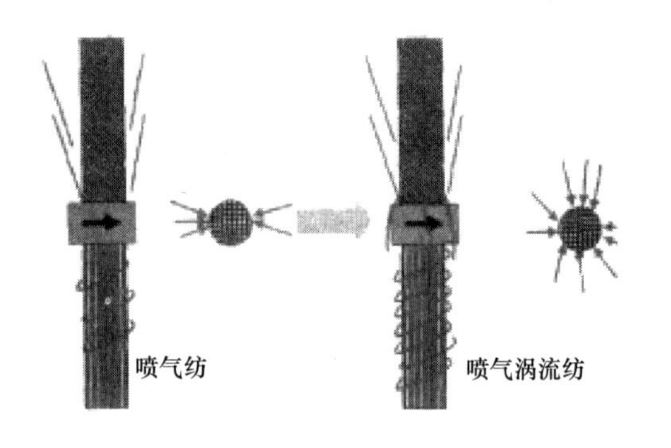

图 1-9　包缠纤维数量对比

1. 纱线外观

喷气涡流纺的纱线比环锭纺、转杯纺具有更高频率的粗细节；喷气涡流纺与转杯纺的纱线均匀性均好于环锭纱；喷气涡流纺的纱线毛羽比环锭纺和转杯纺纱线的少；喷气涡流纺的纱线表观直径较环锭纺和转杯纺纱线的好。喷气涡流纺的纱线具有环锭纺的纱线外观，比环锭纺具有更好的均匀性、较少的粗节和毛羽（图 1-10）。造成喷气涡流纺纱线外观特性不同的主要原因是其具有高比例包缠纤维。喷气涡流纺纱线中的螺旋包缠纤维占纤维总数的 60%，而喷气纺纱线中外包纤维仅占纤维总数的 20%~25%。喷气涡流纺纱线中高比例的包缠纤维使得大量纱芯的尾端纤维束缚在纱体上，减少了头端造成的毛羽，同时，圈状的包缠纤维使得喷气涡流纺纱线外观蓬松，实质手感滑爽。由于纤维长度分布不匀、弯钩纤维及单纤维脱离前罗拉约束时间存在差异，造成喷气涡流纺纱线包缠不匀，这将直接导致其粗细节较环锭纺和转杯纺纱线多。对喷气涡流纺纱线外表包缠纤维的有效控制涉及喷孔角度、喷嘴直径、前罗拉与空心锭距、导引针的长短等工艺参数的优化。

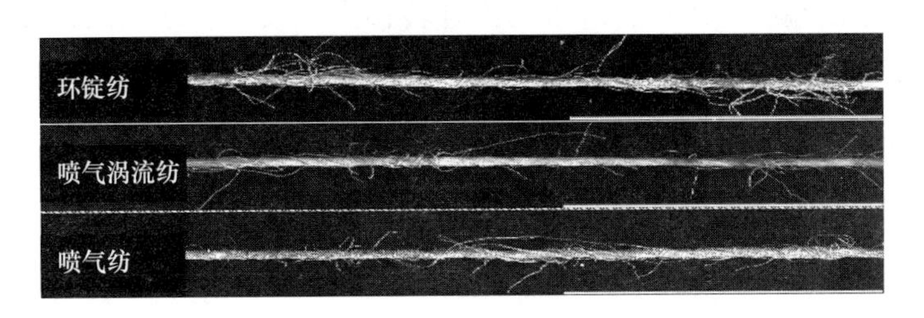

图 1-10　不同纺纱方法纱线的外观差异

2. 织物的耐磨性和抗起球性

喷气涡流纺纱线制成的针织物耐磨性较环锭纺纱线制成的织物优越，但抗起球性能不如环锭纱织物好。造成该现象的主要原因是，喷气涡流纺纱中的包缠纤维在摩擦过程中制约了纤维的运动，对纱线的解体起着决定作用；反之，因喷气涡流纺纱线大量包缠纤维的存在，摩擦中易使包缠纤维自由头端纠集成球，若采用低强度的纤维，该现象能得到有效缓解。

3. 纱线强伸性能

喷气涡流纺纱线的断裂伸长略低于喷气纺纱线，断裂强力却明显高于喷气纺纱线。主要原因是喷气涡流纺纱线的包缠纤维紧紧地包覆纱体内部纤维，对纱线的强力起关键作用。喷气涡流纺纱线断裂区域的主要特征是，疏松的、有圈状、折叠状的包缠纤维和纱线直径较小（细节），说明包缠纤维螺旋包缠角对喷气涡流纺纱线的断裂贡献不显著；喷气涡流纺纱线断裂强力高于喷气纺纱线。其主要原因是，喷气涡流纺纱线拥有更多的包缠纤维量，喷气涡流纺纱线中大量的包缠纤维对纱芯平行单纤维的束缚限制了纤维间的滑移，制约了喷气涡流纺纱线断裂过程中纱线的解体。喷气涡流纺纱线外表包缠纤维的转移频率与强度对纱线强力的贡献也存在一定的规律。

三、纱芯纤维对成纱性能的影响

1. 纱线弯曲性能

喷气涡流纺纱线的抗弯刚度都比环锭纺大。包缠纤维对喷气涡流纺纱芯纤维包缠紧密，使得芯纤维弯曲时相互滑移较少，较环锭纺纱线螺旋状分布的纤维抗弯矩大。环锭纱纤维的内外转移次数多，纱线相互缠结，纱线的结构紧密，造成了纱线的直径变小；这样纱线的拉伸模量较大，纱线中纤维的填充系数高，弯曲刚度相应也较大；对于自由端纺纱来说，纤维的内外转移次数较少，纱线结构疏松，纱线之间相对滑移较多，具有较小的弯曲刚度值。

2. 纱线导湿能力

根据纱线毛细管导湿理论，纱线中毛细管长度：

$$L_0 = L/\cos\alpha \tag{1-12}$$

式中：L_0——纱中毛细管长度；

L——纱线长度；

α——纱线捻角。

纱中毛细管液态水输运流量 Q：$Q \sim 1/L_0$ （1-13）

纱中毛细管液态水输运的线速度 v：$v \sim 1/L_0$ （1-14）

喷气涡流纺纱由平行纱芯单纤维与外包纤维两个部分组成，因此，平行纱芯单纤维捻角为 0，由式（1-12）知：纱中毛细管长度（L_0）最小。由式（1-13）、式（1-14）可知：毛细管液态水输运流量（Q）最大、输运线速度（v）最大；同时，喷气涡流纺纱线的纱芯单纤维平行排列使得毛细管的数量可能在一定程度上比同支环锭纱多，液态水输运能力进一步提高。理论分析表明，喷气涡流纺纱线比环锭纺纱线具有更高的导湿能力。不同的纱线结构导致纱线性能的变化。目前，人们对喷气涡流纺纱线性能的研究还停留在定性描述纱线结构对纱线性能的影响上。喷气涡流纺纱线导湿性能的定量研究仅是形成喷气涡流纺纱线“结构—性能”模型的开始，还需进一步构建“结构—强伸性能”“结构—品质指标”“结构—起毛起球”等数学模型或结构模型，最终通过模型定量研究和分析喷气涡流纺纱线结构与性能的关系，为设计纱线结构提供理论依据和实践支撑。

第三节　纱线结构特点与织物性能关系

喷气涡流纺纱线具有毛羽少、耐磨性好、织物挺括等优点，无论在织造工序还是染色后整理工序中，都显现出了其他纺纱方式的织物无法比拟的特点。

一、织造效率高且现场飞花少

图 1-11 所示为环锭纺纱线与喷气涡流纺纱线织造现场对比，从图中可知喷气涡流纺纱线织造现场清洁程度高，飞花大幅减少。

(a) 环锭纺纱线织造现场　　(b) 喷气涡流纺纱线织造现场

图 1-11　环锭纺纱线与喷气涡流纺纱线织造现场对比

二、具有毛细效应

图 1-12 所示为采用不同成纱方法的纱线所织造的面料染色后的效果，从图中可知，喷气涡流纺面料上色效率高、色泽明亮，并且最多可减少 15%的染料消耗。

(a) 环锭纺

(b) 紧密纺

(c) 喷气涡流纺

图 1-12　单面针织布上色差异

三、织物外观性能优异

表 1-1 所示为不同种类纱线所织面料的外观性能对比数据，从表中可知喷气涡流纺面料综合性能优异。

表 1-1　不同种类纱线所织面料的外观性能

织物外观	环锭纱	紧密纱	转杯纱	喷气涡流纺纱
织物外观均匀	++	+++	++++	++++
清晰的组织结构（条纹，印花）	++	++++	+++	++++
低起球性	++	+++	+++	++++
高遮光率和纱体体积	+++	+	++	++
手感柔软	++++	+++	++	+++
起绒性好	++	+	+++	++
高吸水性	+++	++	++++	++++
高耐磨性	+++	++++	++++	+++
卷边减少	++	+	+++	++++
织物强力高	+++	++++	+	++
织物表面光泽度好	++	++++	+	+++

从图 1-13 可知，喷气涡流纺的布面均匀，密度高、纱线直径大、毛羽少，因此，织物纹理清晰，耐磨性高。

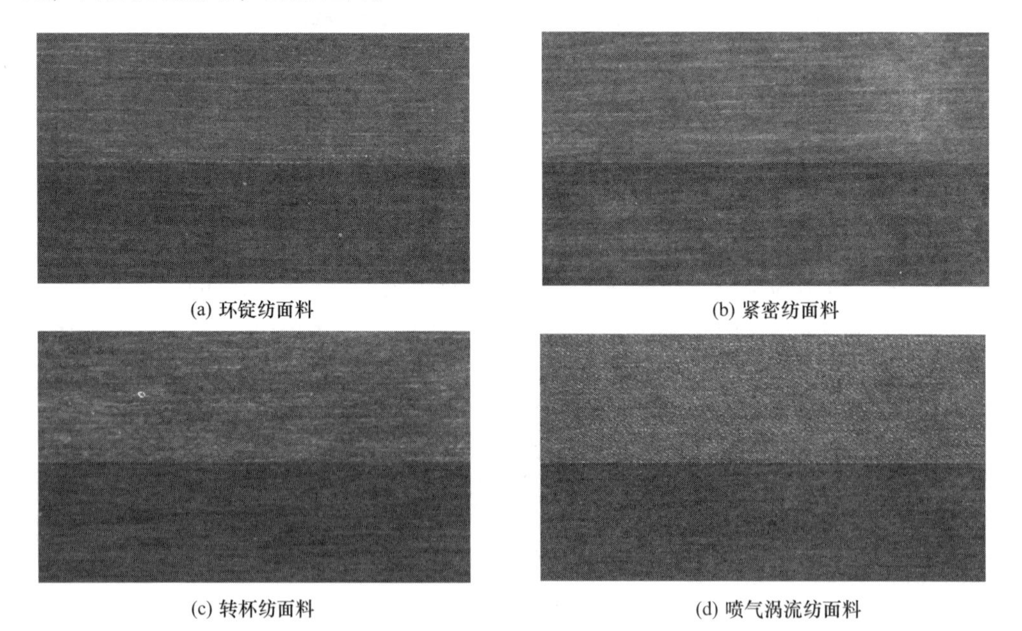

(a) 环锭纺面料　(b) 紧密纺面料

(c) 转杯纺面料　(d) 喷气涡流纺面料

图 1-13　各种纺纱原料织造的面料

第四节　喷气涡流纺技术特点

一、优势

从笔者多年来使用喷气涡流纺技术的实践来看，它与传统环锭纺技术相比，主要有以下几方面的优势。

1. 纺纱流程缩短

目前多数喷气涡流纺纱企业的前纺工序采用清梳联合机（少数为开清棉与梳棉机）与三道并条机，就可直接纺纱并制成筒纱，省却了环锭纺的粗纱与络筒两道工序，实现了粗纱→细纱→络筒一体化，是目前纺纱工序最短的流程。

2. 生产效率显著提高

由于喷气涡流纺纱原理是半自由端纺纱，而环锭纺受钢领与钢丝圈线速度的限制，故其纺纱速度远高于环锭纺纱。目前，日本村田公司生产喷气涡流纺机型，设计速度最高为 450~500m/min。生产企业实际运行速度在 340~450m/min，是环锭纺速度的 17~20 倍。用 5~6 台涡流纺机生产，其产量可达到环锭纺 10000 锭的生产量，这是目前纺纱设备中生产效率最高的机器。

3. 产品有特色

由于喷气涡流纺的成纱呈内外层包覆结构，由芯纱与外覆纱两部分组成，约 40%芯纱基本不加捻，而占 60%的外包纤维紧密地包覆在芯纱上，使成纱光洁、毛羽少，完全可以与环锭纺的紧密纺纱相媲美。用喷气涡流纱加工成针织物，其优良的抗起毛起球性可比环锭纺纱提高 1~2 级，且使织物的捻势，纬斜等问题也得到显著改善，从而使后加工生产的效率与品质相应提高。这是目前许多针织、棉织加工企业喜欢使用喷气涡流纱的重要原因之一，从而使涡流纱的市场需求不断扩大。

4. 减少用工

由于喷气涡流纺比环锭纺具有纺纱工序短、生产效率高、设备智能化程度高等优势，既可减轻一线工人的劳动强度，又可显著减少用工。据使用涡流纺的企业实际用工分析：配 6~7 台 861 型涡流纺机平均用工在 25 人左右，规模越大用工越省。目前，很多环锭纺企业用工因设备多数经过改造，普遍采用清梳联与自动络筒机等先进装备，每万锭用工在80~100人，故涡流纺企业用工比环锭纺企业可节约2~3倍。用工大幅度减少是解决纺织企业招工难的重要措施之一。

5. 降低生产成本，提高企业经济效益

从近几年应用涡流纺企业实践情况来看，尽管它一次性投资要略高于相同规模环锭纺，但由于其具有生效率高、生产工序短、用工省及产品有特色等优势，故吨纱加工成本比环锭纺要低。以纺19.7tex（30英支）黏纤纱为例：环锭纺吨纱加工费在2500~2600元，喷气涡流纺在1600~1700元，差异在900元/吨，这主要得益于吨纱工资支出减少与电耗略有降低。以浙江萧山地区一家企业实际数据分析，该企业既有环锭纺也有涡流纺，环锭纺万锭用工89人，吨纱工资支出1320元，而喷气涡流纺折合万锭用工27人，吨纱工资支出为450元，比环锭纺少付工资870元/吨。此外，用电方面，吨纱耗电量也从环锭纺的2096kW·h，下降到涡流纺的1971kW·h，减少了125kW·h，使吨纱电费支出减少了80~90元。

二、缺陷

在喷气涡流纺实践中，该项技术也存在一定弊端，尤其是在原料适应性及生产品种开发等方面，不如环锭纺适应性强，故它不能全部代替环锭纺。喷气涡流纺主要有以下几方面缺陷。

1. 原料要求较“苛刻”

由于其成纱机理是包覆型结构，由外包纤维与芯纤维两部分组成，芯纱部分纤维是不加捻度的，只依赖外包纤维加捻，故纺同样规格纱线，由于有30%~40%的芯纤维不加捻，故其成纱强度要低于环锭纱10%~20%，并随着纺纱支数越细差异越大。为了提高涡流纱强度，其对使用原料要求较高，要求原料细度细、长度长、整齐度好，一般环锭纺纱用1.67dtex（1.5旦）就可以了，而喷气涡流纺要求用1.33dtex（1.2旦）甚至更细。此外，由于喷气涡流纺是用喷气涡流来包覆与牵伸纤维运行，故对初始模量低的柔性纤维的纺纱效果较好，而对初始模量较高呈刚性的纤维其适纺性较差，如麻类纤维与线密度高的涤纶等合成纤维，如不经过软化等预处理，纺纱难度较大。这也是目前多数企业用黏胶纤维等为主体原料来生产喷气涡流纱的主要原因。

2. 生产纱线品种有局限性

由于喷气涡流纺对原料选用要求高，这在一定程度上限制其品种种类没有环锭纺涉及的种类多。

从生产纱线的线密度分析，目前以生产 36.9～14.5tex 纱线为主，超过 10.7tex（55 英支）由于组成纱线的纤维根数较少，使成纱强力更低、纺纱难度更大、生产效率低，经济效益偏低且无法满足客户对高端产品的质量要求。

从生产纱线品种分析，目前以黏胶类纤维生产纱线仍占较大比重，由于产品同质化竞争激烈，价格逐年走低，已与环锭纺同价甚至略低于环锭纱。

从纱线应用领域分析，目前，喷气涡流纱以大圆机针织物上的应用为主体，在机织物上应用比例较少，尤其作经纱使用时，由于其单纱强度低于环锭纱，也有些技术问题需研究攻克。另外，因喷气涡流纱手感较环锭纱硬，故对手感要求柔软、蓬松风格的织物，如横机制作的羊毛衫等，目前尚无喷气涡流纱使用，有待进一步开拓研究。

3. 纱线质量上仍有一定缺陷

除前述纱线强力较低外，其纱线的条干均匀度也略差于环锭纱，而且纱线线密度（纱支）越小差异越大，尤其是当工艺参数设计不当时易产生细节弱环纱，不但增加纺纱时的断头率、影响生产效率，而且细节弱环纱对后加工的针织物的质量影响较大，甚至造成疵品。

4. 纺纱工艺要求高

受喷气涡流纺成纱原理影响，对其生产现场的温湿度要求和使用的压缩空气的质量要求很高，这方面的投入和后期运行成本都高于环锭纺。同时，喷气涡流纺是半自由端纺纱形式，故它对纤维的前道梳理、并合工艺及前道设备的运行速度提出了比环锭纺更高的要求。在清梳联工序要采用柔性梳理工艺，既要充分梳理纤维又要尽量减少纤维损伤，使梳理后的生条质量能符合纺纱要求。同时对提供喷气涡流纺的条子中纤维伸直平行度要求也较高，故需要采用三道并合工艺，其运行速度要控制在环锭纺并条机的 70%左右，所以，并条设备配置比环锭纺要多一倍左右。

随着新产品的不断开发和纺纱技术的改进，喷气涡流纺纱线的应用越来越广，生产消耗也逐步降低，村田公司也在设备上不断创新，在节能降耗方面也推出很多专件器材，总体而言，涡流纺的发展前景十分广阔。

第二章　喷气涡流纺适纺原料

喷气涡流纺受到纺纱原理及成纱结构的限制，不是所有的原料都适合在喷气涡流纺上生产。本章针对适合喷气涡流纺纱的原料，从性能、特点及纺纱注意事项等方面进行说明。

第一节　天然纤维

大自然中能够称作纤维的有成千上万种，但是目前能够被纺织工业广泛使用的天然纤维也就是十几种，而其中以棉、毛、丝、麻使用最为广泛。天然纤维最大的特点是外观形态以及力学性能等方面的离散性很大，这给纺纱带来很多特殊的问题。喷气涡流纺由于特殊的纺纱方式，对天然纤维的可纺性能有着更高的要求。

一、棉纤维

从外观形态上来讲，棉纤维最大的优点是纤维的直径细，其缺点是纤维长度偏短且纤维整齐度偏差。从纺纱的原理来讲，在其他条件相同时，纤维越长，其构成纱线的力学性能越好。在保证成纱具有一定力学性能的前提下，棉纤维的长度越长，纱线的毛羽就越少，条干等方面的指标也就越好，所以，纤维主体长度成为决定棉花价值的重要因素。因喷气涡流纺纺锭到前罗拉握持中心最小距离为18.5mm，且喷气涡流纺纺锭孔直径较小，为防止棉籽皮杂质堵纺锭等问题出现，喷气涡流纺适合生产精梳棉纤维。棉纤维经清梳工序的打击梳理与并条工序的牵伸后，部分纤维会受损造成短绒增加，故建议配棉时采用原棉主体长度大于26mm的棉纤维。棉纤维长度26~29mm可纺20~40英支纱，长度29mm以上的可纺40~50英支纱，棉花的短绒率建议不超过16%。棉纤维的马克隆值应控制在4.0~4.5，可以改善涡流纺的纱线强力；棉纤维长度过短会造成涡流纺落棉过多，马克隆值过大会造成纱线强力弱环较多，断头增加。

由于棉纤维优良的性能特点，种植棉花的区域也比较多，因此，棉花的种类很多。按照棉花的品种可以分为细绒棉、长绒棉和粗绒棉。在我国长江、黄河中下游地区生长的细绒棉，纤维线密度和长度中等，一般长度为23~35mm，受生产环境和气候的影响，线密度为1.43~2.22dtex，强力在4.5cN左右。长绒棉又称海岛棉，主要在新疆、广州等地生长，纤维细而长，一般长度在33mm以上，强力在4.5cN以上。长绒棉品质优良，线密度在1.54~1.18dtex（6500~8500公支），是棉纤维中的优质资源，因此，可以纺制喷气涡流纺高档的优等棉纱。喷气涡流纺选配棉花时，应结合客户的品质要求和实际的棉花品质情况，做到长绒棉和细绒棉的合理选配。粗绒棉又称草棉，主要分布在印度以及中国的西北内陆地区，纤维粗而短，长为15~24mm，线密度为2.5~4.0dtex，不适合生产喷气涡流纺纱线。进口棉（如美棉、澳棉、巴西棉等）可根据实际的棉花品质情况以及客户的需求进行选配使用。

二、麻纤维

麻纤维种类也很多，主要以亚麻、苎麻、大麻、黄麻、罗布麻为主。麻类纤维的主要特征是细度相对偏粗，缺少卷曲、纤维模量偏高、刚度较大、纺纱毛羽多、纺高支纱难度大。喷气涡流纺可采用亚麻纤维。

麻类纤维中亚麻的特点是相对较细，单纤维细度一般在12~17μm，但纤维的长度较短，为17~25mm。从力学性能来看，亚麻比较硬脆、刚性大、弹性低、抱合力差、纤维断裂与伸长率小，纤维可纺性较差，成纱支数也难以提高。所以，亚麻纤维生产喷气涡流纺纱需要与纤维素纤维混纺，且亚麻纤维比例建议不超过30%。为提高亚麻纤维在喷气涡流纺工序的可纺性，应使用脱胶效果好、麻皮含量少的高档亚麻，在棉纺设备上生产麻纤维，应在生产前对亚麻纤维进行充分的预处理，喷气涡流纺成纱支数也建议在40英支以下。

亚麻茎的结构由外向内分为皮层和芯层，皮层由表皮细胞、薄壁细胞、厚角细胞、维管束细胞、初生韧皮细胞、次生韧皮细胞等组成；芯层由形成层、木质层和髓腔组成。韧皮细胞集聚形成纤维束，有20~40束纤维环状均匀分布在麻茎截面外围，一束纤维中有30~50根单纤维由果胶等粘连成束。每一束中的单纤维两端沿轴向互相搭接或侧向穿插。麻茎中皮层占13%~17%，皮层中韧皮纤维含量为11%~

15%。在皮层和芯层之间有几层细胞为形成层，其中一层细胞具有分裂能力，这层细胞向外分裂产生的细胞，可以逐渐分化成新的次生韧皮层；向内分裂产生的细胞则逐渐分化成次生木质层。木质层由导管、木质纤维和木质薄壁细胞组成，木质纤维很短，长度只有0.3~1.3mm，木质层占麻茎的70%~75%。髓部由柔软易碎的薄壁细胞组成，是麻茎的中心，成熟后的亚麻麻茎在髓部形成空腔。

亚麻单纤维包括初生韧皮纤维细胞和次生韧皮纤维细胞，纵向中间粗，两端尖细，中空、两端封闭无转曲。纤维截面结构随麻茎部位不同而存在差异，麻茎根部纤维截面为圆形或扁圆形，细胞壁薄，中腔大而层次多；麻茎中部纤维截面为多角形，纤维细胞壁厚，纤维品质优良；麻茎梢部纤维束松散。亚麻纤维横截面细胞壁有层状轮纹结构，轮纹由原纤层构成，厚度为0.2~0.4μm，原纤层由许多平行排列的原纤以螺旋状绕轴向缠绕，螺旋方向多为左旋，平均螺旋角为6°18′，原纤直径为0.2~0.3μm。亚麻纤维结晶度约为66%，取向因子为0.934。亚麻纤维物理性能特点如下。

1. 纤维规格

亚麻单纤维的长度差异较大，麻茎根部纤维最短，中部次之，梢部最长。单纤维长度为10~26mm，最长可达30mm，宽度为12~17μm，线密度为1.9~3.8dtex。

2. 断裂比强度与断裂伸长率

亚麻纤维有较好的强度，断裂比强度约为4.4cN/dtex，断裂伸长率为2.5%~3.3%。

3. 初始模量

亚麻纤维刚性大，具有较高的初始模量。亚麻单纤维的初始模量为145~200cN/dtex。

4. 色泽

亚麻纤维具有较好的光泽。纤维色泽与其脱胶质量有密切关系，脱胶质量好，打成麻后呈现银白或灰白色；次者呈灰黄色、黄绿色；再次为暗褐色，色泽萎暗，同时其纤维品质较差。

5. 密度

亚麻纤维胞壁的密度为1.49g/cm^3。

6. 吸湿性

亚麻纤维具有很好的吸湿、导湿性能，在标准状态下的纤维回潮率为 8%~11%，公定回潮率为 12%。润湿的亚麻织物经过 4.5h 即可阴干。

7. 抗菌性

亚麻纤维对细菌具有一定的抑制作用。古埃及时期，人们用亚麻布包裹尸体，制作木乃伊。第二次世界大战时，人们将剪碎的亚麻布蒸煮，然后用蒸煮液代替消毒水给伤员冲洗伤口。亚麻布对金黄葡萄球菌的杀菌率可达 94%，对大肠杆菌杀菌率达 92%。

三、竹纤维

竹纤维是我国自行开发的一种再生纤维素纤维，是 21 世纪特别优良的绿色环保纤维，已投入工业化生产。竹纤维又分为原生竹纤维（竹原纤维）与竹浆纤维两种，它具有天然纤维与合成纤维的许多优点，不仅干湿强度高，耐磨性与悬垂性好，其吸湿放湿性和透气性居各类纤维之首，具有优良的服用性能，穿着时倍感凉爽、舒适、透气，对皮肤无过敏反应，且有抗紫外线、抗菌护肤保健功能，是夏季服装首选的织物。

原生竹纤维截面呈扁平状，有中空腔和大小不等的孔洞，无皮芯层结构，纤维表面存在沟槽和裂缝，横向还有枝节，无天然扭曲。与棉、麻纤维的不同点是纤维中存在大量的大小不一的孔洞，这可能就是它质轻（相对密度仅为 0.8dtex，麻纤维则为 1.3~1.6dtex），手感柔软，吸湿导湿和透气性优良的原因之一。竹浆纤维纵向表面粗糙无扭曲，但有多条较浅的平行沟槽，横截面接近圆形，边缘有不规则的锯齿状，无皮芯结构，这种表面结构是与其纺丝成型条件有关的。竹浆纤维表面有一定的摩擦力，纤维的抱合力好，有利于纺纱。竹浆纤维手感柔软，吸湿放湿很快，透气性也好，干湿强度比棉、黏胶纤维均好，其断裂伸长率比棉高，比黏胶纤维低。竹纤维对酸、碱、氧化剂的耐受性稍差，这在染整加工时要尽量避免强碱、高张力及高温烘焙处理。

竹纤维还具有明显的抗菌抑菌功能，应用高新技术进行处理，能使竹纤维即使经受洗涤、日晒也不失去这种优良性能。竹纤维织物的抗菌性不同于用后整理剂赋予织物的抗菌性，因为化学合成的整理剂可能使人体皮肤产生过敏反应，造成不良后果。竹纤维适用于生产喷气涡流纺纱线，纺纱性能优良。

四、羊毛及羊绒

羊毛主要分为绵羊毛和山羊毛。绵羊毛形态上最大的特点是够长而不够细，且细度差异大。按细度来分，绵羊毛可分为超细毛（直径<14.9μm）、细毛（直径18~27μm，长度<12cm）、半细毛（直径25~37μm，长度<15cm）以及粗毛（直径20~70μm）。超细毛也就是极细羊毛，由于生物育种技术的发展，国际上极细羊毛的细度也是越来越细，有的已经可以达到13μm以下。从力学性能来讲，绵羊毛纤维强度偏低、弹性大、断裂伸长率高。绵羊毛的纺纱性能较差，从生产实际来看喷气涡流纺可以生产一定比例的绵羊毛品种，建议与纤维素纤维混纺，所占比例不超过30%。在棉纺设备上生产毛型纤维，需在生产之前对绵羊毛纤维的长度和养生方面进行充分的预处理，以提高其可纺性，喷气涡流纺成纱支数也建议在40英支以下。

羊绒纤维属于特种动物纤维，只有出自山羊身上的绒才称作羊绒，也就是山羊绒。羊绒是一根根细而弯曲的纤维，其中含有很多空气，并形成空气层，可以防御外来冷空气的侵袭，保留体温不会降低。羊绒比羊毛细很多，外层鳞片也比羊毛细密、光滑，因此，重量轻、柔软、韧性好。纤维横截面近似圆形，直径比细羊毛还要细，平均细度多在14~16μm，细度不匀率低，约为20%，长度一般为35~45mm，强伸长度、吸湿性优于绵羊毛，集纤细、轻薄、柔软、滑糯、保暖于一身。羊绒与羊毛纤维可纺性能相似，若生产喷气涡流纺纱线，建议与纤维素纤维混纺，所占比例不超过30%，羊绒纤维在生产之前同样需要进行预处理，以保证纤维可纺性能的提高。

第二节　化学纤维

一、黏胶纤维

黏胶纤维属纤维素纤维，它是以天然纤维（木纤维、棉短绒）为原料，经碱化、老化、磺化等工序制成可溶性纤维素黄原酸酯，再溶于稀碱液制成黏胶，经湿法纺丝而制成。目前我国生产的黏胶纤维有三个品种。

1. 普通黏胶纤维

它的聚合度为250~500，有长丝和短纤之分。黏胶短纤又分为棉型、毛型和中长型三种，以便与相应的棉、毛和合成纤维混纺。长丝可与蚕丝、棉高支纱及合成长丝等交织成绚丽多彩的纺织品。

2. 富强纤维

以优质浆料为原料，改变纺丝工艺，省去“老化”和“熟成”过程而纺制的纤维产品。该纤维聚合度较高，其截面近似圆形，其干、湿机械强度高于普通黏胶纤维，深受消费者欢迎。

3. 强力黏胶纤维

强力黏胶纤维为全皮层结构，这是一种强度特别高又耐疲劳的黏胶纤维，其强度可达棉的两倍以上，广泛用于汽车轮胎的帘子线、传输带、胶管和帆布等工业用品中。普通黏胶纤维具有一般的力学性能和化学性能，又分棉型、毛型和长丝型，棉型黏胶的切断长度在 35~40mm，线密度在 1.1~2.8dtex，其中线密度小于 1.33dtex 的棉型黏胶在喷气涡流纺工序的可纺性能较好。

普通黏胶纤维横截面是不规则的锯齿形，纵向呈平直立柱体状，而富强纤维的截面比较规整，几乎是圆形。普通粘纤从外向里共分四层，第一层是表皮层，很薄；第二层为内皮层，结构紧密，结晶度高；第三、第四层为中心层，结构疏松，结晶度较低。普通黏胶纤维的结晶区约占35%，非晶区约占65%，与棉纤维正好相反。由于黏胶纤维的结构比较疏松，有较多的空隙和内表面积，其吸湿性是化纤中最好的，20℃相对湿度为65%，标准气压下其回潮率可达13%，黏胶纤维吸湿膨胀后其截面可增大50%，故普通黏胶纤维织物下水后手感发硬，收缩率也较大，织物干后不能回复到原长。普通黏胶纤维的断裂强度、耐磨性等均较差，特别湿强度仅为干强度的50%，耐磨性也仅为干态的20%~30%。

二、Modal 纤维

国内市场上出现的 Modal 纤维，主要来自于兰精公司生产，从其性能上看属于变化型高湿模量纤维。该产品以榉木浆粕为原料制成，采用的仍是高湿模量黏胶纤维的制造工艺。Modal 纤维湿态条件下强力约下降 40%，其湿伸长较少，为 13%~

15%，规格一般为1.0~1.33dtex、长度为34mm，在喷气涡流纺工序可纺性能较好。

莫代尔纤维的干强接近于涤纶，湿强要比普通黏胶提高了许多，光泽、柔软性、吸湿性、染色性、染色牢度均优于纯棉产品。用它所做成的面料，展示了一种丝面光泽，具有宜人的柔软触摸感觉和悬垂感以及极好的耐穿性能。莫代尔纤维的特点如下。

1. 可纺性和织造性好

莫代尔（Modal）具有高强力纤维均匀的特点，湿强力约为干强力的50%，优于黏胶的性能，具有较好的可纺性与织造性。黏胶、莫代尔、棉的干湿强度对比见表2-1。

表2-1 黏胶、莫代尔、棉的干湿强度对比

指标	黏胶	莫代尔	棉
干强（cN/tex）	26	34	25
湿强（cN/tex）	15	19	29

2. 纱线缩水率低

莫代尔纤维具有湿模量较高，其纱线的缩水率仅为1%左右，而黏胶纤维纱线的沸水收缩率高达6.5%。

3. 强度高

莫代尔纤维的高强度使它适于生产超细纤维，也能在环锭、转杯和气流纺纱机上纺纱，并可得到几乎无疵点的细特纱，适于织造轻薄织物（如80g/m^{2}的超薄织物）和厚重织物，制作的超薄织物的强度、外观、手感、悬垂性和加工性能良好，制作的厚重织物厚重而不臃肿。

4. 纱线条干均匀

莫代尔纤维纺纱可产生较均匀的条干，与其他纤维可以不同比例混纺，如与羊毛、棉、麻、丝、涤纶等混纺都可得到高品质的纱线。

5. 适用传统工艺

莫代尔纤维可用传统的纤维素纤维的预处理，漂白和染色工艺加工。传统的纤维素纤维染色用的染料，如直接染料、活性染料、还原染料、硫化染料和偶氮染料都可用于莫代尔织物的染色，且相同的上染率，莫代尔织物的色泽更好，鲜艳明亮，与棉混纺可进行丝光处理，且染色均匀、浓密，色泽保持持久。

6. 光泽良好

莫代尔纤维良好的外观使其织物具有丝绸般的光泽，显得雍容华贵，大大提升了服装的档次。其良好的手感和悬垂性，使得服装显得更加飘逸，随身性更强；极柔软的触感，赋予织品第二肌肤之美称。

三、天丝纤维

天丝（Tencel）是Lyocell纤维的商品名称，是英国Acordis公司以从桉树中提取的100%天然木浆为原料研制的，被称为“21世纪的纤维之梦”。天丝纤维是采用*N*-甲氧基吗啉（简称NMMO）的水溶液溶解纤维素后，进行湿法纺丝生产的一种高湿模量再生纤维素纤维。天丝纤维有长丝和短纤维两种，短纤维分普通型（未交联型）和交联型。前者就是Tencel G 100，后者是Tencel A 100。普通型Tencel G 100纤维具有很高的吸湿膨润性，特别是径向膨润率高达40%~70%。当纤维在水中膨润时，纤维轴向分子间的氢键等结合力被拆开，在受到机械作用时，纤维沿轴向分裂，形成较长的原纤。利用普通型Tencel G 100纤维异于原纤的特性可将织物加工成桃皮绒风格。交联型Tencel A 100纤维素分子中的羟基与含有三个活性基的交联剂反应，在纤维素分子间形成交联，可以减少天丝纤维的原纤化倾向，可以加工光洁风格的织物，而且在服用过程中不易起毛起球。天丝纤维规格一般为1.0~1.33dtex、长度为38mm，在喷气涡流纺工序可纺性能较好。

四、涤纶

涤纶即聚酯纤维，它是由短脂肪烃链、酯基、苯环、端醇羟基所构成。涤纶分子中除存在两个端醇羟基外，并无其他极性基团，因而涤纶亲水性极差。采用熔纺法制得的涤纶在显微镜中观察到的形态结构具有圆形的截面和无特殊的纵向结构，在电子显微镜下可观察到丝状的原纤组织。

异形涤纶可改变纤维的弹性，使纤维具有特殊的光泽与蓬松性，并改善纤维的抱合性能与覆盖能力以及抗起毛起球、减少静电等性能。如三角涤纶有闪光效应；五叶形涤纶有肥光般光泽，手感良好；中空涤纶由于内部有空腔，密度小，保暖性好。一般在喷气涡流纺工序使用较多的是普通涤纶，纤维规格为细密度1.33dtex、长度38mm，可纺性能较好。涤纶表面油剂较多，在喷气涡流纺工序生产时，油剂容易聚集在纺锭上，造成纤维包缠效果较差，形成强度很弱的纱（俗称弱捻纱）。需要人工对纺锭上的油剂进行擦拭，以加强纤维的包缠效果。日本村田公司的喷气涡流纺设备目前已经针对此类问题进行了升级改进，能够对油剂进行有效清除，减轻了工人的劳动强度，提高了生产效率。

五、腈纶

腈纶又叫聚丙烯腈纤维，聚丙烯腈纤维的性能极似羊毛，弹性较好，伸长20%时回弹率仍可保持在65%左右，蓬松卷曲且柔软，保暖性比羊毛高15%，有合成羊毛之称。纤维强度为22.1~48.5cN/tex，比羊毛高1~2.5倍。固体腈纶在腈纶所有的种类中是占比较多的一种，其断裂强度比天丝、Modal、涤纶都要小，但断裂伸长率最大，纤维的弹性很好。腈纶在喷气涡流纺工序生产过程中，因其纤维的回弹性较高，在纤维头端进入纺锭后，其尾端受到旋转气流的作用，容易产生纤维伸长，伸长的纤维在回弹过程中受到摩擦力的作用，会与其周围的纤维共同进入纺锭，造成纺锭堵塞。所以，喷气涡流纺生产腈纶需要在工艺参数（如前罗拉到纺锭的距离等）的设置上重点进行调整。

目前，聚丙烯腈纤维几乎全部用于生产短纤维，经过改性处理的腈纶具有特白、热稳定、抗污、难燃、抗静电、吸湿、手感特柔等优点。随着腈纶工业产业的不断扩大，出现了几种常见的差别化腈纶。有纳米防螨抗菌腈纶、高收缩腈纶、超细旦腈纶、有色腈纶、阻燃腈纶、远红外腈纶、抗静电腈纶、异形腈纶等。

阻燃腈纶是一种新型功能性纤维，与普通腈纶的物理性能非常相似，回潮率小于2%，具有强度高、强度好、尺寸稳定的优点。同时也具有良好的染色性能和很强的耐化学品性能。阻燃腈纶生产喷气涡流纺纱线已经在山东德州华源生产科技有限公司批量化生产，主要用于沙发、车内装饰用品等。

目前阻燃腈纶有三种生产方法。

1. 高聚物分子链的化学改性

包括共聚合、分子链的交联及环化，将含有阻燃元素的乙烯基化合物作为共聚单体，与丙烯腈进行共聚制取阻燃改性腈纶。

2. 纺丝原液的物理改性

包括共混入低分子添加剂，与高聚物一起混合纺丝，在纺丝原液中混入添加型阻燃剂，从而实现阻燃改性。

3. 阻燃后处理

阻燃后处理是指在纺丝成型过程中，把阻燃剂涂抹到腈纶表面，从而使腈纶具有一定的阻燃性能。

第三节　喷气涡流纺原料预处理及配棉

一、喷气涡流纺原料的预处理

不同纤维中由于天然纤维含有亲水性基团，吸湿等温线与放湿等温线不重合，同样相对湿度条件下，放湿过程纤维回潮率要高于吸湿过程纤维回潮率，因此，应根据纺纱工艺要求和质量要求，合理掌握和控制好纺纱生产过程中不同工序的温湿度。原料的预处理是指针对原料在投产之前对纤维进行预先处理，以保证纤维能在一定的回潮率或者适纺条件下投入纺纱工序，从而保证纤维顺利成纱，降低纤维在生产过程中的消耗，品质能得到提升。由于目前在喷气涡流纺生产中使用纤维类别多，性能差异大，故为提高纺纱可纺性，以生产出品质优良的各种喷气涡流纺纱线，纤维预处理工作十分重要。

从纤维性能分析，成纱中需要特别处理的纤维主要有两类，一类是刚性较强、吸湿性能较差的纤维；另一类是吸湿性强，但表面光滑、抱合性较差纤维，这两类纤维在纺纱生产中均易产生静电缠绕罗拉、胶辊，增加断头，降低生产效率。因此，纺前预处理的重点是要减少静电荷，提高可纺性。本节对不同种类纤维的预处理过程分别进行介绍。

1. 天然纤维的预处理

棉纤维进厂若回潮率偏小，应考虑在投产之前在分级室进行加湿平衡。加湿区域的湿度设定以及加湿时间可根据实际进行要求。棉纤维的湿度对纤维强力影响较大，强力在相对湿度逐步增加时，纤维强力逐步增加。相对湿度在60%~70%时棉纤维强力增加较明显，但湿度超过80%时，强力增加率则很小。同时，相对湿度对纤维伸长影响较大，加湿后的纤维由于分子之间的距离增大，在外力作用下易产生相对位移，因为纤维的伸长也随着湿度的增加而随之增大。棉纤维在适度的相对湿度条件下，纤维横断面膨胀，延展性增加，纤维柔软，黏附性和摩擦因数增加，纤维牵伸过程中更容易控制，从而提高了成纱的条干均匀度。适度的回潮也会使绝缘性能下降、介电系数上升，从而有利于消除纤维在生产过程中的静电排斥现象，增加纤维的抱合力。但是不是一味地增加湿度就是最合理的，湿度过大会造成纤维之间摩擦力过大，纤维之间纠缠不易梳理，从而形成棉结。

亚麻纤维由于其独特的性能，在投产之前，需要在容器中加适量的水，对纤维进行4~6天的闷料，以保证纤维充分吸湿。对使用亚麻纤维纺纱时，因纤维刚度大，在常态温湿度下的打击和梳理易造成纤维脆断，影响质量与制成率，故必须采用水和抗静电剂对亚麻进行养生处理，并将喷洒油剂后的亚麻在25℃下存放96h，并要多次翻仓以降低纤维黏结。

羊毛、羊绒纤维需要在投产之前加入一定的抗静电剂和水进行预处理，以达到减轻纺纱过程中产生的静电现象，提高适纺性能。

2. 化学纤维的预处理

对使用莫代尔、竹纤、天丝原料时，由于纤维表面较滑，在生产过程中也易产生静电，生产前必须进行给湿处理，其方法是将原料进车间开包存放24h，并在抓棉机上进行喷雾给湿，使原料含水率达到13%左右，使整个纺纱过程处在放湿状态下生产。天丝纤维由于纤维刚性比较大，适当的原料加湿可以提高纤维的柔软性，降低纤维在纺纱过程中因静电原因造成的绕胶辊、绕罗拉现象。

二、喷气涡流纺原料的配棉要求

为了保持生产和成纱质量的稳定，优质低耗地进行生产，要求生产过程和成纱质量保持相对稳定。保持原棉性质的相对稳定是生产和质量稳定的一个重要条件。如果采用单一批号纺纱，当一批原料用完后，必须调换另一批原料来接替使用称接批，这样次数频繁地、大幅度地调换原料，势必造成生产和成纱质量的波动；如果采用多种原料搭配使用，只要搭配得当，就能保持混合原料性质的相对稳定，从而使生产过程及成纱质量也保持相对稳定。

配棉的原则讲究质量第一、全面安排、统筹兼顾、保证重点、瞻前顾后、细水长流、吃透两头、合理调配。质量第一、统筹兼顾、全面安排、保证重点就是要处理好质量与节约用棉的关系，在生产品种多的基础上，根据质量要求不同，既能保证重点品种的用棉，又能统筹安排。瞻前顾后就是充分考虑库存原料、车间半成品、原料采购的各方面情况，保证供应。细水长流就是要尽量延长每批原料的使用期，力求做到多批号生产，为6~8个批号。吃透两头，合理调配就是要及时摸清用原料趋势，随时掌握产品质量反馈信息，机动灵活，精打细算地调配原料。

1. 配棉的目的

（1）保持生产和成纱质量的稳定。合理使用原棉，尽量满足纱线的质量和纱线支数的要求，因为纱线质量和特性要求不尽相同，加之纺纱工艺各有特点，因此，各种纱线对使用原棉的质量要求也不一样。另外，棉纺厂储存的原棉数量有多有少，质量有高有低，如果采用一种原棉或一个批号的原棉纺制一种纱线，无论在数量上还是在质量上都难以满足要求。故应采用混合棉纺纱，以充分利用各种原棉的特性，取长补短，满足纱线质量的要求。

（2）节约用棉，降低成本。原棉是按质论价的，不同纤维长度，不同等级的原棉价格差别很大，原棉投资在棉纱成本中占50%~85%（视品种而异），如果选用的原棉等级较高，虽然成纱质量可以得到保证，但是生产成本增加，意味着吨纱利润的降低。因此，配棉要从经济效益出发，控制配棉单价和吨纱用棉量，力求节约原棉成本，例如：在纤维长度较短的配棉中，适当混用一定比例的长度较长的低级别原棉，不仅不会降低成纱质量，相反可以提高成纱强力，对于原棉下脚、回花、精梳落棉、再用棉等成分，可按一定比例回用到配棉中，也可以起到降低用棉成本，节约用棉的效果。

2. 配棉的方法

目前，棉纺企业普遍使用分类排队法的配棉方法，分类排队法即根据原棉的特性和纱线的不同要求，把适合纺制某品种纱线的原棉划分为一类，排队就是将同一类原棉按产地、性质、色泽基本接近的排在一队中，然后与配棉日程相结合编制成配棉排队表。分类排队法的优点是可以有计划地安排一个阶段的纱线配棉成分，可以保证混用效果，是一种科学的配棉方法。

（1）原棉的分类。

①可以按照纺制产品的规格对原棉进行分类：比如，精梳32~40英支针织用纱

使用同类原棉。

②每个配棉类别的成分根据原棉具体的技术指标来确定：要求每批原棉技术指标差别不要过大，例如，控制范围如下：品级：1~2 级；长度：2~4mm；含杂率：1%~2%；含水率 1%~2%。

③棉纺工艺流程不同，配棉分类时也要灵活掌握：比如，同样的原棉在不同季节出现不同成纱质量时，配棉分类时就应及早调整。

（2）原棉的排队。在分类的基础上，将同一类原棉排成几队，把产地、技术指标相对接近的原棉排在一个队内，以便当一个批号的原棉用完以后，用同一个队中的另一个批号的原棉接替上去，使正在使用的原棉的特性无明显变化，达到稳定生产和保证成纱质量的目的，为此，原棉排队应遵循以下几点。

①主体成分：为了保证生产过程和成纱质量的稳定，在配棉中一般有意识地安排几个批号技术指标相对接近的原棉作为主体成分，一般以产地为主体，也有的用长度作为主体。主体成分一般占到总配棉的 70%左右，这样可以避免品质特好或特差的原棉混用过多。但是由于原棉的性能是很复杂的，在具体生产中，如果很难用一队原棉作为主体成分时，可以考虑用几批原棉，但是注意使用时不要出现双峰接批现象。

②队数和混用百分比：队数和混用百分比有直接的关系，队数多，混用百分比小；队数少，混用百分比就大；队数过多时，生产管理难度较大，还容易造成混棉不匀；队数过少时，混用百分比较大，当接批时容易造成原棉性能的较大差异。

所以，确定队数时，首先要知道混棉的加工方式，如果采用人工小批量生产，队数最好要少，不超过 4 队，抓棉机混棉时可以增加到 6~9 队，后工序如采用并条条混时，还要考虑棉条的搭配比例。其次，确定队数还要考虑总投入原棉的数量多少，棉纱属于小批次生产时，队数不宜过多。再者，确定队数还要考虑原棉的产地、品种、质量指标等因素，原棉产地轧花厂多，品种多，质量差异大时队数宜多。最后确定队数还要考虑产品的品种和要求，如产品的色泽要求较高时，队数宜多，成纱质量波动较大时，队数也要多一些。

当队数确定以后，可以根据原棉的质量情况和成纱质量要求确定各种原棉混用百分比，为了减少成纱质量的波动，最大混用百分比一般为 25%左右。

为了减少布面横档等质量问题，每批配棉混棉纤维的马克隆值大小差异要控制在0.4以内。国际市场的原棉交易也通常把马克隆值作为价格的参考指标之一，对于超过或达不到可纺性的马克隆值参数的原棉，做降价或折价处理。

单纤维强力也是决定成纱强力的主要指标之一，棉纤维在纺纱过程中要不断经受外力的作用，纤维具备一定的强力是棉纤维具有纺纱性能的必要条件之一，在正常情况下，棉纤维强力大，则成纱强力大，棉纤维强力不仅与纤维粗细有关，而且与棉花品种、生长条件有关，要求在纺制不同品种时为了达到要求的单纱强力，要特别重视配棉的单纤维强力问题。

原棉疵点是由于棉花生长期间发育不良或轧工不良形成的对纺纱有害的物质，原棉疵点在纺纱工艺流程中不易清除，或包卷在纱中，或附着在纱线中，使得条干恶化、断头增多、外观很差，直接危害纺纱生产和最终产品质量。

棉纤维含有的糖分，是指含有可溶性糖的总称，其中包括纤维自身含有的生理糖和附着表面的外源性物质。当原棉中含糖量过高时，在梳棉、精梳、并条、粗纱、细纱等工序会明显地发生黏附纤维现象，影响正常生产，尤其是逐步投入使用的国产新型设备，对含糖量过高的原棉更是不适应。所以，对于含糖量过高的原棉无论价格多么优惠，均要谨慎使用，尤其是用以制作高档针织面料。

做好原棉试纺可以避免或消除感官检验、仪器检验带来的局限性和误差，所以应在原棉大批量投入生产之前，安排新成分原棉小批量试纺，然后根据试纺情况和纱线质量安排新配棉的混合使用。

在进行新工艺、新技术时也应进行小批量试纺，以确认原棉的正确使用，搞好试纺工作可以减少纱线质量波动，能正确反映纤维的使用价值和经济价值，预测成纱性能，可以保证产品质量不会因时间的跨度而发生波动，才可以使得产品质量受到市场的认可。

三、化纤原料选配技术

化纤原料包括纤维品种及纤维性能方面的选配，混纺比例的确定，除选择适当的长度和细度外，特别要考虑染色性能，以免造成色差。

1. 化学纤维品种的选择

化学纤维品种的选择对混纺产品起着决定性的作用，因此，应根据产品的不同用途、质量要求及化学纤维的加工性能选用不同的品种。如棉型针织内衣用纱要求柔软、条干均匀、吸湿性好，宜选用黏胶纤维或腈纶与棉纤维混纺；棉型外衣用料，要求坚牢耐磨、厚实挺括，多选用涤纶与棉纤维混纺。如果要提高毛纺纱性能和织物耐磨性能，可采用两种化学纤维和羊毛纤维混纺，以取长补短，降低成本。为改善麻织物的抗皱性和弹性，可采用涤纶与麻纤维混纺。

2. 混纺比例的确定

（1）根据产品用途和质量要求确定混纺比。确定混纺比要考虑多种因素，主要是产品用途和质量要求。如外衣用料要求挺括、耐磨、保形性好、免烫性好、抗起球性好；而内衣用料则要求吸湿性好、透气性好、柔软、光洁等。此外，还要考虑加工和染整等后加工条件及原料成本等。涤纶与棉纤维混纺时，比例大多采用65%涤纶、35%棉纤维，其织物综合服用性能最好。

在黏胶纤维与其他纤维的混纺产品中，黏胶纤维的比例一般为30%左右，此时，毛粘混纺织物仍有毛型感；含黏胶纤维70%时，显现黏胶纤维产品的风格，抗皱性极差。涤纶中混用黏胶纤维，可改善织物的吸湿性和穿着舒适性，缓和织物熔孔性，减轻起毛起球和静电现象。

腈纶和其他纤维混纺，可发挥腈纶蓬松轻柔、保暖和染色鲜艳的特性，混用比例一般为30%~50%。随着混用比例的增加，织物耐磨性、折皱回复性都变差。锦纶与其他纤维混纺时，虽然混用比例很小，但也能显著提高织物的强力和耐磨性。

（2）根据化学纤维的强伸度确定混纺比。混纺纱的强力除取决于各成分纤维的强力外，还取决于各成分纤维断裂伸长率的差异。不同断裂伸长率的纤维相互混纺，在受外力拉伸时，组成混纺纱的各成分纤维同时产生伸长，但纤维内部所受到的应力不同，因而各成分纤维断裂的时刻不同，致使混纺纱的强力通常比各成分纯纺纱强力的加权平均值低很多。因此，混纺纱的强力与各成分间纤维强力的差异、断裂伸长率差异和混纺比三者有关。

从提高混纺纱强力的角度考虑，各混纺成分纤维的伸长选择应越接近越好，以提高各纤维组分的断裂同时性，从而提高各组分的强力利用率。目前，多采用中强中伸涤纶与棉纤维混纺。若涤纶与毛纤维混纺，则应采用低强高伸型，使其伸长率与毛纤维接近。

3. 纤维性质选配

化学短纤维的品种和混纺比例确定后，还不能完全决定产品的性能，因为混纺纤维的各种性质，如长度、线密度等指标的不同都会直接影响混纺纱产品的性能。

（1）化学短纤维长度的选择。化学短纤维的长度分棉型、中长型和毛型等不同规格。棉型化学纤维的长度为32mm、35mm、38mm和42mm等，接近棉纤维长度而略长，可以在棉型纺纱设备上加工；中长型化学纤维的长度为51mm、65mm和76mm等，通常在棉型中长设备或粗梳毛纺设备上加工；毛型化学纤维的长度为76mm、89mm、l02mm和114mm等，一般在毛精纺设备上加工。纤维长度还影响其在成纱截面中的分布。通常较长的纤维容易集中在纱线的芯部，所以选用长于天然纤维的化学纤维混纺，其成纱中天然纤维大多会处在外层，使成纱外观更接近天然纤维。

（2）化学短纤维线密度的选择。棉型化学纤维的线密度为0.11~0.17tex，略细于棉纤维；中长仿毛化学纤维的线密度为0.22~0.33tex；毛型化学纤维的线密度为0.33~1.30tex。中长型与毛型化学纤维均略细于与其混纺的毛纤维。纤维越细，同线密度纱的横截面内纤维根数越多，纤维强力利用率越高，成纱条干越均匀，但纤维过细容易产生结粒。细纤维强度高的，在织物表面容易形成小粒子（起球）。

一般认为，化学短纤维的线密度与长度之间符合如下关系式时，化学纤维的可纺性和成纱质量较好：

$$L = 230\mathrm{Tt}$$

式中：L——纤维长度，mm；

　　Tt——纤维线密度，tex。

原棉、原料是影响产品质量的最关键的基础因素。在同样的生产条件下，一般使用质量好、适纺性能强的原料纺出的纱线质量相对较好，偶发性纱疵也相对较少。

4. 化学纤维原料选配方法

（1）单一品种或单唛混配。用同一牌号化纤分包混配，优点是匀染度好，消除染色差异。但一种牌号化纤用完，调换另一种牌号，成品质量会有差异，必须严格分批。

（2）多品种或多唛混配。在化纤牌号变动较大的情况下采用同一种化纤多种牌号混用，逐批抽调，保持混合原料质量基本稳定，但对混和均匀度要求较高，稍有疏忽会产生色档，匀染度也较差。对染色性能差异大的牌号调换时要少量抽调，避免出现色差事故。

选用各种化学纤维于混料中的目的，是为了充分发挥其优良特性，取长补短，满足产品的不同要求，增加花色品种，扩大原料来源并降低成本。化学纤维选配包括品种选择、混纺比例确定及化学短纤维长度、线密度等性质的选择。

第三章　前纺各道工序工艺要求

第一节　清梳工序工艺及质量要求

一、开清棉

清花工序主要根据不同的原料和纺纱品种，确定打手形式、工艺速度和隔距。在清花工序应尽量减少对纤维的损伤和棉结的增加。一条好的清花生产线，经过该工序后，纤维的短绒增加率一般不应超过1%，棉结增加率一般不应超过75%。喷气涡流纺纱对于清花工序原料的开松要求更高，纤维束受到气流的作用既要开松彻底，又要避免纤维之间互相纠缠，提高纤维的取向度。

1. 自动抓棉机

自动抓棉机的作用主要是从棉包中抓取原料，并喂给开清棉机组，同时伴有一定程度的开松与混和作用，如图3-1所示为自动抓棉机。

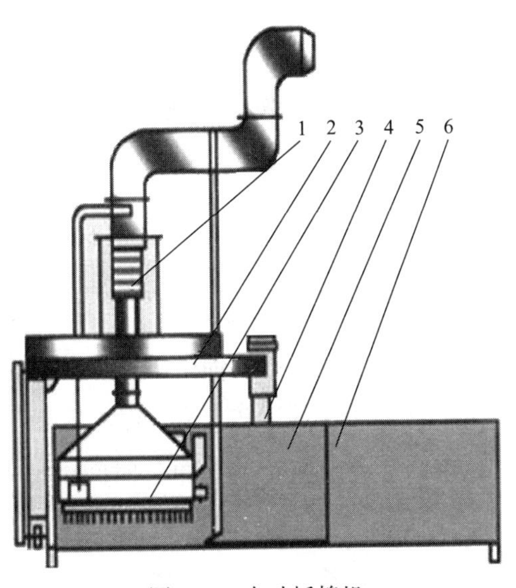

图3-1　自动抓棉机

1—伸缩管　2—抓棉小车　3—抓棉打手　4—中心轴　5—内壁　6—外壁

抓棉机高速回转的抓棉打手抓取棉块时，受到肋条的阻滞，其工艺作用是撕扯。抓棉机不仅要满足流程对产量的要求，而且还要对原棉进行缓和、充分的开松，并把不同成分的纤维按配棉比例进行混和。为达到这些目的，要求抓棉机抓取的棉束尽可能小，即所谓的精细抓棉。开清棉阶段，浮在棉束表面的杂质比包裹在棉束内的杂质容易清除；棉束小，纤维混和精确、充分，其密度差异小，可避免在气流输送过程中因棉束重量悬殊产生分类现象；小棉束能形成细微均匀的棉层，有利于后续机械效率的发挥、提高棉卷均匀度。

（1）影响开松效果的工艺因素。

①锯齿刀片伸出肋条的距离：距离小、锯齿刀片插入棉层浅、抓取棉块的平均重量轻，开松效果好，一般为 1~6mm。

②抓棉打手的转速：转速高、作用强烈、棉块平均重量轻，打手的动平衡要求高，一般为 740~900r/min。

③抓棉小车间歇下降的距离：距离大、抓棉机产量高、开松效果差，一般为 2~4mm/次。

④抓棉小车的运行速度：速度高、抓棉机产量高、单位时间抓取的原料成分多，开松效果差，一般为 1.7~2.3r/min。

⑤精细抓棉：在工艺流程一定时，精细抓棉可提高开清棉全流程的开清效果，并有利于混和、除杂及均匀成卷。

（2）影响抓棉机混和效果的工艺因素。

抓棉小车运行一周（或一个单位）按比例顺序抓取不同成分的原棉，实现原料的初步混和。

①抓棉小车的运转效率：

$$\text{运转效率}=\frac{\text{测定时间内小车运行的时间}}{\text{测定时间内成卷机运行的时间}}\times 100\%$$

在满足前方机台产量供应的前提下，抓棉小车的运转效率高，单位时间抓取的原棉成分多、混和效果好。抓棉小车的运转效率一般不应低于 80%，提高运转效率必须掌握“勤抓少抓”的原则。“勤抓”就是单位时间内抓取的配棉成分多，“少抓”就是抓棉打手每回转的抓棉量要少。

②上包工作：每台抓棉机可堆放 20~40 包原棉，棉包排列要做到周向分散、径向叉开（横向分散、纵向叉开），以保证抓棉小车每一瞬时抓取不同成分的原棉；

上包时要“削高嵌缝、低包松高、平面看齐”；使用回花、再用棉时，要用棉包夹紧，最好是打包后使用，主要工艺参数见表3-1。

表3-1　主要工艺参数

清花	棉	纤维素纤维	合成纤维
小车回转速度（r/min）	1.41	1.56	1.79
抓棉打手速度（r/min）	650	700	750
抓棉打手直径（mm）	385	385	385
刀片伸出肋条距离（mm）	3.8	4.5	5.7
打手间歇下降距离（3~6）m	5	4	4

2. 多仓混棉机

混棉机的主要任务是对原料进行混和，并伴有扯松、开松、除杂及均匀给棉等作用。主要是利用多个储棉仓进行细致的混合作用，同时利用打手、角钉帘、均棉罗拉和剥棉罗拉等机件起到一定的开松作用。多仓混棉机的混合作用，都是采用不同的方法形成时间差混合而成的。按照行程时间差的不同方法，目前国内外流行的多仓混棉机有两种典型代表，一种是不同时喂入的原料同时输出形成时间差实现混合；另一种是同时喂入的原料，因在机器内经过的路线长短不同，而不同时输出形成时间差进行混合。

（1）混和。一般多仓混棉机的工作特点是逐仓喂入、阶梯储棉、同步输出、多仓混棉。采用气流输送原棉，纤维在棉仓内受气流压缩，纤维密度均匀、容量大、延时时间长、产量高、混和效果好。

（2）开松。开松作用产生于各仓底部，即用一对给棉罗拉握持原料并用打手打击开松。开松后的原料落入混棉通道，原料叠合后输出，如图3-2所示为多仓混棉机，主要工艺参数见表3-2。

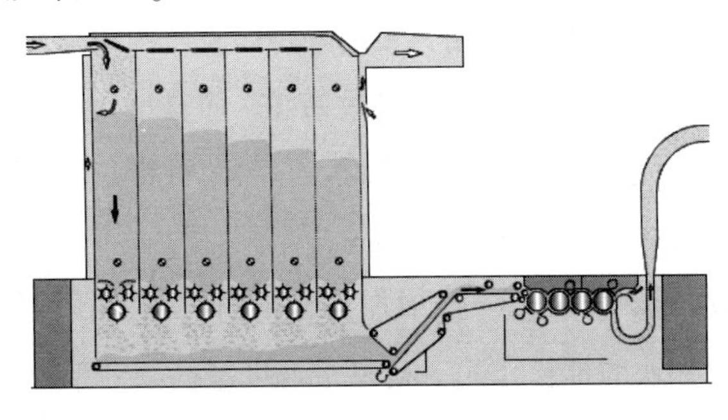

图3-2　多仓混棉机

表 3-2　主要工艺参数

多仓混棉机	棉纤维	纤维素纤维	合成纤维
换仓压力（Pa）	125	125	130
打手转速（r/min）	800	750	700
打手防扎（r/min）	780	720	680
给棉量（%）	60	50	43
打手防扎（r/min）	740	650	580
压力控制给棉压力（Pa）	650	570	580

3. 自动混棉机

（1）混和。通常自动混棉机属夹层混和，而夹层混和效果取决于棉堆的铺层数和每层包含的原棉成分数。为使棉箱中多种成分外形不被破坏，利用角钉帘抓取，在棉箱后部有摇栅（混棉比斜板）。当水平的输棉帘加快速度时，混棉比斜板的倾角应相应增大。倾斜角在22.5°~44.5°内调节，角度过大会影响棉箱中的存棉量。

（2）开松。该机主要是角钉与角钉或角钉与打手刀片间相对运动时，经扯松而完成开松。影响角钉扯松的工艺因素如下。

①角钉规格：角钉规格包括角钉的倾角、密度、长短及粗细等，应根据加工原棉块大小来决定。角钉倾角小，棉块易被抓取，扯松效果好，但是过小会降低角钉的抓棉量，一般取30°~50°。角钉密度是单位作用面积内的角钉数，通常用“纵向钉距×横向钉距”来表示。角钉密度过小，扯松作用差；角钉密度过大，棉块会浮在角钉面上，使抓棉量减小。一般靠近抓棉机的混棉机加工的棉块大，而靠近清棉机的混给棉机加工的棉块小，因此，角钉密度应逐渐加大，而角钉倾角应逐渐减小。

②隔距：主要是指均棉罗拉与角钉帘间隔距以及压棉帘与角钉帘间隔距。隔距小，角钉刺入棉块深，抓取能力强，开松效果好，而且过大的棉块不易通过，出棉均匀稳定；但是，隔距过小，会使产量降低。一般角钉帘与均棉罗拉间隔距为40~80mm，角钉帘与压棉帘间隔距为60~80mm。

③速度：加快均棉罗拉转速，可增加角钉帘与均棉罗拉间的线速比（称均棉比），继而可增强对棉块的扯松作用。角钉帘速度提高，其单位时间内带过的棉块多、产量高。但是，角钉帘单位长度上的棉量随均棉罗拉打击次数的减少，开松效

果减弱。由于机型和在流程中的位置不同，自动混棉机的主要作用而有所差异，有的以混和为主，有的则以均匀输出为主，其均棉比一般为 1.6~5.5。

（3）除杂。除杂作用主要发生在剥棉打手与尘格部分，在角钉帘下尘格处、吸铁装置及凝棉器尘笼等部位，也有一定除杂作用。影响除杂的工艺因素如下。

①剥棉打手转速：剥棉打手转速的高低，会影响棉块对尘格的撞击力。转速过低会使落棉减少，除杂作用降低；转速过高会出现返花，形成束丝和棉结，一般为 400~450r/min。

②剥棉打手与尘格间隔距：原料被打手与尘棒逐步开松后，为使其顺利输出，进口隔距一般为 8~15mm，出口隔距为 10~20mm。

③尘棒间隔距：此隔距应利于大杂的排除，如原料含大杂或有害疵点多，且密度较大时，此隔距应放大，反之宜小。加工原棉时，此隔距应大于棉籽的长直径 10~13mm。

④出棉形式：采用上出棉时，尘格包围角大，棉流输出时形成急转弯，据此可清除部分较重杂质，但要增大出棉风力；采用下出棉时，尘格包围角小，对除杂略有影响。

自动混棉机靠近抓棉机，部分大杂经抓棉机抓取后与棉块已经分离，因而除杂效率可达 10%左右，而落棉含杂率在 70%以上。

4. 开棉机

开棉机（图 3-3）是将紧压的原料松解成较小的棉块或棉束，以利混合、除杂作用的顺利进行。开棉机的共同特点是利用打手(角钉、刀片或针齿)对原棉进行打击，使之继续开松和除杂。开棉机的打击方式有两种，即自由打击和握持打击。合理选用打手形式、工艺参数和运用气流，对充分发挥打手机械的开松与除杂作用、减轻纤维损伤和杂质破碎有重要意义。

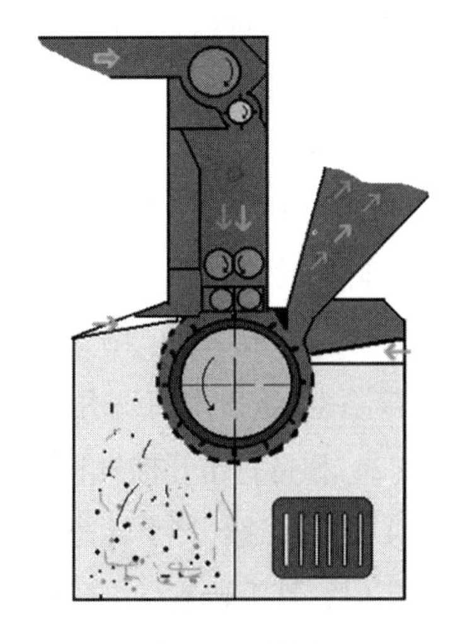

图 3-3　开棉机

各种开棉机的目的与要求不同，其采用的打手形式也各不相同，可以分别使用刀片式打手、梳针式打手、锯齿打手、综合打手等。

（1）自由打击开棉机。自由打击的开棉机有轴流开棉机、多刺辊开棉机和多滚筒开棉机。

六滚筒开棉机的除杂作用以第一、第二、第三只滚筒最强，第四、第五只滚筒较弱。第六只滚筒近出口端，由于下台机器凝棉器的吸引，此部分有气流补入，在滚筒下方采用托板代替尘格，因此，第六只滚筒几乎没有除杂作用。调整六滚筒开棉机的工艺参数，要结合各只滚筒的除杂特点，充分发挥各只滚筒的开松、除杂效能。影响六滚筒开棉机开松与除杂作用的工艺因素主要有以下几个方面。

①各只滚筒的转速：为使开松与除杂作用逐渐加强，有利于棉块输送，并减少滚筒返花，一般六只滚筒的转速依次递增，相邻两滚筒线速比约为 1∶1.1。滚筒转速增加，开松、除杂作用增强，但过高易造成滚筒返花而产生束丝，也使落棉含杂率降低。滚筒转速应根据原棉品级和纤维线密度确定，一般纺中、粗特纱使用的原棉品级比纺细特纱的差，为增加除杂作用，滚筒转速可快些；加工纺特细特纱的原棉时，滚筒转速应降低。

②滚筒与尘棒间隔距：减小此隔距可增强开松与除杂作用，但当喂入原棉较多时，隔距过小，易造成阻塞和尘棒损坏。

由于尘棒的曲率半径大于打手半径，滚筒与尘格的进出口隔距比中部都大，因此，滚筒与尘棒隔距以中部最小处表示。该隔距从第一到第六只滚筒随原棉的逐步松解应逐渐增大，第一至第三只滚筒隔距为 8mm，第四、第五只滚筒为 12mm，第六只滚筒为 18mm。滚筒与尘棒隔距可利用升降滚筒轴承的方法进行调节，调整后应校核滚筒与剥棉刀的隔距，此处隔距过大易造成返花，但隔距过小易碰剥棉刀。因此，要求滚筒角钉与剥棉刀的隔距以小为宜，一般为 1.5mm 左右。

③尘棒间隔距：尘棒间隔距增大，落棉增加，除杂作用加强，但过大会造成落白花，除杂效率降低。为实现先落大杂、后落小杂的工艺要求，尘棒间隔距配置应由大到小，一般第一、第二、第三只滚筒下尘棒间的隔距采用 10mm，第四、第五只滚筒下尘棒间的隔距采用 8mm。

（2）握持打击开棉机和清棉机。

①打手转速：打手转速的高低直接影响打手对棉层的打击或分割强度。当给棉量一定时，打手转速高，开松、除杂作用强，落棉多，但打手转速增加到一定程度后，落棉率增加幅度减小。打手转速过高会造成长纤维损伤增多，杂质破碎增多，

落棉含杂率降低，输出的纤维中丝束增多。打手转速的选择要根据加工原料的性能、采用打手的形式以及在开清棉流程中所处的位置进行综合考虑。加工纤维长度长、含杂少或成熟度较差的原棉，为减少纤维损伤，应采用较低的打手转速；加工化纤比加工同线密度原棉的转速要低，这不仅能减轻纤维损伤，而且还可以避免因化纤开松过度而造成纤维层的粘连。豪猪式开棉机打手转速一般为500~600r/min。加工棉时，清棉机打手的转速一般为900~1000r/min；加工化纤时，采用梳针滚筒时的转速为600r/min左右，采用锯齿滚筒则应控制在400~500r/min。

②打手至给棉罗拉的隔距：此隔距小，受打击的棉块被给棉罗拉握持得多，棉层被击落的阻力大，开松作用加强，但较长纤维易损伤或击落后易扭结，特别是弹性伸长大的纤维更易造成扭结现象，因此，在理论上此隔距最大限度应小于棉层厚度，最小限度应使打击点距棉层握持线的距离大于纤维主体长度。当喂入棉层内纤维较短、含杂较多、棉层较薄时，隔距宜小，反之宜大。豪猪式开棉机加工不同长度纤维时，打手至给棉罗拉的隔距见表3-3。清棉机打手至天平罗拉表面的隔距一般在8.5~10.5mm内调节。隔距确定后，一般不常改变。

表3-3　豪猪式开棉机加工不同长度纤维时打手至给棉罗拉隔距

纤维长度（mm）	打手至给棉罗拉隔距（mm）
<38	6~7
38~51	8~9
51~76	10~11

注　51mm属于临界长度，可以根据生产实际情况选择使用8~9mm或10~11mm隔距。

③打手至尘棒的隔距：随着棉块在打手室被打击而逐渐松解，其体积也逐渐增大，因此，打手至尘棒间的隔距自入口到出口也应逐渐放大。隔距小，棉块受尘棒阻扯作用强，在打手室内受打手与尘棒的作用次数增多，且棉块在打手室内停留时间长，故开松作用好，落棉多；反之，开松作用差，落棉少。此隔距的调整应根据原料含杂及机台产量综合考虑，当原料含杂高及机台产量较低时，应采用较小隔距，以充分发挥机台的开松除杂效能。加工棉时，豪猪式开棉机打手与尘棒间隔距入口一般为10~14mm，出口为14.5~18.5mm；清棉机此隔距入口为9~12mm，出口为16~20mm。加工化纤时，由于化纤比较蓬松，且只含少量疵点，不含杂质，所以此隔距应适当放大。

④尘棒间的隔距：尘棒间隔距要根据尘棒所处的位置及喂入原料的含杂情况而定，隔距大，机台落棉率和除杂效率提高，但过大会造成落白花。此隔距一般的规律是进口部分较大，可补入气流，也便于大杂先落，以后随着杂质颗粒的减小，可收小尘棒间隔距，近出口部分的隔距可适当放大或反装尘棒，以补入部分气流回收纤维，节约用棉。但是，若出口部分要求少回收时，也可采用从入口到出口隔距逐渐收小的工艺。加工棉时，豪猪式开棉机尘棒间隔距入口一组一般为 11~15mm，中间两组为 6~10mm，出口一组为 4~7mm；清棉机尘棒间隔距入口一般为 4~8mm，出口为 4~7mm。加工化纤时，尘棒间隔距应减小或采用全封闭。

⑤打手与剥棉刀间的隔距：此隔距以小为宜，以打手不返花为准，一般为 1.5~2mm，过大，打手易返花，产生束丝。加工化纤时，此隔距应收小到 0.8~1mm。

二、清梳联

清梳联是棉纺技术的发展趋势，是棉纺工程实现自动化、连续化和现代化的重要标志之一，清梳联不是清棉与梳棉的简单连接，而是把两者在新的条件下重新组合成一条新的生产线。清梳联分有回棉和无回棉两种工艺流程。

在有回棉工艺流程中，为使各台梳棉机喂棉箱得到相同数量的原棉，不断在配棉管路中输送，从第一台开始喂入，最终将多余原棉返回喂棉箱。在无回棉工艺流程中，利用各机台棉箱排气量及输棉管道的压力变化来控制棉箱的输入量。在正常情况下，输棉管道的压力与喂棉箱中纤维存量成正比。当上喂棉箱纤维存量多时，出风口被盖面变大，箱内压力也变大，原棉输送变慢，反之亦然。

无论是开清棉还是清梳联，为保证纤维的充分开松和减少短绒的产生，均以“勤抓少抓、以梳代打、均匀混合、少喂勤供、连续供给、先落大后落小，多落少碎”为工艺设计的原则。

三、梳棉机

梳棉是整个棉纺的心脏，肩负着分梳、除杂、混合、均匀成条的任务，梳棉工艺对半成品指标及成品指标有着至关重要的影响。喷气涡流纺对于纤维的伸直平行度要求很高，所以梳棉工序的梳理效果直接影响喷气涡流纺工序的成纱质量和生产效率。

纤维梳理质量直接影响除杂、牵伸等工艺的实现效果。棉结是由纤维紧密地缠绕在一起的纤维结，还有一部分棉结内含有非纤维性物质，如籽屑、叶、茎等杂质。棉结含量过高将直接影响后期成纱质量，而梳棉工序可以有效降低棉结。

棉结从其形成的原因看，可分为两大类：第一类是由原料造成的，第二类是在生产过程中造成的。纤维、棉结在盖板、锡林梳理区随气流附面层运行时，在离心力的作用下有脱离锡林针齿握持、被抛向盖板的趋势。由于棉结重量大、相对单纤维的长度短，因此更容易脱离锡林的握持，而单纤维重量轻，长度长，更容易被锡林握持住。同时，由于被抛向盖板的纤维较长，锡林盖板梳理区隔距较小，因此，很容易再次被锡林针齿抓取，而棉结被再次抓取的概率较小。通过锡林与盖板的有效配合，最终可以达到降低棉结的目的。在这一过程中，纤维和棉结的梳理、转移、分离等都离不开气流的作用，因此，稳定的气流是有效降低棉结的前提条件之一。

梳棉机气流控制的原则是：合理排杂落棉，均匀稳定的气流控制，防止关键部位（特别是几个三角区）附面层厚度、补入气流的流向对纤维运动和棉网结构产生影响。控制气流的方法与手段主要在于控制气流的产生量。锡林高速旋转产生的附面层是产生气流的主要原因，其次是刺辊。因此，合理的锡林、刺辊速度对稳定气流是至关重要的。合理分配各点的气流（特别是三角区）的方法有：利用罩板、漏底等处的工艺隔距，合理分配气流；利用低压罩、棉网清洁器、排尘排杂等处负压吸口导流及缓解释放高压区的气流。合理的气流补入有助于稳定落棉、托持棉网。

对企业来说，降低棉结是一项既简单又复杂的工作。若机械状态不良，如机器振动、平衡不良、锡林道夫刺辊偏心等，都会在梳理过程中产生搓转纤维，形成大量棉结。因此，在保证气流控制的前提下，还须做好机械控制。在机械状态允许的情况下，紧隔距、强分梳是梳棉降低棉结的一个重要手段。刺辊与锡林间的隔距过大、锯齿不光洁，易造成锡林刺辊间剥取不良、刺辊返花而使棉结明显增加；锡林和道夫间隔距偏大，易使锡林产生绕花而使棉结增加。

当锡林、盖板和道夫针齿较钝或有毛刺时，纤维不能在两针面间反复转移，易浮在两针面之间，受到其他纤维搓转，形成较多棉结，因此应注重器材配置，提高分梳度，减少搓转纤维。此外，合理分配除杂效率，使黏附力差且大的杂质由刺辊部位排出，黏附力强的细小杂质由盖板排出也可达到降低棉结的效果。

针齿对纤维应具有良好的穿刺能力，能够深入到棉结内部。因为只有针齿深入到棉结内部，才有可能在梳理力的作用下使棉结充分松解。若针齿较钝，不能对棉结有效穿刺，只是接触到棉结的表面，则棉结搓擦会越来越紧，同时针齿不能有效握持纤维，还会使原来已经分离的纤维经过揉搓变成新棉结。

梳棉机各部位除杂要合理分工。对一般较大且易分离的杂质应贯彻早落少碎的原则，而对黏附力较大的杂质，尤其是带长纤维的杂质，在它和纤维未分离时不宜早落，应在梳棉机上经充分分梳后加以清除。此外，当原棉成熟度较差、带纤维杂质较多时，应适当增加梳棉机的落棉和除杂负担。

梳棉机的刺辊部分是重点落杂区，应使破籽、僵瓣和带有短纤维的杂质在该区排落，以免杂质被击碎或嵌塞锡林针齿间而影响分梳效果。因此，除少量黏附性杂质外，刺辊部分应早落和多落。合理配置刺辊转速及后车工艺，对提高刺辊部分的除杂效率、降低棉结有明显效果。

锡林和盖板针布的规格及两针面间的隔距，前上罩板上口位置、前上罩板与锡林间的隔距以及盖板速度等，都影响生条中棉结杂质的数量。因此，对于成熟度较差、含有害疵点较多的原棉，应注意发挥盖板工作区排除结杂的作用。

在纤维进入梳棉机前应具有良好的开松度。通过棉结研究数据的分析，证实棉结类型各异，大小不一。一般情况下，仅由纤维材料所构成的棉结至少包含 5 根或 5 根以上的纤维，其平均数接近 16 根或 16 根以上。因此，在纤维进入梳棉机前具有良好的开松度，才能使棉结更多地暴露出来，使针齿更多地接触到棉结，为梳开棉结奠定基础。

温湿度对棉结杂质同样有较大影响，须加强控制，合理调整温湿度。原棉和棉卷回潮率较低时，杂质容易下落，棉结和束索丝也可减少。梳棉车间应控制较低的相对湿度，增加纤维的刚性和弹性，减少纤维与针齿间的摩擦和齿隙间的充塞，降低棉结。但相对湿度过低，一方面易产生静电，棉网易破损或断裂，另一方面会降低生条回潮率，对后道工序牵伸不利。

根据生产的品种不同，梳棉工艺也存在差异，可根据盖板隔距、盖板速度、锡林转速等的不同大致分为两类工艺。

一类纯棉工艺：锡林转速较快，盖板隔距较小（通常为 7″、6″、6″、7″），盖板速度较快（图 3-4）。

二类化纤工艺：锡林转速较慢，盖板隔距稍大（7″、6″、6″、7″或 9″、8″、8″、

9″)，盖板速度较慢。

1. 纯棉工艺

图 3-4 所示为纯棉品种梳棉机工艺配置示意图（1mm = 39. 37 英丝）。

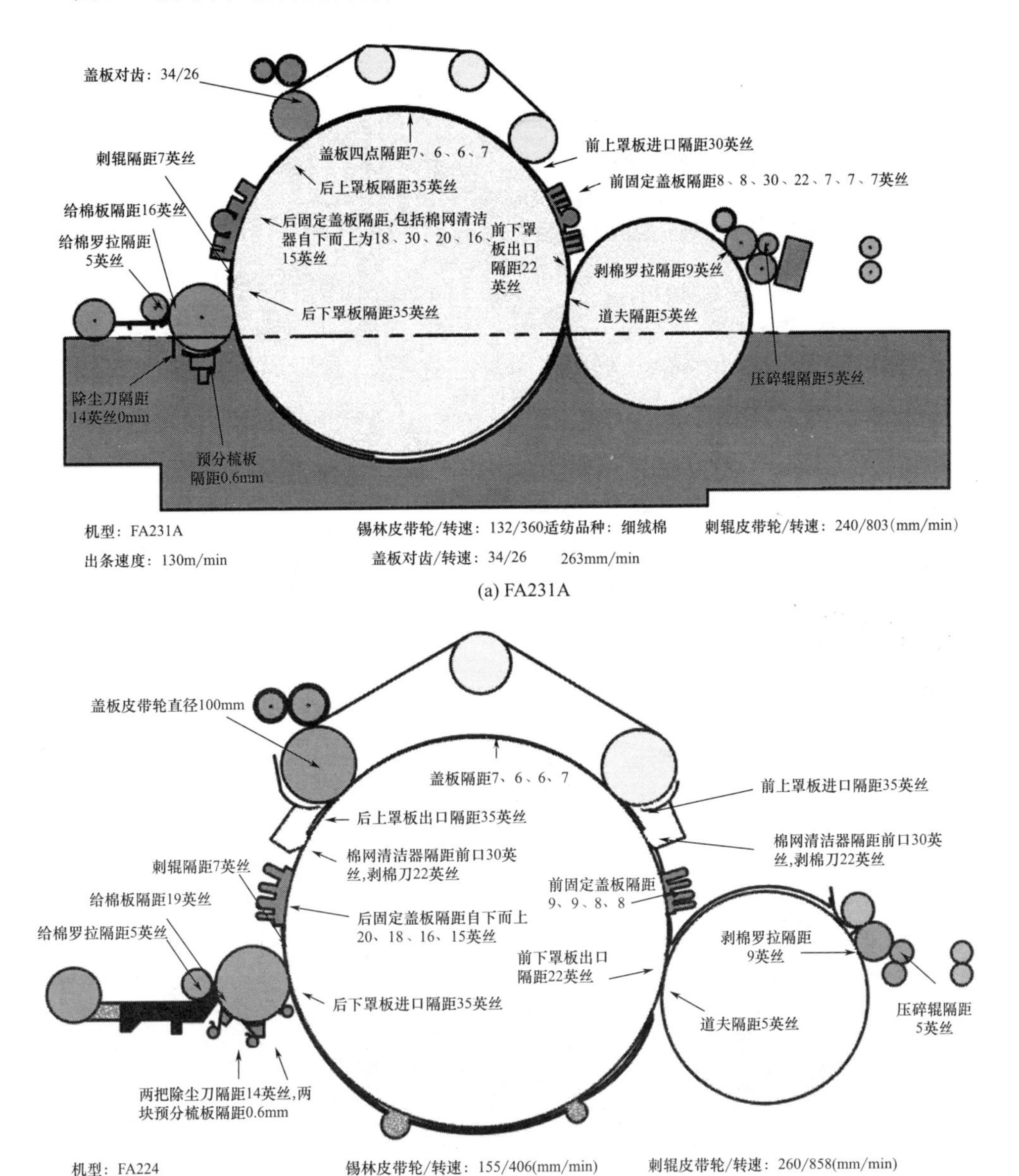

(a) FA231A

(b) FA224

图 3-4　纯棉品种梳棉机工艺配置

2. 化纤工艺

图 3-5 所示为化纤品种梳棉工艺配置示意图。

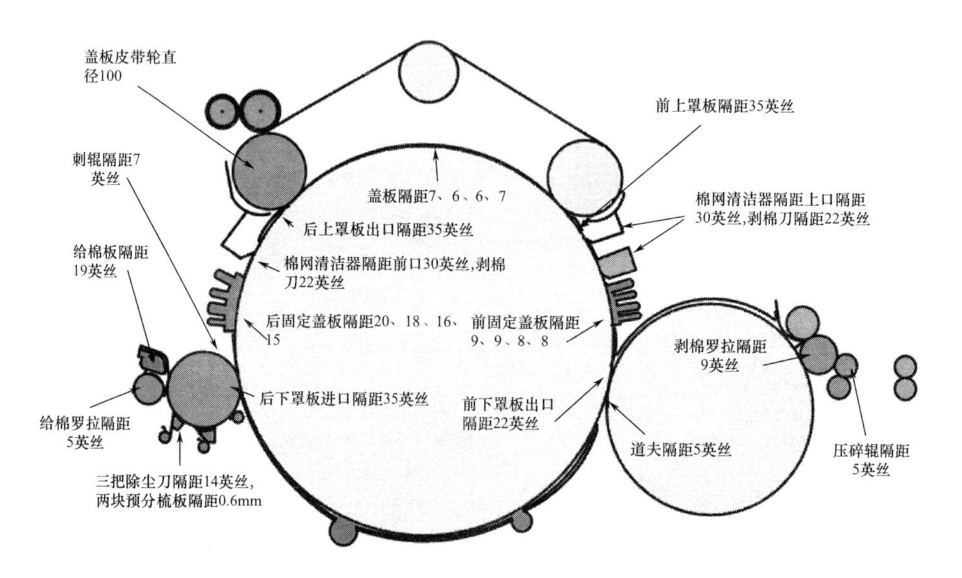

机型：FA221D　　锡林皮带轮/转速：110/288(mm/min)　　刺辊皮带轮/转速：260/609(mm/min)

盖板皮带轮/转速：210/106(mm/min)　　适纺品种：化纤品种

(a) FA221D

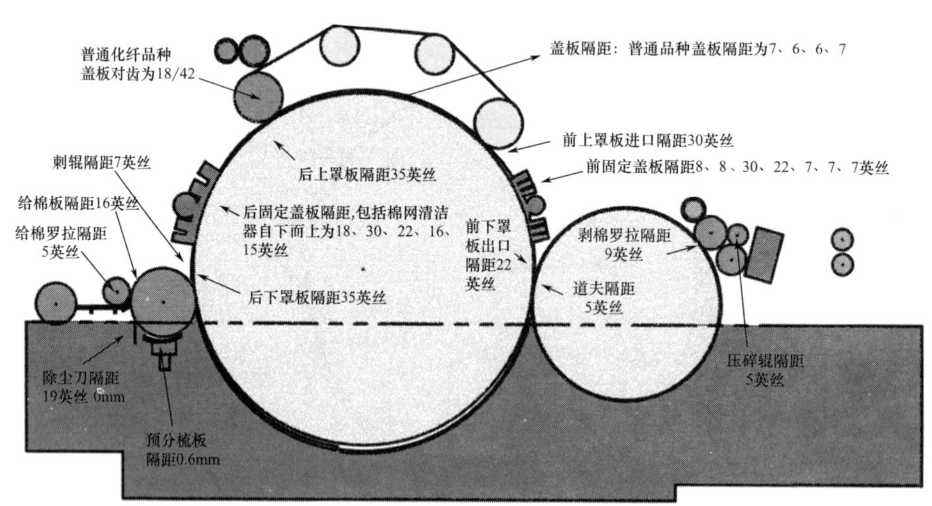

机型：FA231A　　锡林皮带轮/转速：121/330mm/min

适纺品种：普通化纤、和毛品种　　刺辊皮带轮/转速：262/690mm/min

盖板对齿、速度：18/42 79mm/min

(b) FA231A

图 3-5　化纤品种梳棉工艺配置

3. 梳棉专件配置

表3-4为梳棉专件配置。

表3-4　梳棉专件配置

纤维种类	针布配置			
	锡林	道夫	盖板	刺辊
棉、纤维素纤维	2030×1550P	4030×1880L	JPT~52G	5605×5611
化纤	2025×1560	4030×1890	JPT~45G	5605×5611
麻类	2030×1550P	4030×1890L	JPT~43G	5010×5032V

四、梳棉工序产生疵点的成因分析

梳棉工序产生疵点以锡林为界大致可分为机后疵点和机前疵点。机后疵点是在锡林后产生的疵点，是由除尘刀挂花、小漏底挂棉帘、小漏底网眼糊塞、短绒带入等引起；机前疵点是在锡林前产生的疵点，是由三角区积聚短绒、前罩板发毛、生头板不净、大喇叭挂花带入等，其中以三角区积聚短绒带入影响最为严重。梳棉工序机前机后产生的疵点形态大小在生条中表现也各不相同，两者在生条上有明显区别。机后产生的疵点经过了锡林盖板分梳区，因锡林盖板针布的放大作用，生条明显较粗，短绒与正常纤维混合比较均匀，不能从生条主体分开；机前产生的疵点没有经过锡林盖板分梳区，因此，疵点短绒附着于生条主体一侧，可以很容易地从生条主体上剥离下来，剥离后的生条主体粗细程度接近正常（表3-5）。

预防措施：提高操作技术水平，抓好基本操作，切实做好防疵捉疵工作、清洁工作、巡回工作，落实车前以防为主、车后以捉为主的要求，加强设备保养，维护检查工艺上车设备完好率等。

表3-5　梳棉疵点类型及产生原因

棉条疵点	产生原因
粗细条	①棉卷厚薄不匀、重量不合格 ②搭卷过多过少 ③接头不良 ④侧轴销未插好 ⑤给棉罗拉松动、弯曲 ⑥盆子牙与轻重牙搭配不良 ⑦粘卷

续表

棉条疵点	产生原因
结计条	①原料中造成 ②温湿度影响 ③刺辊挂花 ④针布不锋利、不光洁，有油污而导致绕锡林道夫 ⑤隔距走动 ⑥抄车周期过长 ⑦漏底、不光洁或堵塞
油污纱	①油手接头 ②油花落入棉网 ③加油过多 ④棉卷内有油污 ⑤棉条落地
三花条	①扫车拍打 ②棉条落地油污带入 ③后绒辊不转，绒辊花堆积 ④漏底、除尘刀积花多，清洁不良 ⑤高空飞花 ⑥龙头喇叭口积花 ⑦清洁工具干洁，附入棉条
粘连条（毛条乱条）	①生条过满（未按标准落桶） ②条桶弯曲 ③底盘不平，中心不适应 ④圈条成形不良 ⑤棉条包卷接头不迅速
三丝条	①清洁工具坚实带入 ②原料中夹什造成 ③纱头混入 ④扫车时落入棉网
棉网破边破洞	①道夫表面嵌杂、损伤，漏底和道夫间积花 ②棉卷本身有破洞 ③各部隔距不准确，过大或左右不一致 ④分梳元件不平整，圆整度差，损伤严重
棉网中有云斑	①各部位隔距走动太大或左右不一致 ②给棉罗拉弯曲或加压不良等
棉网两边有棉球	①墙板花过多 ②四罗拉两端积花过多 ③后铁板起毛

续表

棉条疵点	产生原因
条干条	①棉插弯曲 ②侧轴部分齿轮咬合不良，松动偏心 ③道夫偏心 ④大小压辊偏心，齿轮磨灭，咬合不良

第二节　精梳及精梳前准备工序工艺及质量要求

梳理机输出的条子，通常称为生条，表示其虽然已具有条子的外形，但其内在质量还不够好，生条中纤维排列比较混乱、伸直度差，大部分纤维呈现弯钩状态，如果直接用生条在精梳机上加工梳理，梳理过程中就可能形成大量的落棉，并造成纤维严重损伤，短绒增加。同时，锡林梳针的梳理阻力大，易造成针齿损伤，还会产生新的棉结。为了适应精梳机的生产要求，提高精梳机的产品质量和节约用棉，生条必须先经过精梳前准备才能在精梳机上加工，预先制成适应精梳机加工的、质量优良的小卷。

一、精梳机前准备工序工艺配置

精梳机前准备工序工艺配置应按照偶数法则配置，根据梳棉机锡林与道夫之间的作用分析及实验结果可知，道夫输出的棉网中后弯钩纤维所占比例最大，占50%以上。每经过一道工序，纤维弯钩方向改变一次。精梳机在梳理过程中，上下钳板握持棉丛的尾部，锡林梳针梳理棉丛的前部，因此，当喂入精梳机的大多数纤维呈前弯钩状态时，易于被锡林梳理直；而纤维呈后弯钩状态时，无法被锡林梳直，在被顶梳梳理时会因后部弯钩被顶梳阻滞而进入落棉，因此，喂入精梳机的大多数纤维呈前弯钩状态时，有利于弯钩纤维的梳直，并可减少可纺纤维的损失。所以，在梳棉与精梳之间的设备道数按照偶数配置，可使喂入精梳机的多数纤维呈前弯钩状态。

1. 精梳准备的工艺流程

精梳准备的工艺流程有以下三种。

（1）预并条条卷。这种流程的特点是机器少，占地面积小，结构简单，便于管理和维修；但由于牵伸倍数较小，小卷中纤维的伸直平行不够，且由于采用棉条并合方式成卷，制成的小卷有条痕，横向均匀度差，精梳落棉多。

（2）条卷并卷。条卷并卷特点是小卷成形良好，层次清晰，且横向均匀度好，有利于梳理时钳板的握持，落棉均匀，适于纺细特纱。

（3）预并条条并卷。其特点是小卷并合次数多，成卷质量好，小卷的重量不匀率小，有利于提高精梳机的产量和节约用棉。但在纺制长绒棉时，因牵伸倍数过大易发生粘卷，且此种流程占地面积大。

2. 精梳准备工艺参数

精梳准备工艺参数主要包括棉条与小卷的并合数、牵伸倍数以及精梳小卷的定量。

（1）并合数与牵伸倍数。增大条子或小卷的并合数，有利于改善精梳小卷的纵向及横向结构、降低精梳小卷的不匀率，并有利于不同成分纤维的充分混和。但是，如果在精梳小卷定量不变的情况下增加并合数，会使并条机、条卷机及条并联合机的牵伸倍数增大，由于牵伸产生的附加不匀也增大。另外，牵伸倍数过大，还会造成条子发毛而引起精梳小卷粘卷。在确定精梳准备工序（即预并条机、条卷机、并卷机及条并卷联合机）的并合数与牵伸倍数时，应考虑精梳小卷及条子的定量、精梳准备工序的流程及机型、精梳小卷的粘卷情况等因素而定。各机台并合数及牵伸倍数的范围见图 3-6、表 3-6。

（2）精梳小卷的定量。精梳小卷的定量大小影响精梳机的产量与质量。增大小卷的定量，可提高精梳机的产量，改善钳板握持棉层的横向均匀性及棉网的接合质量。但是，小卷的定量过大会增大锡林的梳理负荷及精梳机的牵伸负担。在确定精梳小卷的定量时，应考虑纺纱特数、设备状态以及给棉罗拉的给棉长度等因素。几种常见精梳机的精梳小卷定量见表 3-7。

条并卷联合机及并卷机有罗拉卷绕式和带式卷绕式两种成卷方式，罗拉卷绕式成卷机构存在以下两个问题。

一是并合后的棉层经过连续牵伸后被卷绕成精梳小卷，易使小卷的纵向均匀度恶化。

二是成卷过程中，精梳小卷与两只承卷罗拉始终为两点接触，接触点的摩擦力

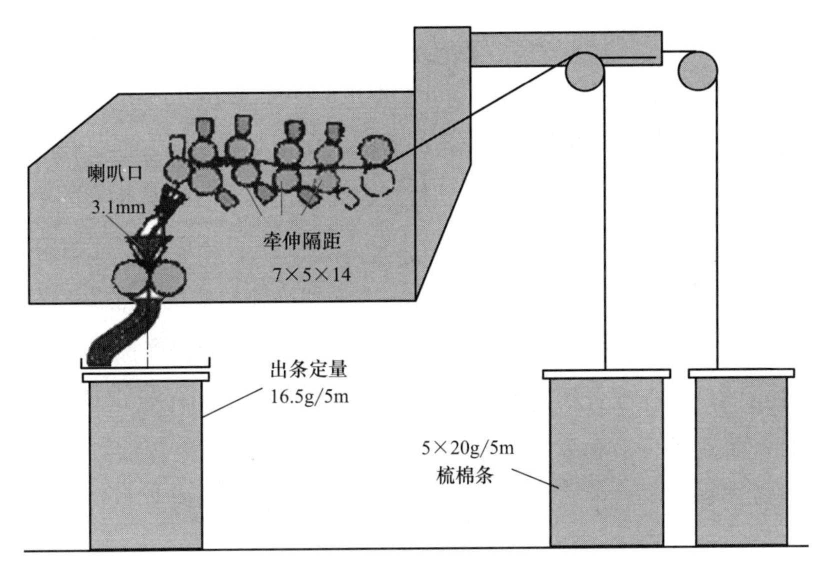

图 3-6 预并条机

表 3-6 预并条并合数及牵伸倍数范围

机型	予并条机	条卷机	并卷机	条并卷联合机
并合数（根）	4~6	11~24	5~6	24~28
牵伸倍数（倍）	4~6	1.1~1.6	4~6	1.4~2.0

表 3-7 常见精梳机的精梳小卷定量 单位：g/m

机型	A201E	FA251	CJ60
定量	39~50	45~65	60~80

会对精梳小卷结构产生局部破坏，从而影响小卷质量。

带式成卷机构由一个专用的皮带张紧压力机构组成，在成卷过程中，卷绕皮带始终以“U”方式紧紧包围精梳小卷，并对小卷产生周向压力。卷绕过程中皮带与棉卷的位置关系随棉卷直径的变化而变化，在开始成卷时，皮带与小卷的包围角为180°，满卷时为270°。此种卷绕工艺的特点：从成卷开始到成卷结束，皮带始终以柔和的方式控制纤维的运动；成卷压力均匀地分布在棉卷的圆周上，不会对小卷结构产生局部的破坏，可减少精梳小卷在退绕过程中产生的粘卷现象。

精梳准备工序加工的小卷必须满足精梳机的要求，在高速精梳设备主采用较重定量、大卷装、高速度的工艺原则是行之有效的。例如，A201D 型精梳机锡林的速度为

155~175r/min，使用小卷的线密度为40~50ktex，而国产FA266型高速精梳机锡林的速度及小卷的线密度分别为300~350r/min和60~80ktex。如果精梳准备工序仍然采用轻定量的老工艺，不但不能发挥准备设备的效能，保证小卷质量，而且在精梳机进行分离接合时，由于须丛厚度薄，弹性差，特别在高速情况下，须丛抬头的绝对时间缩短，所受空气阻力增大，极不利于须丛抬头伸直，使新旧纤维丛接合的条件严重恶化，不利于保证精梳台面棉条的质量。因此，在配置高速精梳机的准备工艺时，应该按照高速精梳机的要求，采用较重的小卷走量，以满足精梳机高产优质的要求。

值得注意的是，在配置精梳准备工艺参数时，除了采用较重定量的小卷以外，还必须合理配置总并合数和总牵伸倍数。如果总并合数和总牵伸倍数太小，小卷的均匀度、纤维的伸直平行度和定向度不能得到保证，则达不到准备工序的目的。但是，如果总并合数和总牵伸倍数过大，就会造成小卷“过熟”，容易产生小卷粘连发毛或者粘层现象，使精梳条条干恶化，棉结及其他疵点增加。粘层严重，可能造成输出棉网破裂或者断头，影响精梳机的正常开车。在此种情况下，具体情况适当减小总并合数和总牵伸倍数，避免棉层“过熟”（图3-7）。例如，如果条卷机—并卷机准备工艺路线时，在条卷机上并合数选用18~20根，相应的总并合数选用108~

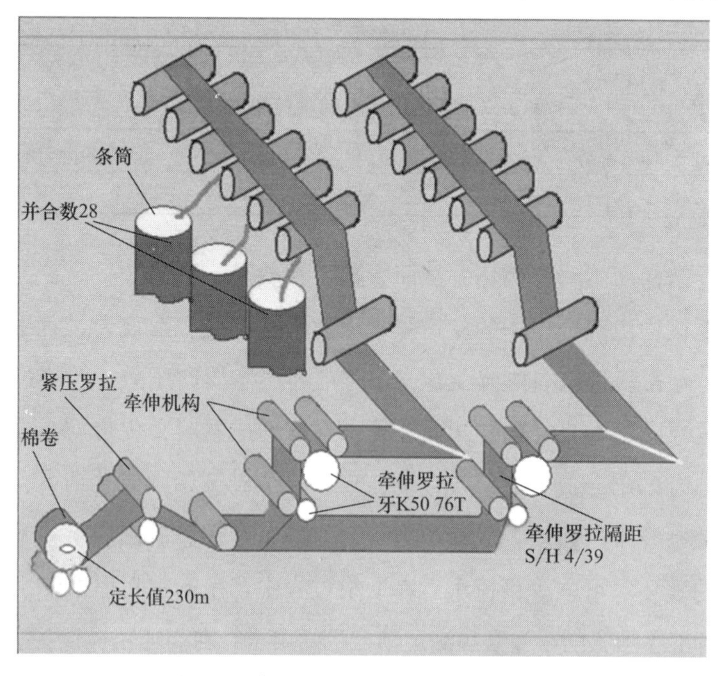

图3-7　条并卷联合机纺细绒棉工艺图

120 根，总牵伸倍数选用 8~9 倍为宜。同时，还应根据小卷定量、牵伸倍数、纤维长度等参数合理配置罗拉隔距及加压量。

二、精梳工序

精梳工序的主要任务是排除生条中的短绒及结杂，进一步提高纤维的伸直度与平行度，以使纺出的纱线均匀、光洁和提高纱线的强度。精梳工艺设计的合理与否直接影响成纱的质量与纺纱成本。例如，精梳落棉率大，有利于提高成纱的条干均匀度与降低成纱的强力不匀；但落棉率大，精梳用棉量增大，纺纱成本提高。

1. 精梳工艺设计注意事项

（1）合理选择精梳准备工艺流程与工艺参数。合理的工艺流程与工艺参数可以提高精梳小卷的质量、减小精梳落棉和粘卷（图 3-8）。目前，精梳准备的工艺路

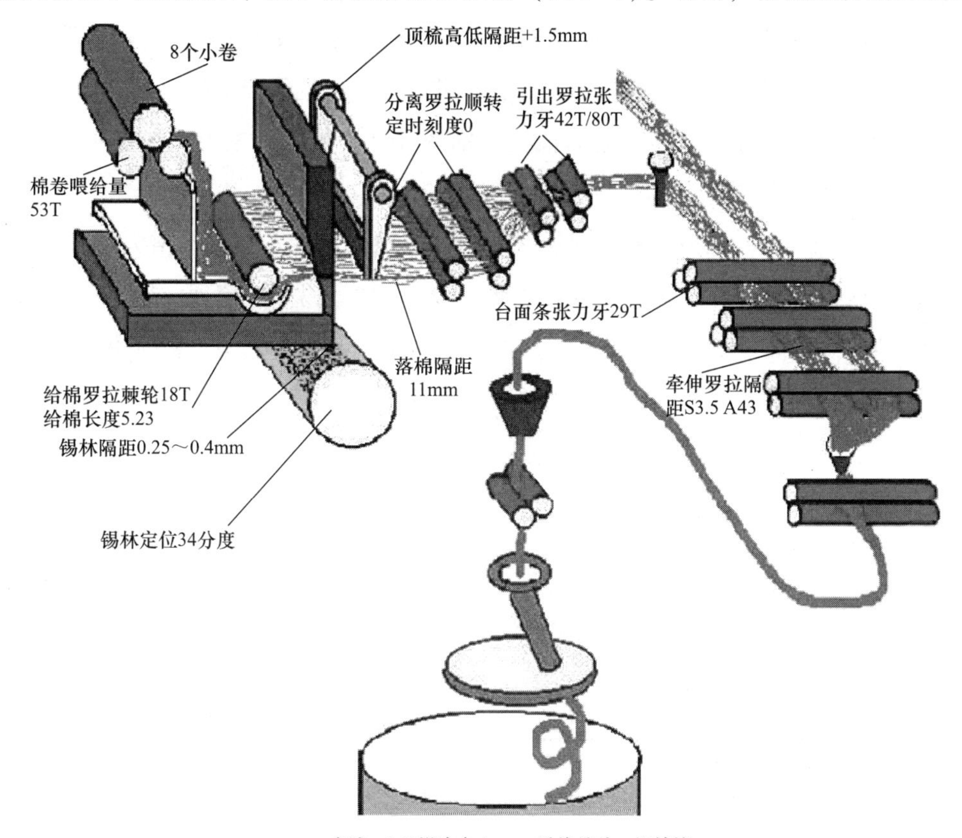

图 3-8　精梳机工艺配置

线有并条与条卷、条卷与并卷、并条与条并卷三种，应根据纺纱品种及成纱质量要求合理选择。同时，要合理地确定精梳准备工序的并合数、牵伸倍数，尽可能提高纤维的伸直度、平行度，减少精梳小卷的粘连。

（2）合理确定精梳落棉率。合理的精梳落棉率可以提高精梳产品的质量与经济效益。精梳落棉率的大小应根据纺纱的品种、成纱的质量要求、原棉条件及精梳准备流程及工艺情况而定。

（3）充分发挥锡林与顶梳的梳理作用。要根据成纱的品种及质量要求合理选择精梳锡林的规格及种类，以提高其梳理效果。

（4）合理确定精梳机的定时、定位及有关隔距。合理的定时、定位及隔距有利于减少精梳棉结杂质，提高精梳条的质量。

2. 精梳机的给棉与钳持工艺

精梳机的给棉与钳持工艺包括给棉方式、给棉长度以及钳板的运动定时等。

（1）给棉方式。精梳机的给棉方式有前进给棉和后退给棉两种。后退给棉较前进给棉的梳理效果好，但其相应的精梳落棉率高。精梳机给棉方式应根据纺纱特数、纱线的质量要求以及所加工的原棉质量而定。

（2）给棉长度。精梳机的给棉长度影响精梳机的产量及质量。增大给棉长度，可提高精梳机的产量、改善棉网的接合质量；但会加重锡林的梳理负担及牵伸装置的牵伸负担。因此，给棉罗拉的给棉长度应根据纺纱特数、机型及精梳小卷定量等情况而定。几种常见精梳机的给棉长度见表3-8。

表3-8 常见精梳机的给棉长度 单位：mm

机型	前进给棉	后退给棉
A201D	5.72，6.86	—
FA251E	6，6.5，7.1	5.2，5.6
FA261	5.2，5.9，6.7	4.3，4.7，5.2，5.9
F1272	4.3，4.7，5.2，5.9	4.3，4.7，5.2，5.9

（3）钳板的运动定时。钳板的运动定时主要包括钳板的最前位置定时、开口定时及闭口定时三种。钳板最前位置定时是指钳板到达最前位置时的分度数。精梳机的其他定时与定位都是以钳板最前位置定时为依据。几种常见精梳机的钳板最前位

置定时见表 3-9。

表 3-9 常见精梳机的钳板最前位置定时 单位：分度

机型	A201D	FA251E	F1272
定时	24	40	24

钳板的闭口定时是上、下钳板闭口时的分度数。钳板的闭口定时要与锡林梳理开始定时相配合，一般情况下钳板的开口定时要早于或等于锡林开始梳理定时，否则锡林梳针有可能将钳板握持的纤维抓走，从而使精梳落棉中的可纺纤维增多。锡林梳理开始定时的早晚与锡林定位及落棉隔距的大小有关。对于 A201D 型精梳机而言，由于锡林第一排针到达钳板下方时，梳理隔距较大，锡林第一排针几乎与握持的棉丛不发生接触，因此，当第二排梳针到达钳板下方时钳板闭合，也不会发生梳针抓走棉丛的现象。A201 系列精梳机钳板的闭合定时可略迟于梳理开始定时（表 3-10）。

表 3-10 常见精梳机的梳理开始定时及钳板闭合定时 单位：分度

机型	A201D	FA251	F1272
梳理开始定时	27.5～28	11	34～35.5
钳板闭合定时	27.5～28.5	10.2～11.2	32～34.5

钳板开口定时是指上下钳板开始开启时分度盘指针指示的分度数。钳板开口定时晚时，被锡林梳理过的棉丛受上钳板钳唇的下压作用而不能迅速抬头，因此不能很好地与分离罗拉倒入机内的棉网进行搭接，从而使分离罗拉输出棉网会出现破洞与破边现象。从分离接合方面考虑，钳板钳口开启越早越好。由于精梳机的落棉隔距对钳板运动有较大影响，因此，钳板开口定时随落棉隔距的变化而变化。几种常见精梳机钳板的开口定时及精梳专件配置见表 3-11、表 3-12。

表 3-11 常见精梳机钳板的开口定时 单位：分度

机型	A201D	FA251E	F1272
钳板开口定时	4.5～6.5	22～23	7～12

表 3-12 精梳专件配置

锡林配置	顶梳配置	适纺品种
10×12×15×15×18	35 针/cm	长绒棉
5×10×12×15×15	28 针/cm	细绒棉

第三节 并条工序工艺及质量要求

并条工序主要实现牵伸、混合的作用，牵伸的实质是纤维集合沿集合体的轴向作相对位移，使其分布在更长的片段上，其结果是使集合体的线密度减小，同时使纤维进一步伸直平行。

由于牵伸过程中，纤维在牵伸区中的受力、运动和变速等是变化的，导致牵伸后纱条的短片段均匀度恶化。其恶化的程度与牵伸形式、工艺参数等设置有关。摩擦力界就是牵伸中控制纤维运动的一个摩擦力场，通过合理设置摩擦力界，可以实现对牵伸中纤维运动的良好控制，从而减少输出条的均匀度恶化。

由于喷气涡流纺工序纺纱速度快，总牵伸倍数大，对熟条纤维的平行伸直度要求较高。经过多年来的实际验证，并条工序采用三道并合工艺，既可以降低生条的重量不匀率和重量偏差，更重要的是可以改善纤维的平行伸直度，有利于降低熟条的条干均匀度。由于纤度较小的纤维素纤维或者合成纤维在并条工序牵伸过程中，易出现绕罗拉、绕胶辊、堵圈条斜管等现象，故并条工序的工艺应采用适当的“大隔距、顺牵伸”的原则，保持环境的相对湿度在 63%~68%，以提高纤维的可纺性能，提高熟条的品质。并条工序工艺参数设置如下。

1. 熟条定量

熟条定量的配置应根据纺纱线密度、产品质量要求及加工原料的特性等来决定。一般纺细特纱及化纤混纺时，产品质量要求较高，定量应偏轻掌握。但在罗拉加压充分的条件下，可适当加重定量。熟条定量设计的参考因素见表 3-13、表 3-14。

表 3-13 熟条定量设计的参考因素

参考因素	纺纱特数		加工原料		罗拉加压		工艺道数		设备台数	
	细特、超细特	中、粗特	纯棉	化纤及混纺	充足	不足	头并	二并	较多	较少
熟条定量	宜轻	宜重	宜重	宜轻	宜重	宜轻	宜重	宜轻	宜轻	宜重

表 3-14 熟条定量的选用范围

纺纱线密度（tex）	>32	20~30	13~19	9~13	<7.5
熟条干定量（g/5m）	20~25	17~22	15~20	13~17	<13

2. 牵伸倍数

（1）总牵伸倍数。并条机的总牵伸倍数应接近于并合数，一般选择范围为并合数的0.9~1.2倍。在纺细特纱时，为减轻后续工序的牵伸负担，可取上限，在对均匀度要求较高时，可取下限。同时，应结合各种牵伸形式及不同的牵伸张力综合考虑，合理配置。总牵伸倍数配置范围见表3-15。

表 3-15 总牵伸倍数配置范围

牵伸形式	四罗拉双区		单区	曲线牵伸	
并合数	6	8	6	6	8
总牵伸倍数	5.5~6.5	7.5~8.5	6~7	5.6~7.5	7~9.5

（2）各道并条机的牵伸分配。具体有以下两种工艺路线可供选择。

①头并牵伸大（大于并合数）、二并牵伸小（等于或略小于并合数），又称倒牵伸，这种牵伸配置对改善熟条的条干均匀度有利。

②头并牵伸小、二并牵伸大，又称顺牵伸，这种牵伸配置有利于纤维的伸直，对提高成纱强力有利。

在纺特细特纱时，为了减少后续工序的牵伸，也可采用头并略大于并合数，而二并可更大（如当并合数为8根时，可用9倍牵伸或10倍以上牵伸）。原则上头并牵伸倍数要小于并合数，头并的后区牵伸选2倍左右；二并的总牵伸倍数略大于并合数，后区牵伸维持弹性牵伸（小于1.2倍）。

（3）部分牵伸分配的确定。目前，由于并条机虽牵伸形式不同，但大都为双区牵伸，因此，部分牵伸分配主要是指后区牵伸和前区牵伸（主牵伸区）的分配问题。由于主牵伸区的摩擦力界较后区布置得更合理，因此，牵伸倍数主要靠主牵伸区承担。后区牵伸一方面是摩擦力界布置的特点不适宜进行大倍数牵伸，因为后区牵伸一般为简单罗拉牵伸，故牵伸倍数要小，只应起为前区牵伸做好准备的辅助作用，一般配置的范围为头道并条的后区牵伸倍数在1.6~2.1、二道并条的后区牵伸倍数在1.06~1.15；另一方面，由于喂入后区的纤维排列十分紊乱，棉条内在结构较差，不适宜进行大倍数牵伸。另外，后区采用小倍数牵伸，则牵伸后进入前区的须条，不至于严重扩散，须条中纤维抱合紧密，有利于前区牵伸的进行。

①主牵伸区：主牵伸区具体牵伸倍数配置应考虑的主要因素为摩擦力界布置是否合理、纤维伸直状态如何、加压是否良好等因素。

②张力牵伸：前张力牵伸应考虑加工的纤维品种、出条速度及相对湿度等因素，一般控制在0.99~1.03倍。张力牵伸太小，棉网下坠易断头；张力牵伸过大，则棉网易破边而影响条干。出条速度高、相对湿度高时，牵伸倍数宜大。纺纯棉时前张力牵伸宜小，一般应在1以内；化纤的回弹性较大，混纺时由于两种纤维弹性伸长不同，前张力牵伸应略大于1。后张力牵伸与条子喂入形式有关，主要应使喂入条子不起毛，避免意外牵伸。

3. 罗拉握持距的确定

罗拉握持距为相邻两罗拉握持点间所包含所有线段长度之和，其对条子质量的影响至关重要。确定罗拉握持距的主要因素为纤维长度及其整齐度，纤维长度长、整齐度好时可偏大掌握。握持距过大，会使条干恶化、成纱强力下降；过小，会产生胶辊滑溜、牵伸不开，拉断纤维而增加短绒等，破坏后续工序的产品质量。为了既不损伤长纤维，又能控制绝大部分纤维的运动，并且考虑到胶辊在压力作用下产生变形使实际钳口向两边扩展的因素，罗拉握持距必须大于纤维的品质长度。这是针对各种牵伸形式的共同原则。另外，罗拉握持距的确定还应考虑棉条定量（当定量偏轻时握持距可偏小掌握）、加压大小（加压重时握持距可偏小掌握）、出条速度（出条速度快时握持距应偏小掌握）、工艺道数（头道比二道的握持距应偏小掌握）等因素。由于牵伸力的差异，各牵伸区的握持距应取不同的数值。握持距 S 可根据下式确定。

$$S = L_p + P$$

式中：S——罗拉握持距，mm；

L_p——纤维品质长度，mm；

P——根据牵伸力的差异及罗拉钳口扩展长度而确定的长度，mm。

在压力棒牵伸装置中，主牵伸区的罗拉握持距一般设定为 L_p +（6~10）mm。主牵伸区罗拉握持距的大小取决于前胶辊移距（前移或后移）、二胶辊移距（前移或后移）以及压力棒在主牵伸区内与前罗拉间的隔距这三个参数。

实践表明，压力棒牵伸装置的前区握持距对条干均匀度影响较大，在前罗拉钳口握持力充分的条件下，握持距越小则条干均匀度越好；后牵伸区的罗拉握持距一般确定为 L_P+（11~14）mm。

4. 罗拉加压

重加压是实现对纤维运动有效控制的主要手段，它对摩擦力界的影响最大，重加压也是实现并条机优质高产的重要手段。并条机罗拉加压的确定，必须考虑牵伸形式、牵伸倍数、罗拉速度、棉条定量以及原料性能等，一般为 200~400N。罗拉速度快、棉条定量重、牵伸倍数高时，加压宜重。棉与化纤混纺时的加压量应较纺纯棉时提高 20%左右，加工纯化纤时应增加 30%。

以宝花 FA322B 机型为例，喷气涡流纺并条工序的工艺配置如图 3-9、表 3-16、表 3-17 所示。

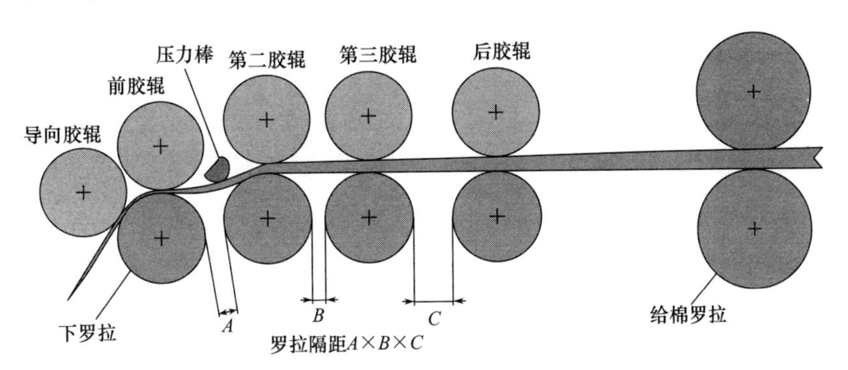

图 3-9　宝花 FA322B 并条机牵伸形式

表 3-16　并条机牵伸隔距设计

工艺编号	隔距代号	隔距（mm）	适纺品种
1	A×B×C	7×5×14	纯精梳细绒棉品种
2	A×B×C	11×8×18	纯精梳长绒棉品种精梳棉/化纤系列（含棉 15%以上）
3	A×B×C	14×8×18	纯化纤及化纤混纺及含棉 15%以下品种
4	A×B×C	15×10×23	腈纶
5	A×B×C	16×8×20	澳毛 5%~30%
6	A×B×C	16×8×23	规格为 1.0dtex/38mm 化纤及涤纶

表 3-17　定量及喇叭口选择

定量（g/5m）	喇叭口型号
14 以下	2.4
15.5	2.8
18~20	3.1
22	3.4

第四章　喷气涡流纺工艺设计

按照喷气涡流纺纺纱流程来看，喷气涡流纺的设备包括导条架、喇叭口、牵伸摇架、喷嘴组件、纺锭组件、输出罗拉（NO. 861 型喷气涡流纺纱机）、剪刀、清纱器、张力罗拉、上蜡装置、卷绕部分（图 4-1）。本章节重点介绍针对不同种类纱线的喷气涡流纺工艺设计特点。

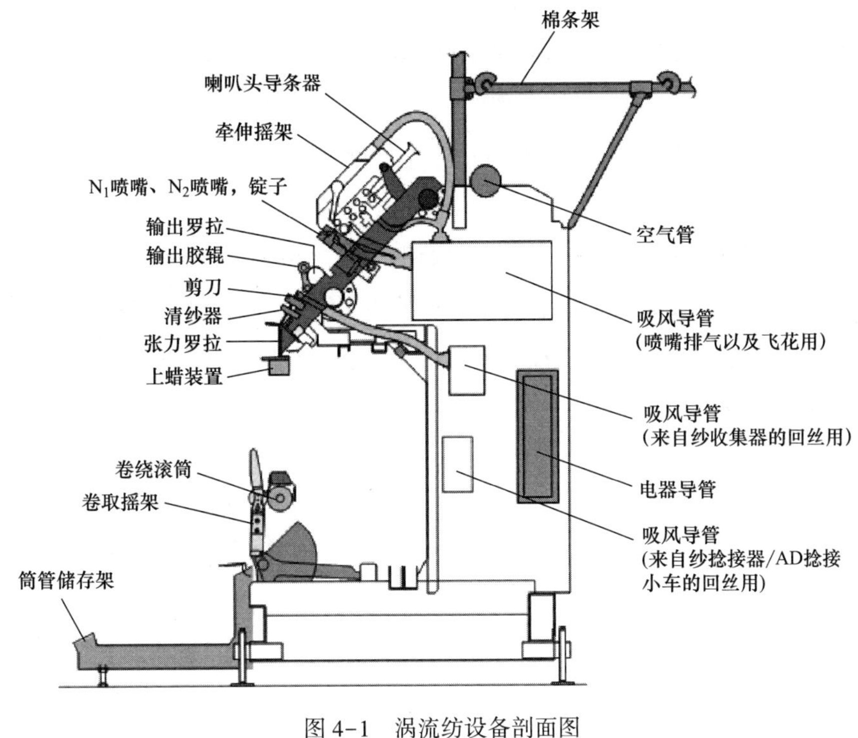

图 4-1　涡流纺设备剖面图

第一节　喷气涡流纺工艺设计原理

针对原料特点及品质要求，喷气涡流纺工序的工艺设计指标点主要为罗拉中心距、纺锭到前罗拉距离、集棉器等。

一、罗拉中心距

罗拉中心距又简称罗拉隔距（图 4-2）。罗拉隔距的选择主要根据纤维长度进行确定，一般化纤纯纺及混纺品种，罗拉隔距选择 43mm×45mm，纯棉选择 35mm×38mm，棉与化纤混纺时，根据棉纤维所占的比例，将隔距适当缩小。

二、纺锭到前罗拉距离

纺锭到前罗拉距离是控制喷气涡流纺加捻过程中纤维自由端长度的重要工艺参数。距离越大，落棉率增大，制成率会降低，但有利于加捻和成纱指标；距离越小，落棉率降低，但对成纱指标不利。一般化纤选择 20mm，纯棉选择 19mm。在 NO. 870 喷气涡流纺纱设备上，该项参数由不同颜色纺纱导板取代，一般化纤用白色导板，纯棉选择蓝色导板。

纺锭到前罗拉距离（图 4-3）也直接影响纺纱的顺利程度，距离越小，纺纱过程越顺利。从前罗拉出来的纤维束是在负压的吸引下进入喷嘴的，越靠近喷嘴入口处，负压的作用越强烈，如果距离偏大，负压无法将纤维束正常吸入喷嘴，会造成喷口处纤维的堵塞。

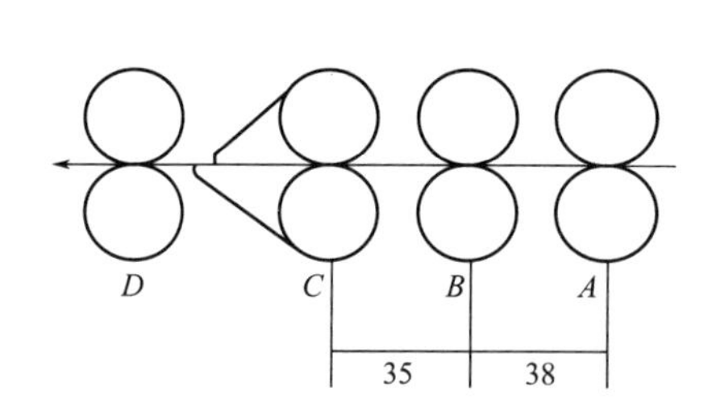

图 4-2　罗拉中心距示意图

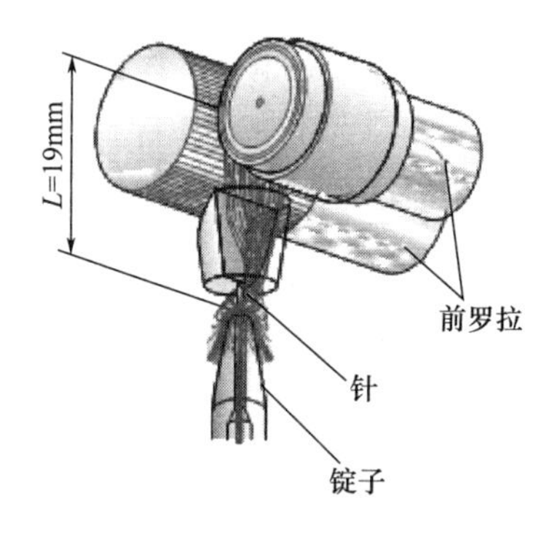

图 4-3　纺锭到前罗拉距离

三、喷嘴规格

在 NO. 861 喷气涡流纺纱机上，一般用到的喷嘴有标准喷嘴、ECO 喷嘴、Star

喷嘴、CROWN 喷嘴四种，常用的有 ECO 喷嘴和 Star 喷嘴。ECO 喷嘴用在加捻要求不高的品种如黏胶、棉、天丝、Modal 等纤维素纤维纯纺或混纺品种上，可以节省压缩空气的消耗，降低生产成本。Star 喷嘴是针对纯涤纶喷气涡流纺纱的要求而设计的，与 ECO 喷嘴相比较，它多了一个喷气孔，而喷气孔的直径没有发生变化，因此，其气流作用更强，加捻强度更高，对于涤纶这种易出弱捻的纱线品种来说效果很好。CROWN 喷嘴是与设备上的辅助喷气装置配套使用的，用于生产纯棉品种，其产品特征是纱线相对柔软。

在 NO. 870 喷气涡流纺纱机上，一般喷嘴有 Orient 和 CROWN 两种。Orient 喷嘴适用于一般化纤、化纤棉混纺品种及纯涤纶品种，CROWN 喷嘴需要与机器上的辅助喷气装置配套使用，与 NO. 861 喷气涡流纺纱机的使用是一样的。

四、纺锭规格

在 NO. 861 喷气涡流纺纱机上，配套的纺锭有 1. 0mm、1. 1mm、1. 2mm、1. 3mm、1. 4mm 共 5 种规格，随着纱支的变化，纺锭规格也应随之调整。如需减少涤纶品种的弱捻纱问题，可以在原有纺锭规格的基础上减小一档规格使用。

在 NO. 870 喷气涡流纺纱机上，配套的纺锭有 F1、M1、C1 及超大型纺锭 4 种，一般常用的为前 3 种，超大型纺锭用在 16 英支以下的低支纱品种上，也可以用于生产手感柔软的品种。

五、集棉器

集棉器的作用就是在纤维经过后区与中区牵伸后，进入主牵伸区前对纤维进行收束，控制纤维运动，确保纤维变速点的集中，从而提高成纱条干均匀度。集棉器的选择以刚好能控制纤维为佳，不可因为集棉器过大而导致条干恶化，更不可因为集棉器过小而导致牵伸力过大，导致牵伸不稳定。对于蓬松的纤维，可以适当放大集棉器。

六、喂入比

在 NO. 861 喷气涡流纺纱设备上，喂入比是指输出罗拉线速度与前罗拉线速度的比值，在 NO. 870 喷气涡流纺纱设备上，喂入比是指摩擦罗拉与前罗拉线速度的比值。

喂入比越大，纺纱段张力就越大，包缠纤维的数量就会减少；喂入比越小，纺纱段张力就越小，包缠纤维的数量就越多，但喂入比过低，不利于纱线的输出，严重的还会导致小的棉结增加，因此，喂入比的选择要根据纤维选择合适的工艺参数。

七、喷嘴压力

喷气涡流纺是利用压缩空气经喷孔形成高速旋转气流，形成中心负压场以吸入经过牵伸的纤维流，再对集聚于空心锭子顶端的自由端纤维加捻成纱。受到气流的作用，纤维尾端进入锭子之前的阶段，纤维尾端以较大的幅度在喷嘴两侧的壁面间进行螺旋回转，纤维受到气流的作用在纤维束中分离出来并作包缠运动。所以，喷嘴压力的大小直接影响纱线外层纤维的包缠效果。喷嘴压力一方面影响喷嘴内涡流的旋转速度，另一方面影响喷嘴入口处负压的大小。压力增大，涡流旋转的速度提高，带动加捻速度的提高，外层纤维的包缠效果随着加捻速度的增大而提高。然而加捻效果存在临界点，当达到一定的捻度时，纱线的包缠效果最好，强力最高，若继续增大压力提高捻度，则纤维轴向的分量减少，强力反而会下降。

喷嘴压力的设定还需配合纤维的刚性进行设计，一般来说，纤维的刚性越大，喷嘴压力相应提高，反之则需降低。一般如没有特殊要求的情况下，喷嘴压力设置在0.5~0.55MPa。

八、捻接工艺及关键技术

影响捻接稳定性的因素有很多，解捻和加捻是两个关键部分。

1. 解捻

要保证在工艺设定范围内得到充分并且上下纱一致的解捻效果，应特别注意影响解捻效果的三个因素：保证剪刀的剪切时序和一致性、保证纱线被剪断后立即进入解捻管中以及上下两个解捻管设定不同的解捻捻度。

剪刀的剪切时序和一致性涉及剪刀质量及剪刀控制机构的稳定性，从机构上进行修复和调整就可解决。但由此引发的问题有：剪刀能否保证每次都能剪断纱，纱线在剪刀上是否有滑移问题，上下两把剪刀能否保证在同一时刻剪断纱线。如果这些问题得不到解决，就会因解捻效果不良影响加捻效果，表现为接头滑脱和强度不高；如果这些问题随机出现，就会影响接头强度的稳定性。

粗号纱不同于中号纱和细号纱，一方面因为它的曲挠性较大，剪断后脱离管口的负压吸入区域而不能被吸入解捻管中；另一方面，由于现有空捻器解捻管的口径相对粗号纱偏小，易出现粗号纱被横置在解捻管口不能吸入的问题。上、下两根纱线只要有一根未被吸入解捻管中进行解捻，捻接效果就会受影响；如果两根都不能被吸入，那么接头脱节问题就在所难免。在捻接粗号纱时，车间温湿度应调整到合适的状态，尽量降低粗号纱的硬性，因为粗号纱捻接时，解捻管口径太大或太小都会对解捻有影响。可在现有空气捻接器中选择合适的解捻管，并选择包芯纱捻接模式；建议使用专用解捻管解决该问题。

上、下两个解捻管会设定不同的解捻捻度，使上、下两个解捻管产生不同的气旋和气流强度，分别使上、下两根纱线产生不同捻度，但调整工作量很大。

2. 加捻

加捻器材的选择：在一般情况下，G2Z 加捻块使用较多，能够满足大部分品种的加捻需求，部分对加捻要求高的，可以选用 G8Z 加捻块。

加捻气压对粗号纱捻接质量有重要的影响，一般选择 0.65~0.7MPa 的气压较为合适。

3. 捻接工艺设计及应用

村田 870 喷气涡流纺设备的 VOS 中，可对解捻、加捻、Ln 杆的位置及捻接监控电清工艺进行设置，具体设置可以参照 ID11600 进行。见图 4-4VOS ID11600 捻接工艺的设置。

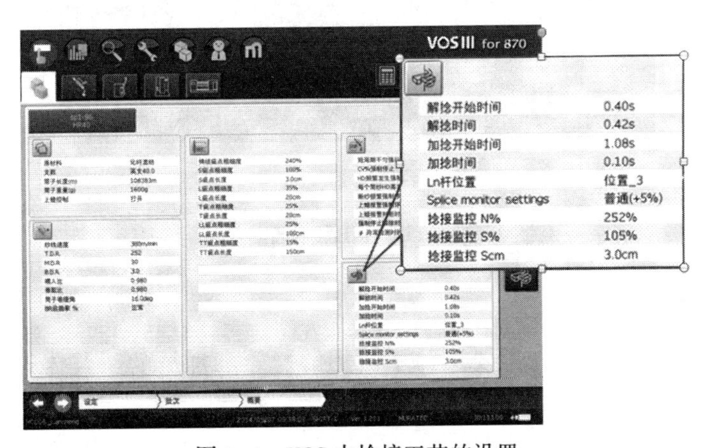

图 4-4　VOS 中捻接工艺的设置

在图 4-4 中，解捻时间是设置解捻的压缩空气排放时间，是影响接头质量和外观的主要因素；加捻时间是设置加捻的压缩空气喷射时间，是影响接头强力的主要因素；Ln 杆是影响接头直径和外观的主要因素。在设置时，应根据所生产原料纤维的特性和支数变化，适当调整解捻和加捻时间。对于解捻效果的判断，可以检查解捻纤维头端的状态，确保纤维头端松散并完全解开，呈毛笔头状。Ln 杆位置设置见图 4-5Ln 杆位置设置说明。

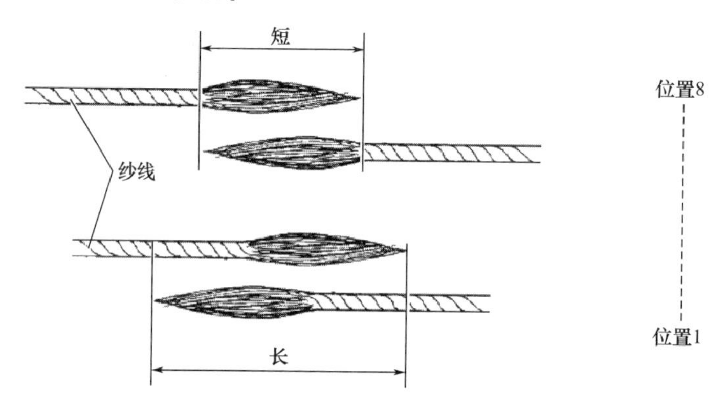

（a）不同设定对接头外观的影响

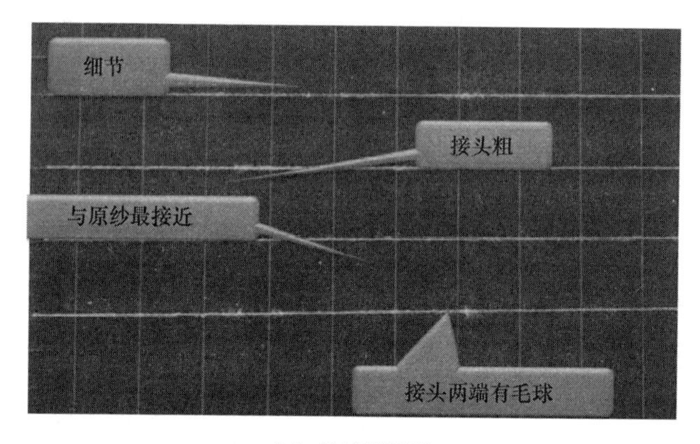

（b）捻接器配型

图 4-5　Ln 杆位置设置说明

4. 捻接器配型

根据纱支、纤维种类，需要选择不同的解捻管和加捻块，具体选择请参见表 4-1 和表 4-2。

表 4-1　捻接条件列表

纱线类型	纱支（英支）	捻接器喷嘴	前板	纱压杆	解捻管
Z 捻纱	16~20	G2Z，（G7Z，G8Z）	FB1	H	N2
	>20	G2Z			N55，N2
S 捻纱	16~20	GS，（G7S）	FB1	H	N2
	>20	GS			N55，N2

表 4-2　捻接器喷嘴

名称	S/Z	纱线类型	适用支数（Ne 10 20 30 40 50 60 70 80 90 100）
G2Z	仅限 Z	棉 100% 棉/化学纤维 化学纤维 100%	Ne16　Ne60
G7Z G8Z	仅限 Z	棉 100% 棉/化学纤维 化学纤维 100%	Ne16　Ne20

5. 捻接强力日常在机检查方法的介绍

村田公司在专用工具中，配置了用于捻接强力检测的拉力表，图 4-6 介绍了拉

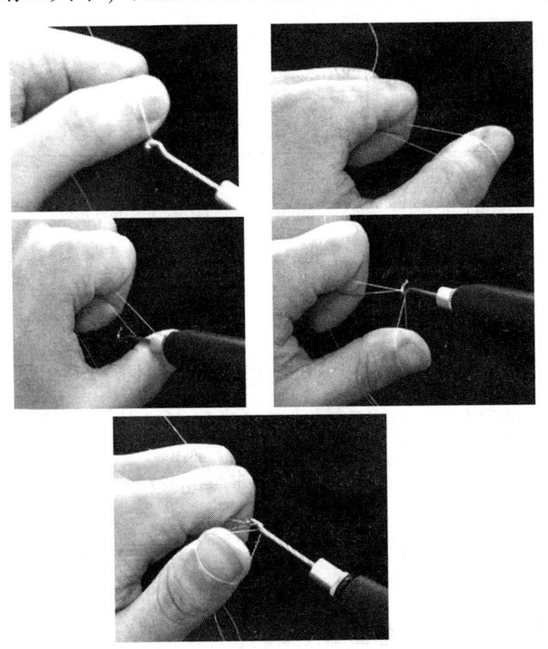

图 4-6　拉力表检测捻接强力的示范

力表检测捻接强力的示范。

在设定捻接条件时，必须要正确设定解捻时间，良好的解捻效果才是保证接头强力的基础。

除了特别蓬松、相互之间抱合力特别差和单纤维刚度比较大的纤维，如腈纶、天丝等，需要适当地延长加捻时间，其他原料不必调整加捻时间。通常情况，生产30英支以上的纱线，村田捻接器的接头强力可以达到原纱强力的80%以上（特殊纤维除外）。20~30英支的接头强力可以达到原纱强力的70%以上。10~20英支(特殊配置)的接头强力可以达到原纱强力的45%以上。这样的接头强力完全可以满足后道加工的需要。

第二节　喷气涡流纺纱工艺参数

一、NO. 861喷气涡流纺设备工艺设计

1. 纯棉品种工艺设计

常规纯棉品种的工艺设计见表4-3。

表4-3　纯棉品种工艺设计

英制支数（英支）	纺纱速度（m/min）	纺锭（mm）	集棉器（mm）	飞翼张力（mN）
20	340~420	1.2~1.3	6	150
24	340~420	1.1~1.2	5	130
30	340~420	1.1	4	120
40	300~400	1.1	3	100
50	280~380	1.0~1.1	2	80
60	280~380	1.0	1.5	60

注　喷嘴压力选用0.55MPa，喷嘴选用ECO型喷嘴，针座类型为L7-9.3。

2. 化纤、化纤/棉、化纤混纺品种的工艺设计

常规化纤、化纤棉混纺、化纤混纺品种的工艺设计见表4-4。

表 4-4　化纤、化纤/棉、化纤混纺品种的工艺设计

英制支数（英支）	纤维细度（旦）	纺纱速度（m/min）	纺锭（mm）	主牵伸（倍）	中间牵伸（倍）	集棉器（mm）	飞翼张力（mN）
16	1.5	420	1.4	25~30	2.0~2.5	7	160
20	1.5	420	1.2~1.3	25~30	2.0~2.5	6	150
24	1.2~1.5	420	1.1~1.2	30~35	2.0~2.5	5	130
30	1.2	400	1.1	30~40	2.0~2.8	4	120
40	1.2	380	1.1	30~40	2.0~2.8	3	100
50	1.0~1.2	340	1.0~1.1	30~40	2.0~2.8	2	80
60	1.0	280	1.0	30~35	2.0~2.8	1.5	60

注　喷嘴选用 ECO 喷嘴，喷嘴压力为 0.55MPa。

3. 纯涤纶品种工艺设计

纯涤纶品种工艺设计见表 4-5。

表 4-5　纯涤纶品种工艺设计

英制支数（英支）	纤维细度（旦）	纺纱速度（m/min）	纺锭（mm）	主牵伸（倍）	中间牵伸（倍）	集棉器（mm）	飞翼张力（mN）	喷油压差（MPa）
20	1.5	360	1.2	25~30	2.0~2.5	6	150	0.18~0.2
24	1.2~1.5	360	1.1	30~35	2.0~2.5	5	130	0.16~0.18
30	1.2	340	1.1	30~40	2.0~2.8	4	120	0.16
40	1.2	340	1.1	30~40	2.0~2.8	3	100	0.14
50	1.0~1.2	300	1.0	30~40	2.0~2.8	2	80	0.12
60	1.0	280	1.0	30~35	2.0~2.8	1.5	60	0.12

注　喷嘴选用 Star 喷嘴，喷嘴压力为 0.5MPa。

二、NO. 870 型喷气涡流纺机工艺设计

1. 纯棉品种工艺设计

常规纯棉品种的工艺设计见表 4-6。

表 4-6　纯棉品种工艺设计

英制支数（英支）	纺纱速度（m/min）	纺锭规格	喷嘴针座型号	喷嘴压力（MPa）
20 及以下	340~420	CROWN C	CROWN	0.5

续表

英制支数（英支）	纺纱速度（m/min）	纺锭规格	喷嘴针座型号	喷嘴压力（MPa）
20~50	340~420	CROWN M	CROWN	0.5
50 以上	340~420	CROWN F	CROWN	0.5

注　辅助喷气压力为 40kPa。

2. 化纤、化纤/棉、化纤混纺品种的工艺设计

化纤、化纤/棉、化纤混纺品种的工艺设计见表 4-7。

表 4-7　化纤、化纤/棉、化纤混纺品种的工艺设计

英制支数（英支）	纤维细度（旦）	纺纱速度（m/min）	纺锭	主牵伸（倍）	中间牵伸（倍）	集棉器（mm）	飞翼张力（mN）
16	1.5	500	C1	25~30	2.0~2.5	7	160
20	1.5	500	C1	25~30	2.0~2.5	6	150
24	1.2~1.5	480	M1	30~35	2.0~2.5	5	130
30	1.2	450	M1	30~40	2.0~2.8	4	120
40	1.2	400	M1	30~40	2.0~2.8	3	100
50	1.0~1.2	340	M1	30~40	2.0~2.8	2	80
60	1	300	F1	30~35	2.0~2.8	1.5	60

注　喷嘴及针座均选用 Orient，喷嘴压力推荐 0.5MPa。

3. 纯涤纶品种工艺设计

纯涤纶品种工艺设计见表 4-8。

表 4-8　纯涤纶品种工艺设计

英制支数（英支）	纤维细度（旦）	纺纱速度（m/min）	纺锭	主牵伸（倍）	中间牵伸（倍）	飞翼张力（mN）	喷油压差（MPa）
20 及以下	1.5	380	C1	25~30	2.0~2.5	150	0.18~0.2
20~50	1.2~1.5	340	M1	30~35	2.0~2.5	130	0.16~0.18
50	1.2	320	F1	30~40	2.0~2.8	120	0.16

注　喷嘴选用 Orient 喷嘴，喷嘴压力 0.5MPa。

第五章　喷气涡流纺纱设备及使用要求

本章主要介绍喷气涡流纺设备安装工场在安装前期应该准备的知识。内容包含了设备运达工场进入车间时，车间应该保留足够宽敞的通道，以确保设备在车间内运入、拆卸托盘、设备初排、安装等工作；地面硬度、厚度、水平偏差等的要求；设备电源、电源线的设置；压缩空气质量要求、压缩空气管道的排列设置；空调系统调节要求等方面。

第一节　喷气涡流纺设备安装工场准备

一、设备运输要求

喷气涡流纺设备是按机架分别拆开运输的。以 NO. 870 型喷气涡流纺机 96 锭为例，设备分为驱动端部分（DE）、电源控箱部分、机架部分（8 锭为一节，共 12 节）、车尾集尘箱部分、车尾吸风机箱部分组成（图 5-1）。设备排列尺寸见表 5-1。检查机台搬运路线，确定通道的宽度、高度或地表硬度没有问题。如果地板表面软，则放置一些薄铁板。

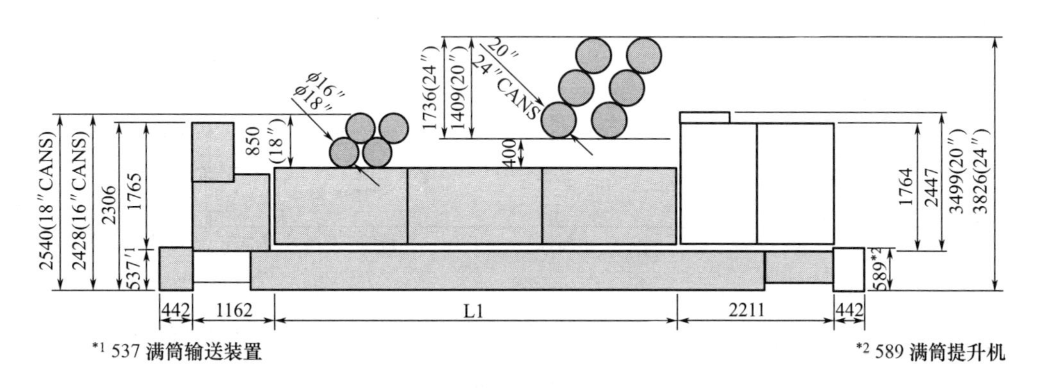

图 5-1　NO. 870 型喷气涡流纺机设备组成部分

表 5-1　NO. 870 型喷气涡流纺机尺寸　　单位：mm

项目	驱动端机架	控制箱	第一个机架	中部机架	最后一个机架	外尾部集尘箱	外尾部吸风机箱
高度	2250	1900	1900	1900	1900	2250	2250
长度	1420	1020	2470	2120	2470	2370	2020
宽度	1270	1020	1230	1230	1230	2370	2020
重量	900	400	750	670	780	980	950
脚	4	4	4	4	4	4	4

二、设备排列

根据喷气涡流纺使用的条桶规格，设备的排列有所不同（图 5-2）。根据锭数、车间柱网、品种规划需要的隔离防护，预先做出排列图，排列图是日后机器安装定位标准和依据，由于机器在安装时，需要用到 X 线和 Y 线，电源线位置、压缩空气接入位置、排风口位置，注意电源线、压缩空气接入位置及排风口位置与工厂选择从天花板接入还是从地板接入是不同的，在设计时一定要看清安装图纸，以免安装中出现不必要的麻烦。详情请参照图 5-3、图 5-4 和表 5-2。图 5-3 是机器正视图机器尺寸，表 5-2 机器长度尺寸，图 5-4 为机台间最小安装尺寸。

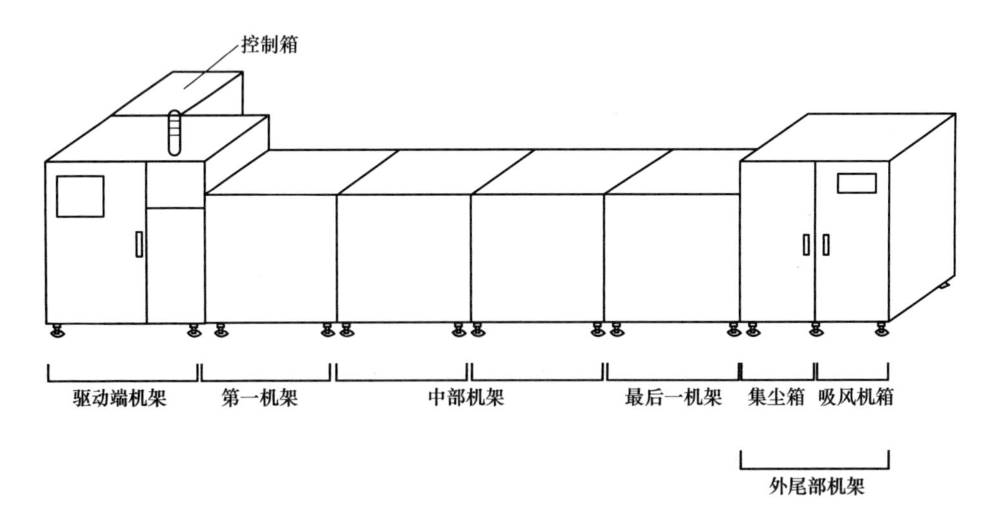

图 5-2　设备排列示意图

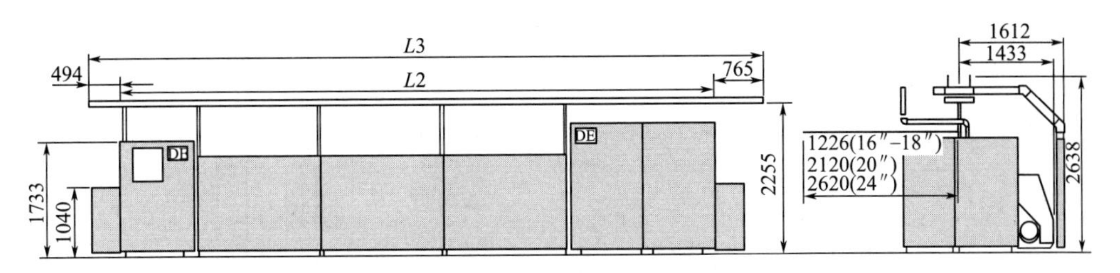

图 5-3　机器正视图机器尺寸（单位：mm）

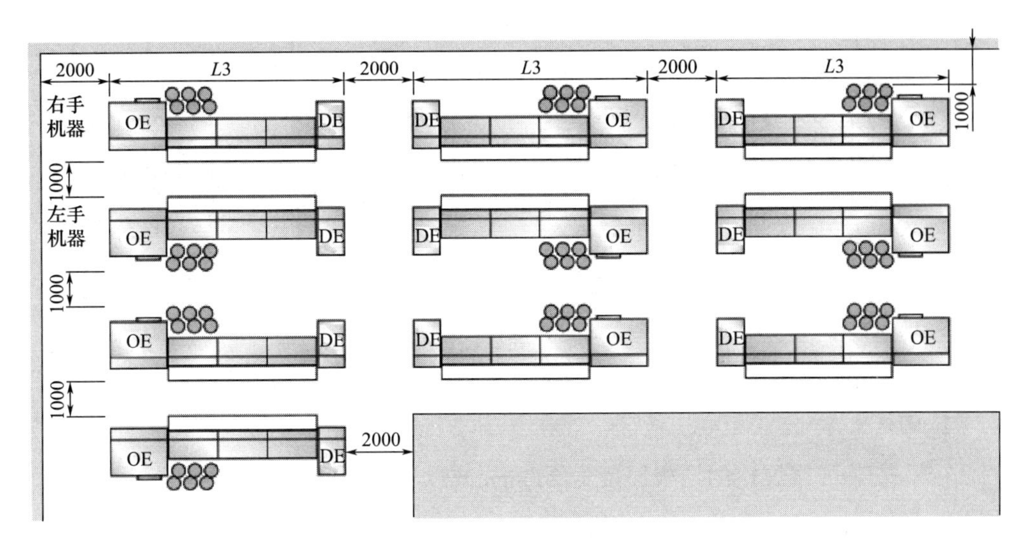

图 5-4　机台间最小安装尺寸（单位：mm）

OE—车尾　DE—驱动端

表 5-2　机器长度尺寸　　单位：mm

锭数	16	24	32	40	48	56	64	72	80	88	96
L3	8392	10272	12152	14032	15912	17792	19672	21552	23432	25312	27192
L2	7133	9013	10893	12773	14653	16533	18413	20293	22173	24053	25933
L1	3760	5640	7520	9400	11280	13160	15040	16920	18800	20680	22560

三、驱动端和外尾部凸轮箱安装及对地面的要求

凸轮箱固定安装在 870 内的地板上，以便减轻从横动凸轮箱传输至机器的振动。因此，锚定前需要对地板进行准备，且驱动端和外尾部机架均需进行锚定。车身机架拼接完成后，根据安装图纸（图 5-5），在地面上画出驱动端和外尾部凸轮箱地面锚定位置（驱动端、外尾部端各 4 个），然后根据下边技术条件要求，提前

打好铆钉孔，并装好锚定螺栓，注意左右手车的位置。

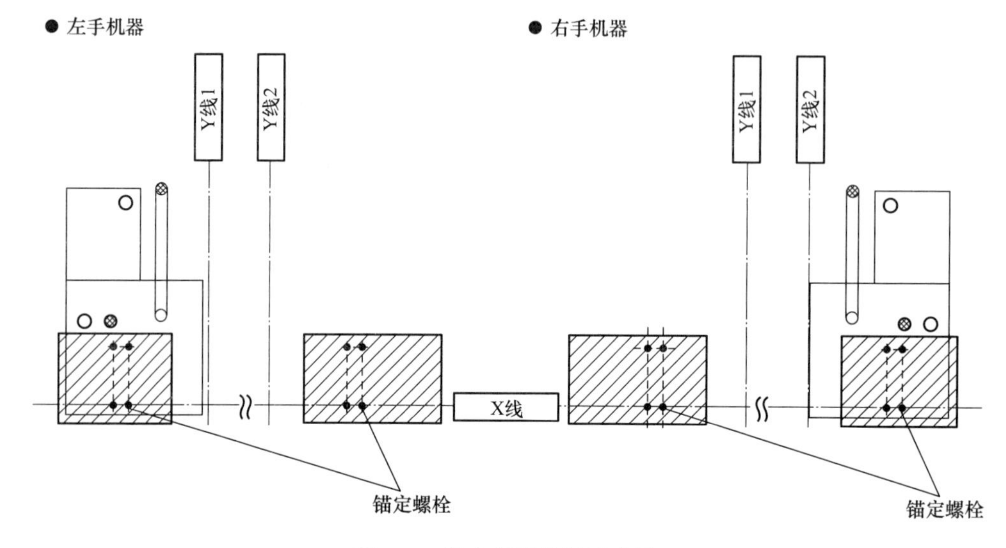

图 5-5　锚定螺栓位置示意图

1. 地板准备

（1）安装膨胀螺栓的地板厚度为 200mm 或以上的混凝土地板。

（2）混凝土的强度应在 21N/mm^2 或以上。(无须砂浆)

（3）地板强度（承压能力）应为 5400N/m^2 或以上。

（4）进行表面处理，以便地板表面的平整度在 2mm 以内。

2. 锚定孔

孔的数量：每个凸轮箱 4 个；孔的深度：110mm；孔的底部直径：15mm（使用外径为 13mm 的化学锚栓）。

四、机器电源准备

可以从地板或天花板两种方式接入机器，具体选择何种方式接入机器，要根据工场厂房情况及日后维护方便来定，工厂电源至机器安装地点之间电线的布置应符合安装图纸。从天花板提供电源时，将从天花板拉出的电线插入控制箱顶部表面的孔中。从地板提供电源时，将地板表面的电线拉过驱动端机架插入控制箱侧表面的孔中。

将电缆布置到主开关的接线端（QS00 无熔丝断路器），主开关在控制箱中。使用符合下述设备负载的电缆为机器提供电源。详情请参照表 5-3。

表 5-3　电缆规格尺寸　　单位：mm^2

纺纱单锭数量（纺纱单锭/机器）	16	24	32	40	48	56	64	72	80	88	96
设备能力（kV·A）	33	33	34	34	35	39	39	40	41	41	42

特别注意，连接电线时不得混淆相位。确保将主开关或配电盘安装在从配电站拉至工厂的电缆和从工厂拉至机器安装地点的电缆之间（请勿直接与配电站连接），在配电板上安装一个熔丝断路器或无熔丝断路器。

总是将接地线设在工厂中，确保接地电阻为 10Ω 或以下。将接地端子的接地线放置在机器控制箱内部工厂至接地端子的接线盒中（表 5-4），电缆线尺寸参照表 5-5。

表 5-4　使用接地电缆的尺寸

机器供电电线的尺寸 S（mm^2）	接地电缆的尺寸 S_p（mm^2）
$S \leq 16$	S 或以上
$16 < S \leq 35$	16 或以上
$S > 35$	$S/2$ 或以上

表 5-5　电缆规格尺寸　　单位：mm^2

电源电压（V）/ 机器功率（kV·A）	200	220	380	400	415	440	460	480	500	550	575
30	（38）	（38）	38 （14）	38 （14）	22 （14）	22 （14）	22 （14）	22 （8）	22 （14）	22 （14）	22 （14）
35	（60）	（38）	38 （22）	38 （14）	38 （14）	38 （14）	38 （14）	38 （14）	22 （14）	22 （14）	22 （14）
40	（60）	（60）	（22）	38 （22）	38 （14）	38 （14）	38 （14）	38 （14）	22 （14）	22 （14）	22 （14）
45	（100）	（60）	（38）	（22）	（22）	（22）	38 （22）	38 （22）	38 （22）	38 （22）	38 （22）

注　环境温度按 50℃换算。表中数字为使用四芯 VCT（600V 聚氯乙烯绝缘及被覆轻便电缆）时的电缆尺寸，括号内的数字为使用 IV（600V 聚氯乙烯绝缘电线［单线］）时的电缆尺寸，根据使用的电缆种类和生产厂家的不同，电缆的容许电流也不同。

电源电压可接受电压范围：±10%，电源电压可接受频率范围：±1%。

第二节　压缩空气

压缩空气是喷气涡流纺设备运行的关键，是确保喷嘴持续加捻、捻接小车接头质量、各气动元件（电磁阀、气缸）正常动作的关键。因此，本节从压缩空气的压力与用气量、压缩空气质量、空压站建设及维护进行介绍。

一、压缩空气的压力与用气量

压缩空气主要用于纺纱喷嘴和捻接小机中。气压和消耗取决于纺纱单锭的数量和纺纱过程中断纱的数量，也就是说生产效率越高时，压缩空气的消耗量会越大。结合村田建议与笔者所在工场的经验，建议：P1 压力应该在 0.65MPa，含油量在 0.07g/m^3 以下，在 0.60MPa 时，露点温度保持在 25℃以下。

压缩空气的消耗量是决定空压机选择的主要因素，在选择空压机设备时，要注意空压机的产气量和干燥过程中消耗量。管道运输过程中的消耗量要略大于机器生产需要的消耗量，并且要考虑空压机保养维护、维修时，备用空压机的准备。关于压缩空气的消耗量参照表 5-6，列表中的压缩空气消耗实在在纺纱喷嘴压力为 0.5MPa 时测定的。

表 5-6　压缩空气消耗参考

纺纱锭数	16	24	32	40	48	56	64	72	80	88	96
L/min（ANR）	1,476	2,213	2,951	3,689	4,427	5,164	5,902	6,640	7,378	8,116	8,853
CFM	45	67	90	112	134	157	179	201	224	246	269

注　1CFM = 28.316846592mL/min = 0.028CMM。
CMM 为 m^3/min。
L/min 指的是温度为 0℃且气压为一个标准大气压条件下的气流，L/min（ANR）指的是温度为 20℃且气压为一个标准大气压条件下的气流。

二、空压站的建设与维护

1. 气泵房的建造

首先是气泵房位置的选择。考虑到车间用气量的大小，选择距离喷气涡流纺车间最近的位置建气泵房，以减少远距离运输导致的消耗。为了防止飞花进入气泵房，不在车间内留门，将门留在车间外，才能有效地防止飞花进入。气泵房要适当地留有大窗户，便于夏天通风，窗户上要安装纱窗，以防飞花进入。气泵房内要安装空气压缩机、压缩空气冷干机和储气罐三种设备，空气压缩机要选择含油少或不含油的机型，否则会导致喷气涡流纺设备上空气过滤滤芯的消耗增大，严重的也可能导致压缩空气不净，导致气动元件的故障，这会给涡流纺设备的维修保养带来极大的压力。

2. 输气管道的铺设

考虑到车间用气量的大小及输气距离，输气主管道应选择内径稍大一些的圆管。从气泵房里的储气罐出来向两边输送，两个方向各铺设一条主管道，直径不变。主管道自上向下接分支管道，可适当变径，并要使用阀门，以方便维修。在设计输气管道的时候，要坚持的一个原则是尽量让管道少走弯路，尽最大可能地让压缩空气走直道，这样可以减少管压降，节约用气。在管道的选择中，还要注意选择不易生锈或不生锈的管道，以免铁锈杂质进入喷气涡流纺设备，导致过滤装置消耗和气动元件的损坏和故障。

3. 压缩机的维修保养

在日常的维护过程中，要对压缩机进行日常保养，包括定时清洁、定时换机油，并注意油位，定期清洁空气滤芯等工作。这些看似简单的工作，只要持之以恒地按照规定做下去，可在一定程度上延长压缩机的使用寿命。对于各个接头处漏气的现象，要发现一处维修一处，不要视而不见，置之不理，从一点一滴的堵漏工作做起，节约用气，延长压缩机的使用寿命。当时不用气的设备，及时将输气阀门关闭。对于空气捻接器要及时维修，降低出现坏结的概率，减少职工打结次数，同样可以减少用气量。细纱工序做好清洁工作，减少管纱疵点也就减少了空气捻接器的打结次数，同样可以减少用气量。总之，在节约用气方面还有许多值得注意的地方，关键是在工作中保全工要和值车工很好地配合，发现漏气的地方及时维修，注意对细小漏气处的维修。只有将工作做细，持之以恒，才能收到节约用气、节约用电的效果，达到降低生产成本的目的。

第三节　排风设计

喷气涡流纺设备在运转中，压缩空气完成加捻后的废气、负压风机产生的废气等需要通过车尾端的排风口排到管道中去，排风管道可以选择上排式和下排式排走。排风管道尺寸设计要根据排风流量进行计算。排气口处废气的温度：室温 10℃。

以 96 个纺纱单锭和 6 个捻接小机配置的机器举例，每个机器排风总量的流速：140Nm^3/min，两台或以上机器排放废气时，主管的尺寸需要符合以下公式。

$$L = \sqrt{\frac{流率 \times 机器数量}{60 \times 流速}}$$

计算示例：

流率：140m^3/min（单台机器），流速：7m/s 或以下，机器数量：4。

$$L = \sqrt{\frac{140 \times 4}{60 \times 7}}$$

$$= \sqrt{1.333}$$

$$= 1.154(m)$$

以上公式表明，当排风风道较长时，边长为 1.154m 的正方形截面风管符合要求。对于地下排风风道，计算方式相同。

当设备数量较多时，可以设计多条排风管道排出，此时每个排风管道负责几台车就在机器数量处选择对应的机台数来计算排风管道的尺寸。需要说明的是，选择上排或者下排的计算方法是一样的。在机器安装前，一定要对照图纸，准确定位排风管道的位置及接口尺寸。

第四节　喷气涡流纺纱设备的构成

喷气涡流纺设备分为车头控制（驱动端）部分、车尾（末端）部分、纺纱单锭部分（车身）、落纱小车（AD 小车）、接头小车（87C 小车）、清洁吹风机、导条架等（图 5-6、图 5-7）。本节将分别以牵伸机构、加捻机构、卷绕张力控制机构及输出机构来分别阐述这些设备的功能。

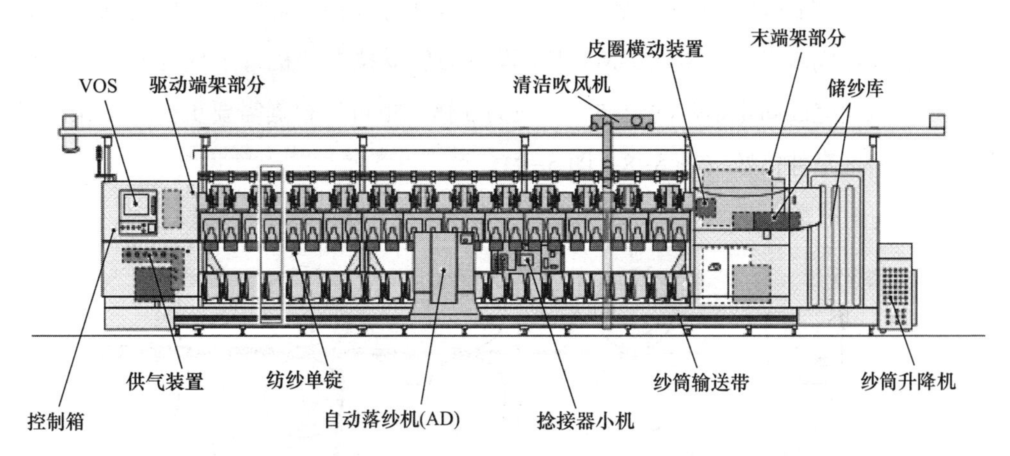

图 5-6 喷气涡流纺纱机部位示意图

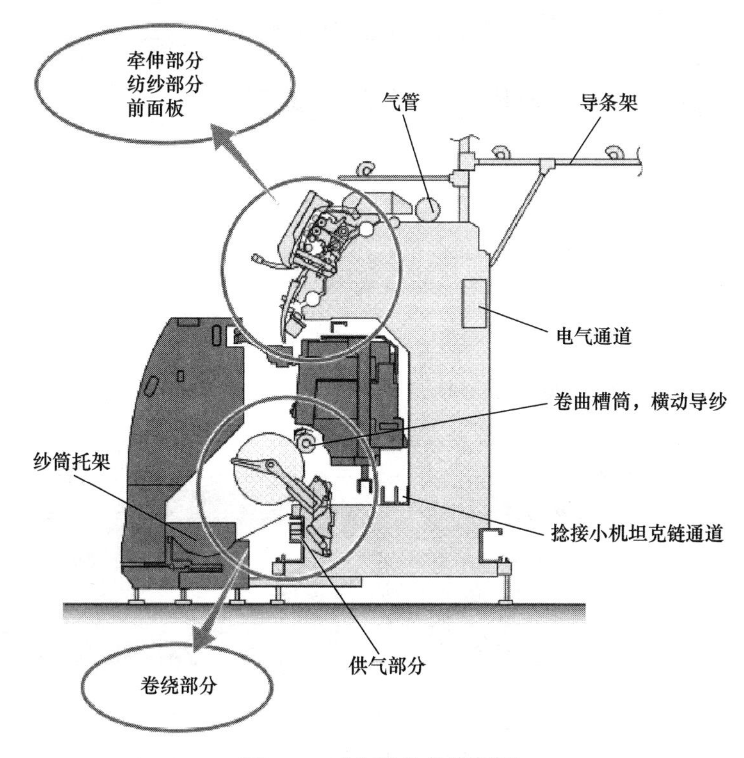

图 5-7 喷气涡流纺侧视图

一、牵伸机构

喷气涡流纺是将一定量的熟条经过牵伸抽长拉细到所需定量的须条后，喂入加捻卷绕机构中，完成加捻成纱。牵伸由 3 个牵伸区 4 列罗拉组成，分别为后区（BDR）、中区（IDR）、主区（MDR）。后区（BDR）由 3—4 罗拉在单锭电动机的传动下，通过同步齿形带传输，NO. 861 设备的后罗拉电动机每个单锭有 1 个，通过一定的齿比完成固定倍数的牵伸，一般为 3 倍，也可以根据需要更换后罗拉的齿轮，改变后区牵伸倍数（图 5-8、图 5-9）。

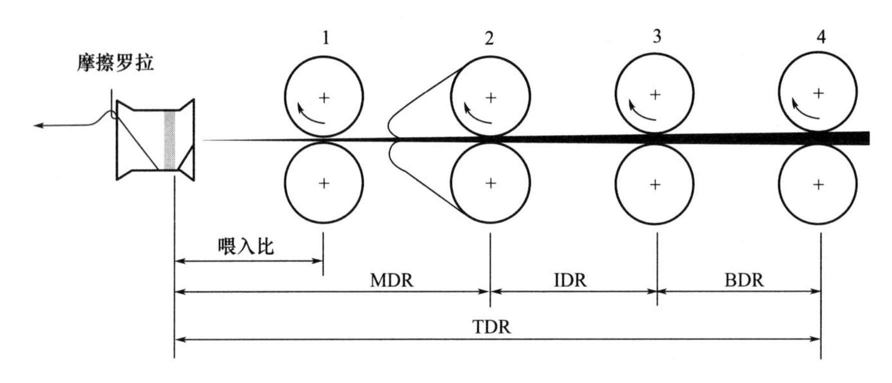

图 5-8　牵伸结构示意图

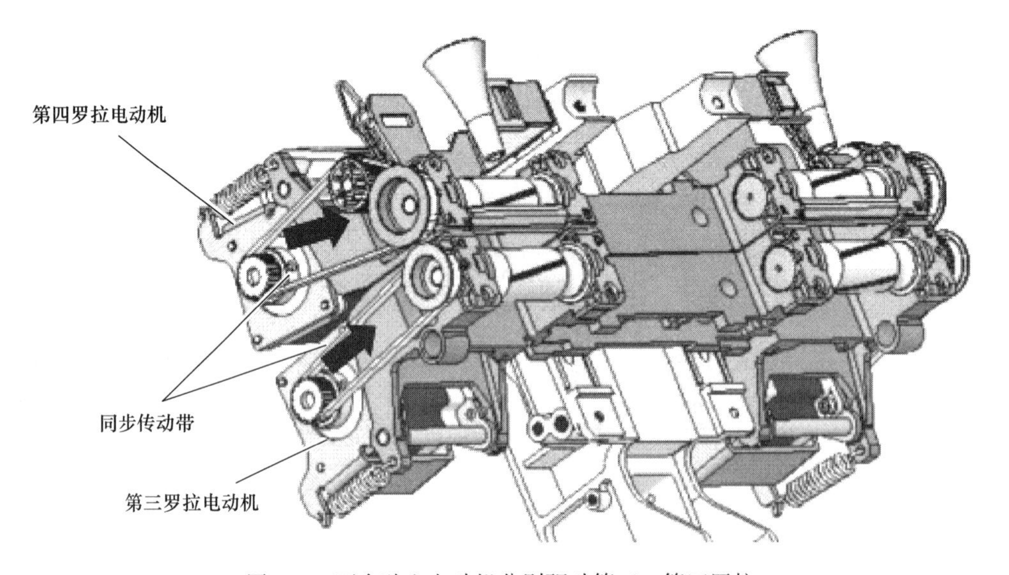

图 5-9　两个独立电动机分别驱动第三、第四罗拉

NO. 870 设备在 NO. 861 的基础上进行升级，3—4 罗拉分别由 2 个电动机单独传动，这样在工艺设计时，可根据需要灵活变动后区牵伸倍数。NO. 870 设备这样的升级不只是后区牵伸倍数的灵活变动，NO. 861 设备所纺纤维种类发生变化后，如果需要调整罗拉隔距，如原来纺纯化纤，罗拉隔距为 43×45（中区×后区，单位：mm），后罗拉齿形带需要选用 140XL 或 138XL 的；需要改为 CVC 品种，罗拉隔距需要调整到 39×43 或采用纯棉品种隔距 35×38 时，需要选择齿形带 142XL 的。因此，纤维种类发生大的变更时，需要更换齿形带，且在每次调整隔距时，都需要摘掉齿形带才能完成隔距的调整。经过升级的 NO. 870 设备完全省去了这些烦琐的环节，隔距任意变动，不需要更换齿形带，也不需要摘掉皮带就可以完成，减少了改纺保全的很多麻烦。

中区牵伸（IDR）也叫支持牵伸，是指 2—3 罗拉之间的牵伸比。是牵伸工艺设计中非常重要的部分，一般为 1. 8~2. 8。所纺纤维种类不同，选择的 IDR 不同。如棉、棉混纺品种一般为 1. 8~2. 2，化纤一般为 2. 2~2. 8，设计是否合理，对成纱质量、胶辊、胶圈的寿命有一定影响。

主牵伸（MDR）是 3 个牵伸区牵伸倍数最大的，它是指输出罗拉（NO. 861 型喷气涡流纺纱机中的输出罗拉）或摩擦罗拉（NO. 870 型喷气涡流纺纱机中的摩擦罗拉）与第二罗拉的牵伸比。在主牵伸区，上下胶圈严格控制纤维须条快速牵伸。在下销棒两端，安装有个胶圈隔距螺丝，用以控制胶圈的握持距，一般化纤用 2. 4mm 的胶圈隔距，纯棉用 2. 7mm 的胶圈隔距。

二、加捻机构

喷气涡流纺的加捻机构由针座（纤维导管）、导引针、喷嘴组件（图 5-10）、纺锭组件（图 5-11）、N2 喷嘴（辅助喷嘴）组成，加捻的过程是在由这些重要部件组成的封闭腔体内完成的，也是喷气涡流纺实现高速纺纱的技术的重要装置。

三、卷绕张力控制机构及输出机构

卷绕张力是通过调节飞翼的惯性完成的，飞翼惯性对筒子纱的硬度和形状有着十分大的影响（表 5-7）。按图示方向旋转惯性调整螺母对其进行调整（图 5-12）。

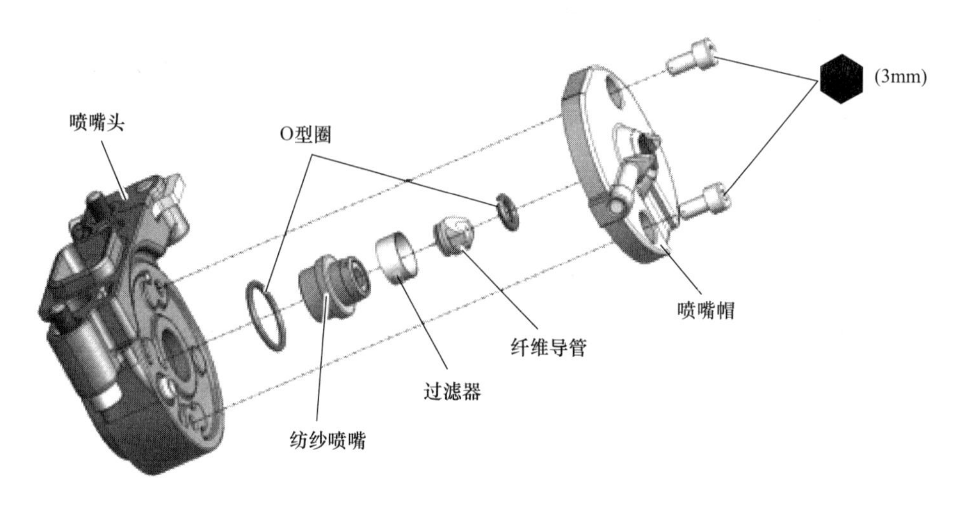

图 5-10　喷嘴示意图

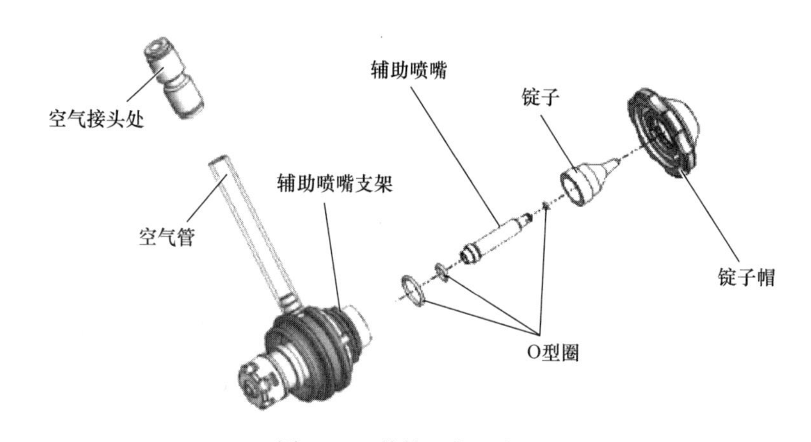

图 5-11　纺锭组件示意图

表 5-7　飞翼张力参照表

纱线支数（英支）	15	20	30	40	50	60
飞翼张力（mN）	140	140	120	100	80	80

摩擦罗拉的飞翼惯性根据纱线的类型，支数和用途的不同而不异。卷绕张力的合适范围是单纱线强度的 8%~15%。根据筒子纱的硬度，缠绕直径和缠绕形状可进行微调。

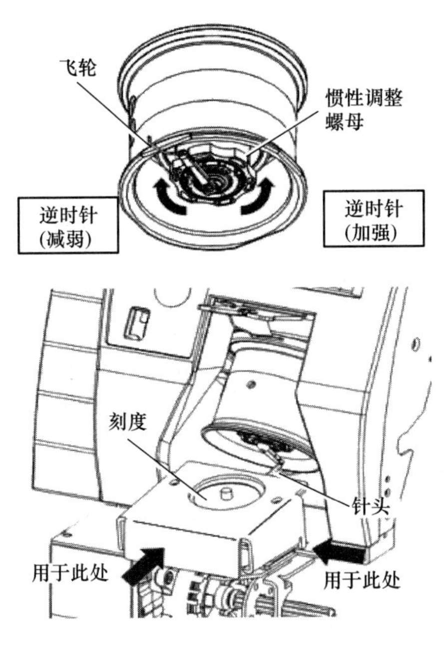

图 5-12　飞翼张力调节方法

第五节　设备的日常保养

喷气涡流纺的日常保养主要是指定期对设备进行清洁，并给罗拉轴承、风机轴承加油，清洗喷嘴、针座、纺锭，按照周期制度更换胶辊、胶圈等工作。周期性设备维修保养可以 5 人一组组成维修保全队，并进行分工，以下为操作流程、分工、技术要求等（表 5-8）。

表 5-8　设备保养流程作业指导

部位	人员	步骤	维修工作内容	要求	用工（人）
车头	A	1	拆卸车头防护机盖	放在规定区域轻拿轻放，无磕碰	1 人
		2	给车头内加油	清理废油，加上新油，不允许缺油	1 人
		3	检查车头各部位皮带	不允许皮带磨损、断裂、跑偏、过松或过紧	1 人
		4	吹车头内部及风机粉尘	无飞花、浮尘	1 人

续表

部位	人员	步骤	维修工作内容	要求	用工（人）
车头	A	5	拆卸前罗拉连轴套加油后复位	清理废油，加上新油，不允许缺油	1人
		6	清洁车头内部油渍油污	无油污，干净整洁	1人
		7	安装车头防护机盖	安装到位，螺丝统一无缺少	1人
		8	擦拭车头表面	表面无浮尘脏花	1人
牵伸区（车前）	BCDE	1	抬摇架、塑料防护罩	及时抬起，统一整齐（从左到右）	1人
		2	卸下销棒	快速拆卸，摆放整齐（从右到左）	1人
		3	拆后胶辊	快速拆卸，摆放整齐（从左到右）	1人
		4	拆前塑料防护罩	轻拆轻放，摆放整齐（从右到左）	1人
		5	掏风道口回丝	风道内无回丝，干净彻底（从左到右）	1人
		6	捻牵伸通道飞花、花毛	无飞花附着（从右到左）	1人
		7	清洁面板内部飞花	无飞花附着	1人
		8	沟槽筒回丝	无飞花回丝附着	1人
		9	用气枪做车身清洁	车身无飞花、浮尘、蜡屑（从左到右）	1人
		10	用钢丝刷刷罗拉	罗拉光洁无棉蜡等污物	1人
		11	用酒精擦罗拉	罗拉光洁干净无油污	1人
		12	用酒精擦前面板	无浮尘油污	1人
		13	针座风道口处清洁	无浮尘油污	1人
		14	AD轨道清洁	无浮尘油污	1人
		15	用酒精擦下销棒和上蜡装置	无锈蚀表面，无飞花、浮尘、蜡屑	1人
		16	擦拭槽筒盖板	无锈蚀表面，无飞花、浮尘、蜡屑	1人
		17	清洁安装前塑料防护罩	无浮尘油污	1人
		18	卷取摇架清洁	无锈蚀表面，无飞花、浮尘、蜡屑	1人
		19	安装下销棒	安装到位，螺丝统一无缺少	1人
		20	装后胶辊	安装到位，无机件缺少	1人
		21	清洁传送带	表面无飞花、浮尘、蜡屑	1人
		22	擦滚筒	滚筒光洁干净、无油污	1人
		23	擦电清	轻、净、燥	1人
		24	调张力	上下偏差不超10	1人

续表

部位	人员	步骤	维修工作内容	要求	用工（人）
机后	BCDE	1	挂隔离网	沿着棉条支架搭建整齐，不漏洞	1人
		2	卷取摇架下压	要求压到最底部	1人
		3	拆风道口挡板	要求就近放置，并摆放整齐	1人
		4	车身风道通道清洁	无挂花、尘土、毛刺等	1人
		5	安装风道口挡板	安装到位，无漏风现象	1人
		6	清洁摇架气缸	无飞花	1人
		7	清洁车后气管管道	无飞花、尘土	1人
		8	清洁单锭顶部电路板处	无飞花	1人
		9	清洁捻接小车轨道	无飞花、浮尘	1人
		10	擦拭车身及导条轮、导条架	无油污、棉蜡、尘土	1人
		11	拆隔离网	叠整齐放指定地点	1人
		12	防尘布清扫	无飞花、尘土	1人
		13	车后地面清扫	无飞花、机配件	1人
车尾及AD	A	1	拆卸机罩	放在规定区域，轻拿轻放，无磕碰	1人
		2	做风箱花排除装置清洁	无飞花、浮尘	1人
		3	风箱花排除装置拆卸及安装	放在规定区域，轻拿轻放，无磕碰	1人
		4	机尾皮带检查	不允许皮带磨损、断裂、跑偏、过松或过紧	1人
		5	AD 机护盖拆卸	放在规定区域，轻拿轻放，无磕碰	1人
		6	机尾及 AD 清洁	无飞花、浮尘	1人
		7	车尾防护罩板安装	按要求安装到位	1人
		8	捻 AD 花毛	无飞花	1人
		9	清理 AD 行走轮缠花	无飞花、尘土	1人
		10	AD 气缸及凸轮加油	按要求硅油加到位	1人
		11	AD 盖板安装	按要求安装到位	1人
		12	AD 机表面擦拭	无油污	1人
		13	擦拭车尾表面	无飞花、浮尘、油污	1人

续表

部位	人员	步骤	维修工作内容	要求	用工（人）
捻接小车	A	1	吹捻接小车	无飞花	1人
		2	拆卸捻接小车盖板	放在指定位置	1人
		3	捻飞花	要求清洁干净	1人
		4	凸轮加油	要求机油加到位	1人
		5	做光电清洁	湿布擦干净	1人
		6	清理反转罗拉回丝	要求清理干净	1人
		7	擦捻接器	要求清洁干净	1人
		8	擦解捻管	要求清洁干净	1人

注　AD表示“Automatic doffing trolley”，全自动落纱小车。

第六节　常见设备故障及维修办法

一、常见单锭故障的维修处理

常见的单锭故障代码、报警含义及维修处理措施见表5-9。

表5-9　常见单锭故障及维修措施

故障代码	报警的含义	维修措施
S1	捻接失败	①捻接工艺不当，调整捻接工艺 ②解捻管脏导致解捻效果差，用棉棒清擦干净 ③加捻器内有异物 ④加捻器纱线定位片松动 ⑤加捻后捻接小车清洁喷嘴将纱线吹进夹持器，导致纱线挂断，调节加捻器清洁吹嘴位置 ⑥捻接凸轮轴或轴承部有纤维堆积，导致动作不良 ⑦如果是单锭不好，检查上蜡装置下部纱线传感器内是否清洁不佳
T1	下部纱线断裂	①飞翼张力过大或过小 ②导纱嘴内有异物挂断纱线 ③上蜡装置通道挂断纱线 ④蜡块断面不平整
Uy	上部引纱失败	①后罗拉起始率过大或过小 ②胶辊状态不好，导致牵伸不开出硬头 ③值车工包卷不良导致牵伸不开 ④捻接小车或AD小车小吸嘴偏 ⑤捻接小车或AD小车辅助引纱压力设置不当 ⑥温湿度不当 ⑦针座针尖磨损或针座太脏

续表

故障代码	报警的含义	维修措施
Ly	下部找头失败	①断纱后，纱头甩到夹头部位或纱头细，贴服到筒子表面，这时候要调整断纱动作的工艺设定 ②湿度过低导致静电，纱头与筒子表面静电，导致纱头难于剥离 ③大吸嘴距离筒子表面过近或过远 ④卷绕张力太小，筒子松软，不容易找到头，这种情况还容易导致乱纱 ⑤大吸嘴脏导致吸风减弱
Yc	偏支报警	先通过交换条子的办法，确定是真偏支还是电清报警；对于电清误报警的，可以采取以下措施修复： ①检查纺锭头端是否破损 ②检查针座、喷嘴是否干净 ③用湿棉棒将检测头擦干净，然后用干棉棒再把水分擦干 ④重新输入支数 ⑤在机后电子清纱器板子上复位 ⑥在质量汇总中，检查报警锭子 ϕ 值大小，如果报警锭子值大，选择同机台数值最小的，交换清纱器
HD	弱捻报警	①检查纺锭、喷嘴、针座的洁净程度，并清理干净 ②检查纺锭头端是否破损 ③检查胶辊胶圈状态，如胶辊带花、振动，胶辊磨损等；检查胶圈是否磨损或小孔 ④检查罗拉轴承是否有振动问题；清擦清纱器 ⑤交换条子，值车工翻转条子、并条负压风筒堵塞时纺的条子会导致这些问题
TU	纺纱张力上升	①检查针座清洁程度，针尖是否磨损；与正常锭子交换针座 ②检查喷嘴、纺锭清洁，并清洁干净 ③检查胶辊胶圈状态，如胶辊带花、振动，胶辊磨损等；检查胶圈是否磨损或有小孔 ④检查罗拉轴承是否有振动问题
TT	长细节	①条子偏细 ②条子缠绕胶辊、胶圈、罗拉 ③相对湿度过大或过小导致黏缠或静电缠绕
Eb	纺纱传感器故障	①断开单锭电源 ②更换纺纱传感器

二、常见捻接小车故障

常见的捻接小车故障代码、报警含义及维修措施见表 5-10。

表 5-10　常见捻接小车故障及维修措施

故障代码	报警含义	解决办法
b1	凸轮轴原点偏离	①手动复位使凸轮轴回到原点位置 ②检查凸轮轴原点位置传感器上是否有飞花附着并摘除 ③检查凸轮轴原点位置传感器是否变形 ④检查凸轮轴原点位置传感器连接线是否松动
b2	大吸嘴原点位置传感器关闭	①检查大吸嘴原点位置传感器与连杆距离（2mm） ②大吸嘴原点位置传感器支架是否变形
d1	识别锭号错误	①检查单锭与小车通信的传感器是否有飞花 ②定位气缸动作不良导致定位失效 ③定位板松动、变形
d2	纺纱锭号超出范围	小车在维修中是否推出了工作单锭范围
F5	捻接监控器纱速错误	①用棉棒清洁捻接监控清纱器检测槽 ②重新确认纱支设定 ③复位小车内控制板
B7	小吸嘴传感器残纱检出报警	①小吸嘴通道不光洁出现挂纱 ②传感器检测通道脏 ③传感器放大器灵敏度过高
B8	大吸嘴残纱检出报警	①大吸嘴通道不光洁出现挂纱 ②传感器检测通道脏 ③传感器放大器灵敏度过高

三、常见 AD 小车故障

常见的 AD 小车故障代码、报警含义及维修处理措施见表 5-11。

表 5-11　常见 AD 小车故障与解决办法

故障代码	报警含义	解决办法
G1	小吸嘴通道内残纱检出报警	①小吸嘴通道不光洁出现挂纱 ②传感器检测通道脏 ③传感器放大器灵敏度过高
b2	小吸嘴后部传感器原点位置偏离	①检查小吸嘴是否已经回到原点，排除故障后手动复位 ②在原点位置调节传感器使其灯亮
b3	小吸嘴前端原点位置传感器偏离	①检查小吸嘴是否已经到达前端，排除故障后手动复位 ②在原点位置调节传感器使其灯亮
—	落纱无尾纱	①检查抓管器前端的导纱板是否挤住了纸管导致在缠绕尾纱时纸管转不动 ②小吸嘴位置偏右导致尾纱导入失败，严重者还会导致落纱失败

续表

故障代码	报警含义	解决办法
—	落纱后纸管大端缠乱回丝	①剪刀位置不当或剪刀不动作、剪刀锋利度不够 ②剪刀气管漏气、打弯 ③废纤维盒内的回丝进入卷入中的筒子
—	纸管放不正或放管时掉管	①抓管器气缸动作不正常，抓不紧 ②抓管器位置不当，通过左右、前后调整

第七节　设备零故障的管理

一、迈向零故障的出发点

设备的故障是人为造成的，因此，凡与设备相关的人都应转变自己的观念。要从“设备总是要出故障的”观点改为“设备不会产生故障”“故障能降为零”的观点，这就是向零故障的出发点。

二、将故障的“潜在缺陷”暴露出来

先分析故障是怎样产生的。这是因为在产生故障之前没有注意故障的种子缺陷。这样，没加注意的故障的种子就叫作潜在缺陷。根据零故障的原则，就是将这些“潜在缺陷”明显化（在未产生故障之前加以重视）。这样，在这些缺陷形成故障之前即予以纠正（修整），就能避免故障。

一般而言，所谓潜在缺陷，常指灰尘、污垢、磨损、偏斜、疏松、泄漏、腐蚀、变形、伤痕、裂纹、温度、振动、声音等异常。其中有许多缺陷，人们都以为不予以处理也无妨碍，或者认为这些缺陷较为轻微，无所谓。

1. 物理的潜在缺陷

即物理上的缺陷，眼睛看不到，故而愈加重视。

（1）未分析、未检查，尚不了解的内部缺陷。

（2）安装位置很差，看不见的缺陷。

（3）灰尘、污垢等看不见的缺陷。

2. 心理上的潜在缺陷

保全人员或操作人员的意识或技能不足，故而发现了存在的缺陷。

三、零故障的对策

1. 具备基本条件

所谓基本条件，就是指清扫、加油、紧固等。故障是由设备劣化引起的，但设备大多数劣化却不具备劣化的基本条件（三要素）而产生。

2. 应严守使用条件

设备或机器在设计时就预先决定了使用条件。根据该使用条件而设计的设备、机器，如果严格达到这些使用条件要求，就很少产生故障。比如，电压、转速、安装条件及温度等，都是根据机器的特点而决定的。

3. 使设备恢复正常

一台设备即使恪守基本条件、使用条件，设备还是会发生劣化，产生故障。因此，使隐患的劣化明显化，使之恢复至正常状态，这就是防故障于未然的必要条件。这意味着应正确地进行检查，进行使设备恢复至正常的预防修理。

4. 改进设计上的欠缺

有些故障即使是采取了上述 3 种对策后仍无法去除，而且有时因这些故障而提高了生产成本。这一类设备大多是在设计或制作施工阶段产生技术力量不足或差错等缺点。因此，应认真分析故障，加以改善。

5. 提高操作人员的技能

所有的对策都要由人来实施，在实现零故障的过程中，人是最根本的。首先，每个人都要有认真的态度，敬业的精神；其次，对故障有一个正确的认识，最后就是要提高操作和维修人员的专业技能。

在日常工作中，要做好下面这几方面的工作：正确操作、准备、调整，清扫、加油、紧固等。以上对策均是由人来实施的，即便采取了对策，也还是会产生操作差错、修理差错等。防止这类故障，只有靠提高操作人员及保全人员的专业技能。

综上所述，运转部门和保全部门需相互协作。即，在运转部门，要以基本条件的准备，使用条件的恪守，技能的提高为中心。保全部门的实施项目有使用条件的恪守，劣化的复原，缺点的对策，技能的提高等。

第六章　喷气涡流纺质量控制

质量控制是一个纺纱厂生产控制的重要内容，也是一个系统工程，是清花、梳棉、并条、涡流纺各个工序质量控制的总和。喷气涡流纺的质量控制相对于环锭纺而言，有很多不同。如喷气涡流纺因为加捻本身的原因，很多细节会导致弱捻纱的出现，如果不加以控制和预防，在后工序织造中，会导致织造断头增加或无法织造，因为纱线捻度不一致导致布面出现横档等质量问题；由于喷气涡流纺本身有一个庞大的车载操作智能检测系统（VOS），实时监控着每一个锭子的纱线状态，因此，喷气涡流纺的质量控制重点是使用好 VOS 在线检测系统，及时发现问题，并解决问题。本章将以弱捻问题的质量控制、条干问题的质量控制、纱疵的质量控制，结合 VOS 系统进行介绍。

第一节　弱捻问题的质量控制

一、纱线耐磨度

在纺化学纤维时，即使喷气涡流纺单纱强力没有问题，在后道织造时仍然会出现弱捻及滑脱的现象，这种现象是因为包缠纤维没有充分包缠芯纤维，而导致纱线构造不稳定，由于筒子的侧面和导纱器的摩擦，一旦纱线沿往复方向旋转起来，纱线的包缠功能就会降低，出现弱捻及滑脱现象。纱线沿往复方向的运动被村田公司命名为 ROLLING。纱线在这种往复运动中，除了滑脱断裂，一旦被织到布上，在布面上会呈现出染色不匀、布面不均匀的问题。在生产涤纶、黏胶、莫代尔、天丝等化学纤维的纱线时，耐磨度测试尤为重要，如图 6-1 所示为纱线耐磨度仪及测试示意图。

一般情况下，纺纱速度增加（选用大规格的纺锭、降低喷嘴压力、提高喂入比），纤维包缠的力度就会变得不稳定，锭间差距就会增大，并会导致纱线耐磨度的降低。

在耐磨度测试中，当纱线为 50 英支以上或单纱强力小于 150cN 时，需要卸掉

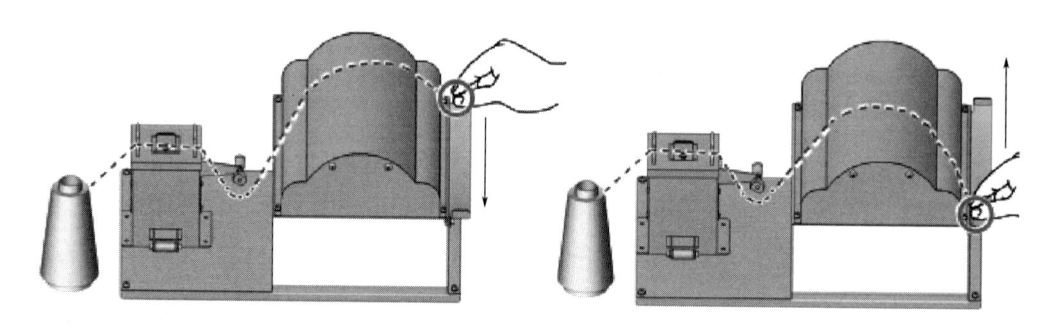

图 6-1 纱线耐磨度测试仪及测试示意图

一个耐磨度仪上的一个张力重锤；粗支纱在测试耐磨度时，则不需要改变耐磨度仪的设定，按照标准设定进行测试即可。

1. 测试方法

每种工艺条件，需要测试 4 个筒纱，每个筒纱在耐磨仪上磨 10 段，每段磨 10 个往复，如果 10 个往复均未发生断裂，则得分为 10，否则磨了几个往复得分为几。如图 6-2 所示为耐磨度测试点数统计方法。

往返次数	判断结果	旋转结果	
1次往返	得分1		纱线断开
2次往返	得分2		
3次往返	得分3		
10次往返	得分10		

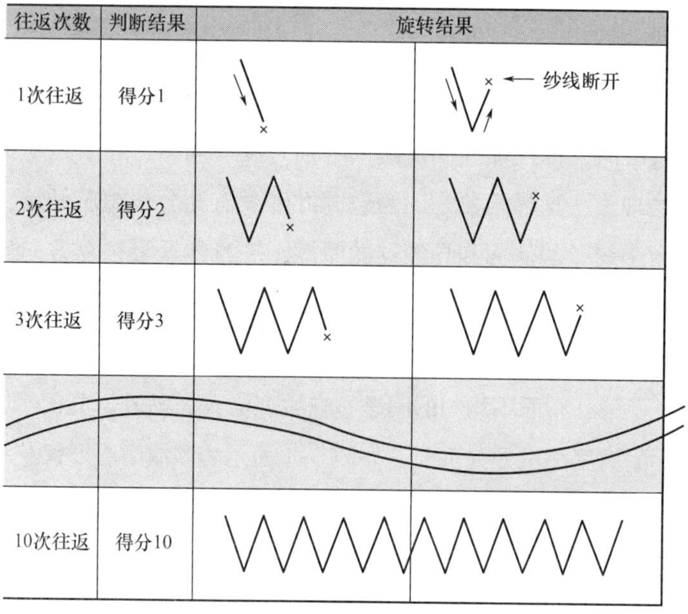

图 6-2 耐磨度测试点数统计方法

2. 耐磨度点数计算方法

在村田公司的纺纱导航上，耐磨度表上输入得分次数，可以得出耐磨度的点数，根据耐磨度点数结合纱线用途，可以选择合适的纺纱工艺参数。耐磨度点数的计算，是由整体耐磨度次数及大于5次的比例合计得出的。

$$耐磨点数=平均+(\geqslant 5\times 1/10)$$

说明：≥5是得数5或5以上的比例；耐磨点数是把20点作为最高点，表6-1为评价标准。

表6-1　评价标准

得点	评价	评价标准
17点以上	优秀	关注抗起球性
13~16.9点	良好	用于针织
9~12.9点	一般	关注柔软性
不足9点	不合格	不推荐使用（不稳定）

二、弱捻问题的日常检修

在VOS系统工艺设定中，有关于HD报警界限的设定，在NO.870喷气涡流纺纱设备上还增加了一个纺纱传感器，用于实时监测纱线的张力波动值，这些参数的设定均能够反映纱线ROLLING值的变化。如出现HD或HD AVE报警时，要检查纱线耐磨度是否出现变化，并检查喷嘴、针座、纺锭、喷嘴腔吸风、罗拉、胶辊、胶圈的状态，这些关键点的异常经常会导致纱线ROLLING值的降低。

对于没有查到问题，仍然在频繁报警的单锭，也要加强关注，如棉结、短粗节的增加是否影响到了HD值，并要解决棉结、短粗节的问题。某些品种可能会导致喷嘴、针座或纺锭脏得特别快，要制订合理的周期，对这些部件进行清洁。

三、喷油装置的使用

喷油装置是村田公司针对涤纶品种开发的辅助纺纱装置，这种装置利用增压泵使装有竹本油剂的油罐中的油剂雾化，并混合在压缩空气中进入纺纱喷嘴，使纺锭头端形成油膜，并把堆积到纺锭头端的涤纶油剂溶解掉，从而确保纺锭头端清洁干净，防止油剂对包缠纤维产生影响，造成弱捻问题，这种装置的使用，使得涤纶品种的质量更有了保障。

在使用中，需要结合纱支、含涤纶比例、涤纶原料中油剂的含量，确定喷油压差，并需要定期清洁喷嘴腔中的油泥，如油泥不及时清理，喷嘴腔中堆积的油泥会使纺锭与喷嘴闭合不紧密，从而导致不合格纱线的风险。

第二节 关键纺专器材的管理

喷嘴、纺锭、针座、胶辊、胶圈是喷气涡流纺运转中的关键纺专器材，合理科学的管理对稳定产品质量意义重大。

一、纺锭的管理

纺锭是以氧化铝和氧化锆为主要原料，在精细加工中，制备成细度达到纳米级的微小颗粒，在注塑成型、定型，并经过粗加工、精加工等多道工序中逐步成为具有精准尺寸的陶瓷件，是喷气涡流纺生产中的核心配件。

虽然纺锭是陶瓷元件，耐磨损性能非常好，但其脆性很差，日常保养、清洗及操作工操作中的意外，使得纺锭与纺锭之间、纺锭与其他部件之间相互碰撞从而导致破损也需要格外注意。高速涡流使纤维伞在纺锭头端高速旋转摩擦，日积月累，原来光滑的纺锭头端出现磨痕甚至沟槽，使得纤维伞部分纤维未经加捻而呈束状平行纤维进入纱体，造成纱线蓬松、耐磨度变差，如果发现不及时织进布面，还会在布面形成横档。如果用于生产色纱，黑色中的碳元素对纺锭的切割磨损更为严重。

因此，纺锭使用时间越久，其被磨损的程度就会越大，生产黑色色纱时间越久，磨损也会越大。新纺锭、使用一段时间有轻微磨损的纺锭、磨损较为严重的纺锭及意外磕碰的纺锭见图 6-3。

使用油漆记号笔或者刻字笔对纺锭进行编号，制订纺锭跟踪卡，记录使用情况、清洗记录、破损记录等重要信息，结合数码放大镜状态检查，确保每次上车生产前清楚掌握纺锭的状态，以确保质量受控。如通过数码放大镜对表面状态的观察，对纺锭进行分级，一级纺锭为新购入纺锭，二级纺锭为使用一段时间，纺锭内R 线出现双线但尚无断点的纺锭，三级纺锭为出现一处以上但断点不明显的纺锭，

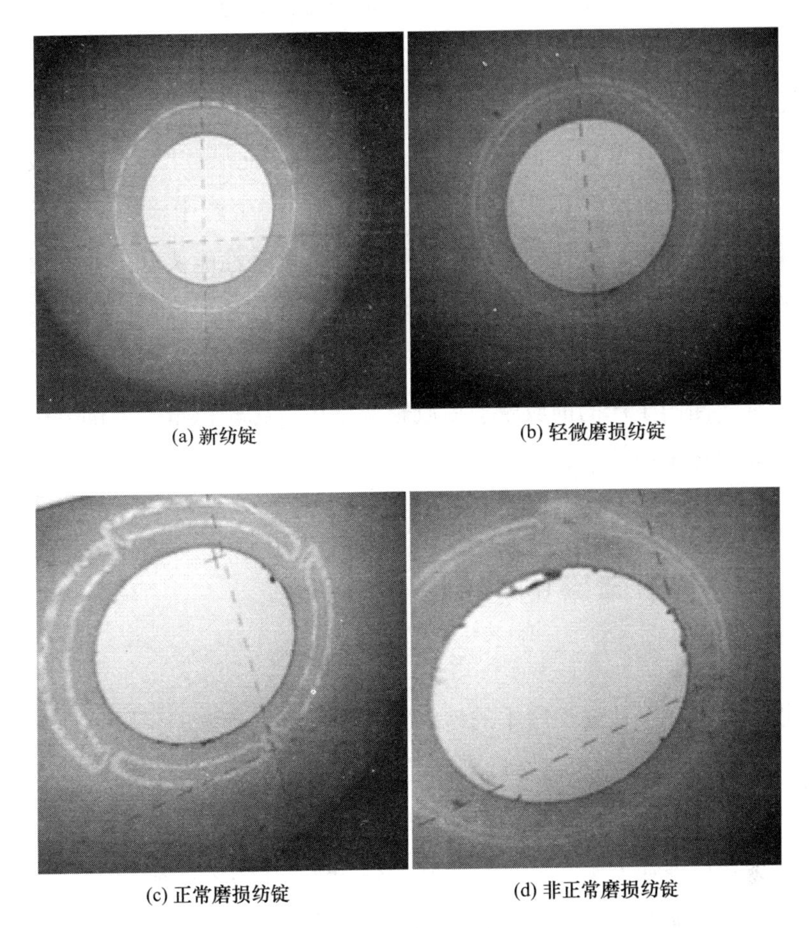

图 6-3　纺锭表面状态

对于断点明显甚至掉块的，要予以报废难处理的纺锭定为级外纺锭。

二、纺锭、喷嘴、针座的清洗

由于纺锭、喷嘴、针座是核心纺纱专件，其清洗要结合生产品种、环境等因素，结合其清洁度进行清洗，确保其洁净度不会影响纱线品质。清洗喷嘴、纺锭要使用村田公司的专用喷嘴支架放进超声波中进行清洗。针座由铁壳和陶瓷曲面粘在一起，使用超声波清洗会有黏合胶失效导致分开的风险，清洗需要人工逐个清洗，不可使用超声波。

在每次清洗的时候还需要检查针座密封圈、喷嘴密封圈、喷嘴过滤网是否损坏，以确保每次清洗安装上去的这些关键的辅助元件是合格的。

三、胶辊、胶圈的使用与管理

目前，喷气涡流纺常用的胶圈有日本村田胶圈（北辰胶圈）、山内胶圈、德国胶圈（白色），村田胶圈和山内胶圈在大部分品种的生产中没有问题，但是德国Acctex胶圈在生产天丝、莫代尔、涤纶品种时，其抗绕性能要好一些。由于胶圈的生产可能会与生产线、批号等有关系，应该记录好其批号，以便在出现质量问题时可供追踪。

经过实践，国内生产的前胶辊、后胶辊质量相对比较稳定，大部分国内喷气涡流纺工厂仍会选择国内代替。

第三节　条干不匀率的控制

在纺纱、整经和织造各工序中的纱线断头会造成生产率的下降、原料损耗和劳动力浪费。纱线不均匀性会导致纱线断头和织物组织不匀。现代纺纱织布技术不断发展，为提高高速无梭织机及针织机械的效率和织物的质量，对棉纱的质量要求增加了三个指标：单纱强力不匀率要求达到8%~9%、十万米纱疵筒纱不超过17个、支数重量不匀率（重量*CV*%）要求达到1.7%以下。

喷气涡流纺纱的条干不匀率对于织物布面均匀度很重要。纱线条干均匀表现在以下两方面：一是支数重量不匀率；二是细纱条干均匀度不匀率。

一、重量不匀

在实际生产中，纱线之间的重量不匀率（重量*CV*%）达到或高于2.5%~3%时，这批纱在布面上出现经向及纬向条纹，在针织品上形成横档的质量问题。为此，在国际上掌握支数重量*CV*%标准为1.1%~1.7%。重量不匀率需要在各工序进行控制。梳棉是重点控制工序，清钢联设备要求梳棉机上使用自调匀整装置，并条重量不匀率要控制在0.8%以下，最好能达到0.7%左右。这样，涡流纺纱线重量不匀率就可控制在1.4%~1.2%。如果使用条卷生产，条卷的重量不匀也是生条、熟条、成纱不匀的重要因素，也需要重点控制。而末道并条重量不匀率亦是较重要的一道关口，必须严格控制住，发现重量不匀率太大时要追查到清花、梳棉工序。在喷气涡流纺工序，因为原料、环境温湿度、胶辊、胶圈状态等问题，导致缠绕罗拉、胶辊、胶圈，会导致成纱变细，在生产中，值车工除了要处理掉缠绕纤维外，还要手工倒掉变细的纱线，否则可能会导致不合格的纱线卷绕成筒纱进入织造工序，形成质量问题。

喷气涡流纺纱线条干不匀分为长片段不匀和短片段不匀。然而，大多数条干不均匀是由于牵伸装置造成的，在起始处不均匀波是十分短的，通常其波长在纤维平均长度三倍的范围内。这样产生一定的短片段不匀称为牵伸波。这种短的不匀片段在以后加工过程中被牵伸成为长片段，同时，新的短片段不匀又叠加上去。因此，对一原料的加工过程越多，就有更多的不同型式的不匀存在于其中。当然可以认为，由于并合作用，某些不匀率（只要是随机性的）可以被消除。为了控制这些不均匀情况，必须检查每一过程的不匀率，只有这样，才可获得一种在长、中、短片段均是比较均匀的纱线。

用罗拉牵伸装置时，必须调整好隔距以使长纤维不致被拉断，而同时使短纤维不致被快速纤维带走。因此，任何一种调节方法均是一种协调和兼顾的方法。

纱线是由纤维经过多道纺纱工序纺制而成，在这个过程中经过多次并合与牵伸，使得纱线不匀率的结构非常复杂。但是，从产生原因来分析，不匀率主要由四个部分组成。

1. 随机不匀率

就目前所采用的纺纱设备而言，即使在工艺和机构条件十分理想的条件下，也不可能得到粗细完全均匀一致的纱线。所谓的理想条件是指组成纱线的所有纤维是等长、等直径的，并且在纱线的长度方向随机分布；组成纱线的纤维是无限多的（总体），但在各组纱线任意截面中的期望根数（个体）又是一定的，这时纱线截面中的纤维排列属于泊松分布，使得纱线有一最低的理论不匀率。根据随机不匀率，见下式，可求得其理论波谱图。如图 6-4 所示为等长纤维排列图及其波谱图。

$$S(\lg\lambda)=\frac{1}{\sqrt{\dfrac{\pi\cdot n}{4}}}\cdot\frac{\sin\dfrac{\pi\cdot L}{\lambda}}{\sqrt{\dfrac{\pi\cdot L}{\lambda}}}$$

式中：$S(\lg\lambda)$——波长取对数坐标的振幅谱；

λ——波长；

L——纤维长度；

n——纱线截面内平均纤维根数。

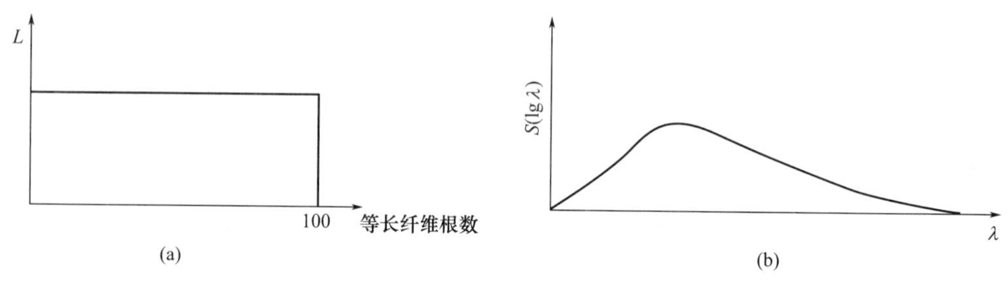

图 6-4　等长纤维排列图及其波谱图

不同长度纤维的理想波谱图的基本形状相似，主要区别在于最高峰的波长位置不同。为了实用的广泛性，通常取 $\lambda_{max}=(2.5\sim3)\times L$，其中 L 为重量加权的纤维平均长度。

2. 因纤维集结和工艺设备不完善造成的不匀率

在纺纱过程中，纤维不可能全部被松解分离，纱线中仍有缠结纤维和棉束，其运动类似一根粗纤维，这相当于减少了纱线断面的纤维根数，并增加了纤维粗细不匀的程度；同时，纤维在纱线中也不完全伸直平行，致使纱线不匀率增加。另外，纺纱过程中各道工序的机械状态虽基本正常，但其作用却不能十分完善，使得纱线中的纤维不能完全伸直且平行排列，纱线的不匀率在整个波长范围内增大。这些因素所造成的不匀率在所有波长范围均有影响，从而使波谱曲线成为如图 6-5 所示的实际波谱图。

3. 牵伸波造成的不匀率

在牵伸过程中，由于喂入纱线本身的粗细不匀和结构不匀、牵伸装置部件不稳定以及工艺不够合理等原因，引起纤维变速点分布的不稳定，产生各种“移距偏差”，使得纱线沿其长度方向形成粗细节，这就是牵伸波。这种波没有固定的波长，但在一段波长范围内有影响，即在波谱图相应波长范围上出现一凸出的连续波，犹如“小山”，每个小山的宽度可跨在连续三个或更多的频道（即较大的 λ 范围）上，如图 6-6 所示。

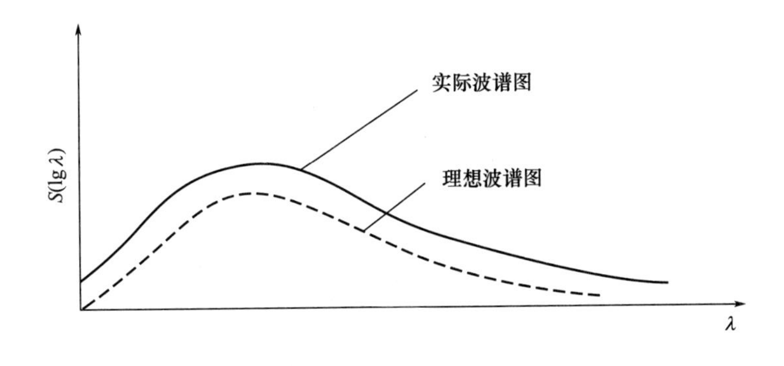

图 6-5　实际波谱图

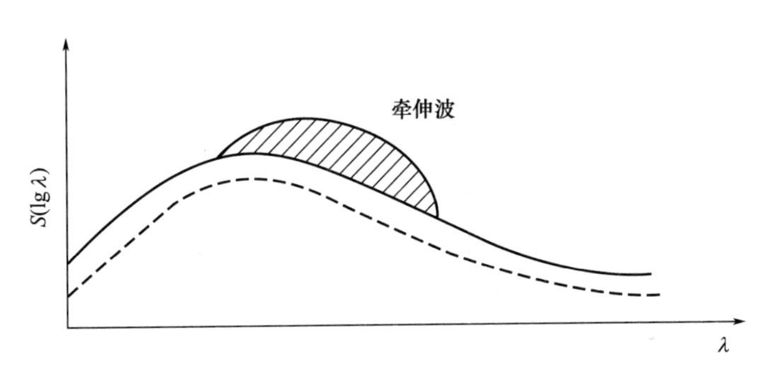

图 6-6　牵伸波

如果某一牵伸波形成以后在后道工序受到牵伸，则牵伸波的波长增长，波幅降低，波长约为原有波长与牵伸倍数的积，而波幅则为原波幅与牵伸倍数的商。

4. 机械波周期性不匀率

在各道加工机器上常有周期性运动的部件缺陷，主要是牵伸部件或传动齿轮状态不良，如罗拉、胶辊偏心，牵伸齿轮磨损或齿缺等，使纱条产生明显的周期性粗细变化，称为机械波。这种波在波谱图上表现为某一波长处的波幅突然升高，犹如“烟囱”，每个烟囱集中反映在一个或最多两个频道上（图 6-7）。如果把四种不匀率所形成的波谱反映在一个波谱图上，其形状如图 6-8 所示。

纱线在实际生产过程中，由于纺纱机械方面缺陷和牵伸装置对纤维运动控制不良所造成的不匀称为附加不匀。当纱线截面纤维根数一定时，实际纱线的不匀主要

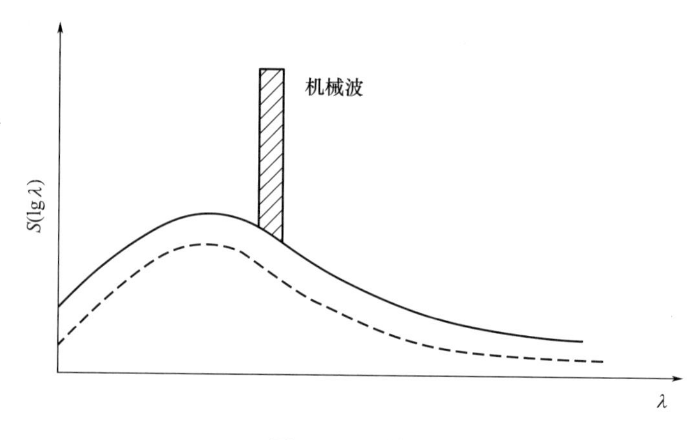

图 6-7　机械波

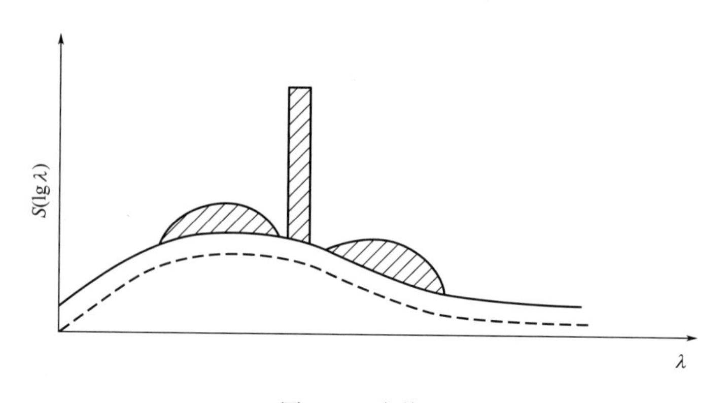

图 6-8　波谱图

与牵伸过程的工艺、机械条件有关，且随牵伸次数的增加，附加不匀叠加，使纱线粗细变化呈复合波。附加不匀的大小常表征纺纱工艺的完善程度，关系式如下：

$$CV_{总}=\sqrt{CV_{随机}^2+CV_{附加}^2}$$

5. 机械性周期波分析

对于非连续性烟囱形波谱振幅高峰，其原因是机械性缺陷所致。其分析方法有计算法和测速法两种。计算法一般适用于已事先估计到机械缺陷所在部位，用计算法仅为加以验证；测速法则能准确、迅速地确定机械缺陷所在，故应用较为广泛。

在应用计算法之前，必须了解缺陷所在机器的机械传动图、各列罗拉直径以及牵伸倍数等工艺参数。假定认为某一机件发生故障，并由此引起纱条周期性不匀，然后计算其周期波波长。

波长计算应首先考虑两点。一是计算的针对性强，不同机型的传动系统不同，纺不同线密度纱所配备的牵伸倍数不同，因而理论波长计算值也不同。应根据具体机型、具体品种进行具体分析。二是能计算出理论波长的部件主要是回转件，对于牵伸部分的固定件如摇架、销子、集合器等部件的缺陷没有算法可循。其次，还应注意波谱分析的复杂性，如实际波长的偏移、某些波长很相近、谐波对主波的干扰以及隐波（潜在性不匀）等。

（1）罗拉、胶辊（或胶圈）缺陷形成的周期波波长 λ_1 和牵伸齿轮缺陷形成的周期波 λ_2，前面已介绍过。

（2）牵伸齿轮啮合过紧或啮合轴线不平行，胶圈张力过紧等易产生罗拉扭振而导致隐波，其波长如下。

$$\lambda_3=i\cdot\pi\cdot d/Z$$

式中：λ_3——隐波波长，cm；

i——导致隐波的机械部件至输出罗拉的传动比；

d——输出罗拉直径，cm；

Z——故障齿轮齿数。

（3）牵伸装置中下罗拉沟槽不良会使纱条被牵引时发生顿跳现象，使纤维按沟槽的宽度产生周期性的累积，这种情况一般不易直接察觉。当纤维拥积集束现象比较严重时，也只能形成隐性的周期不匀。但这种纱条在经下一次牵伸作用时，由于这种纤维集束不易被牵伸作用解开，因而会在纱条上产生显著的周期不匀。下罗拉沟槽不良产生的隐波波长计算式如下：

$$\lambda_4=t\cdot E$$

式中：λ_4——隐波波长，cm；

t——罗拉沟槽节距，cm；

E——有疵病沟槽罗拉至输出罗拉的牵伸倍数。

二、条干不匀

纺纱厂生产棉纱和织布厂使用棉纱时，总是期望棉纱在整个长度方向上粗细尽可能一致，但在现有的生产条件下，要做到棉纱在整个长度方向上粗细完全一致是不现实的，因为纱线上总会存在一定的不均匀。

在棉纱长度方向上，横截面的粗细均匀程度称作纱线的条干均匀度。测定纤维条条干不匀的目的，除了希望得到条干不匀（*U* 值或 *CV* 值）的大小即数量的概念外，还希望通过测定，了解造成不匀的原因及机器上产生不匀的部位。

条干不匀包括周期性及非周期性的不匀。不匀率的变异系数值，虽然是条干不匀率的一个离散指标，并与织物外观有一定的相关关系，但是对于周期性不匀的纤维条，只用 *U* 值或 *CV* 值就不能全面反映其质量情况。图 6-9 和图 6-10 分别为 A、B 两种纱线波谱图，$CV_A = 13.2\%$，$CV_B = 13.6\%$，虽然两值相差甚微，但其不匀的情况却有明显的差异。从 B 纱线的波谱图可以看出，纱线具有严重的周期不匀，对织物外观质量将有较大的影响。因此，为了正确反映纤维条不匀的结构，估计其不匀对织物外观质量的影响，寻找产生周期不匀的原因，及时调整改进，除参考 *CV* 值指标外，还需要借助波谱图。

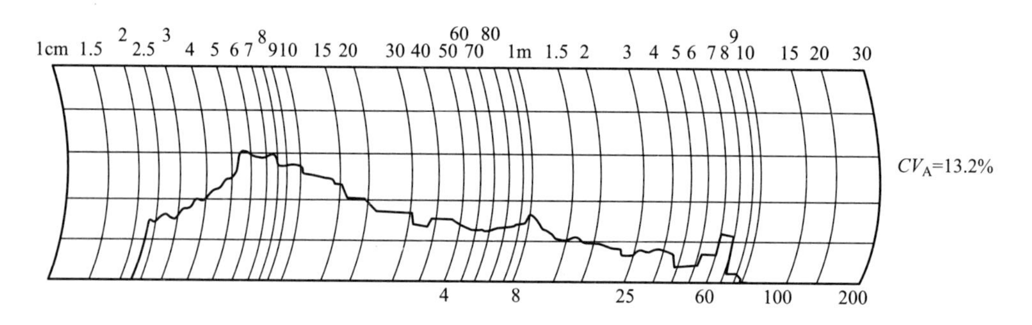

图 6-9　A 纱线的波谱图

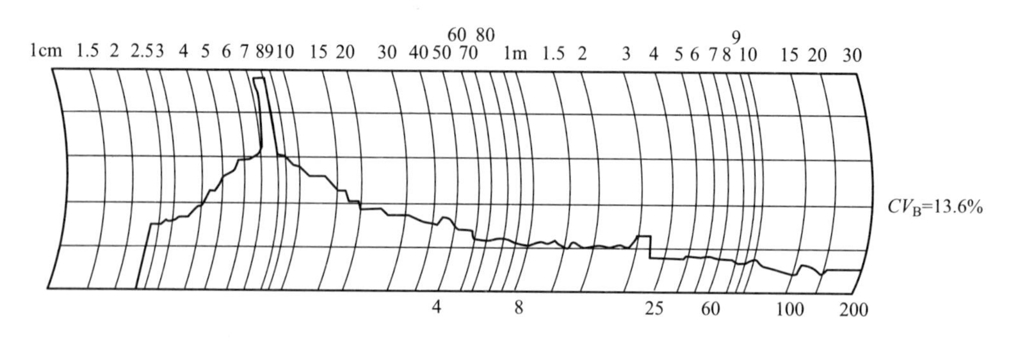

图 6-10　B 纱线的波谱图

乌斯特波谱仪与主机相连时能迅速而准确地绘出波谱图。根据波谱图就可以分析纱线不匀的原因，判断工艺和机械上存在的问题以及出现问题的确切部位，便于及时进行调整和处理，稳定产品质量。

条干均匀度不良的纱线会对布面的感官造成一定的影响，比如，对针织布面而言，当纱线上的细节比原纱细20%时，在针织布面上就会呈现出阴影细节；当细节比原纱细35%时，在针织布面上就会呈现出明显的细节；当细节比原纱细70%时，在针织布面上就会呈现“一刀细”的细节。对高档机织面料而言，当纱线上的粗节比原纱粗20%以上时，在机织布面上就能够显现出来；当粗节比原纱粗35%以上时，在机织布面上就会显现粗节疵点；当粗节比原纱粗50%以上时，在机织布面上就会呈现出明显的粗节疵点。

1. 条干不匀型纱疵的分类

条干不匀型纱疵分为非规律性条干不匀型纱疵和规律性条干不匀型纱疵两大类。条干不匀型纱疵一般是由于机械部件、工艺参数、原料波动、温湿度突变等不正常因素所造成的。条干不匀型纱疵对布面影响较大，常会造成布匹降等，因此必须加强防治。

2. 分析和控制条干不匀型纱疵的意义

（1）条干不匀型纱疵对布面条干的影响。纱线的条干均匀度是影响布面质量的决定性因素，只有条干均匀度优良、条干不匀型纱疵较少的纱线，才能织造出条干均匀的布面。如果纱线条干均匀，纱疵少，则布面平整丰满，纹路清晰；反之，就会影响布面效果。如果纱线有规律性条干不匀型纱疵，还会造成布面条影等疵病。

（2）条干不匀型纱疵对织物评等的影响。纱线的条干不匀型纱疵严重影响织物外观时，将直接形成织物疵品，造成织物降等，有时也会影响染色效果。

（3）条干不匀型纱疵对纱线强力的影响。条干不均匀，必然粗细节较多，细节形成的弱环增加，从而会影响纱线的强力，特别是规律性条干不匀型纱疵对纱线强力影响更大。在相同条件下，纱线条干均匀度好的纱线强力也相对较高，纱线的强力不匀率较低，纱线的最小强力也相应得到提高，严格控制条干不匀型纱疵是提高纱线强力的基础。

（4）条干不匀型纱疵对纺纱和后加工断头的影响。断头是影响产品质量和劳动生产率、劳动强度的主要因素。纱线条干不均匀，必然会因弱环的增加和强力的降低而增加断头的概率。细纱条干不匀型纱疵多，特别是细节数量的增加，是导致细纱断头的主要因素；在络筒工序，当纱线的纱疵较多时，电子清纱器会因频繁地切除纱疵而影响生产效率；在机织和针织工程中，因为每次断头需停车处理，对生产效率的影响更大，有时还会造成疵品。

（5）条干不匀型纱疵对捻度不匀率的影响。纱条上捻度分布与条干的均匀度有关，捻回有向纱线细节处集中的趋势。一般来说，细节段捻度比粗节段要大。因此，条干不均匀会造成短片段捻度分布的不均匀。捻度的不匀不仅会影响纱线的强力、耐磨性、弹性等物理特性，而且会影响织物的手感、毛羽，甚至形成紧捻、色差、横档等织疵。起绒织物还会因条干不匀型纱疵形成的捻度不匀而导致起绒不良。

第四节　棉结、粗节问题的质量控制

棉结从其形成的原因看，可分为两大类：一类是由于原料造成的，另一类是在生产过程中造成的。由原料形成的棉结包括棉籽皮上附着的纤维形成的棉结，原料油剂粘着形成的棉结等；原料生产及打包过程中形成的板结、索丝等都会形成棉结；生产过程中造成的棉结，一类是由于须条边缘毛羽造成的；另一类是由于清棉握持打击而形成的，再就是梳理过程纤维受到反复揉搓造成的棉结。由于棉条中纤维定向性不良或有纤维弯钩存在，主要在头道并条机牵伸部分使棉结增加，其他有些机械上缺陷，如胶圈、胶辊磨损或装配不良可能造成棉结。

一、梳棉工序棉结产生的原因

梳棉工序棉结产生的主要原因为：刺辊与锡林的线速比率，锡林转移到道夫的纤维转移系数，弯钩纤维。

从给棉罗拉喂入的棉层，被刺毛辊锯齿松紧解出来后，纤维间附着的杂质露出，刺辊高速运转时，借离心力把其除去，落在刺辊下，纤维因离心力小于附着力而向前进。杂质中的纤维与杂质相比，纤维的表面积大而轻，杂质表面积小而重，所以纤维前进速度比杂质慢，只能跟着刺毛辊转，随着气流作用，纤维回收到刺毛辊漏底内。

刺辊与锡林的线速比率很关键，从给棉罗拉松解下的纤维扩散到表面积大的刺辊上去，刺辊就要有一定的速度；如果刺辊与锡林线速度相近，则纤维转移就差，纤维跟着刺辊打转，棉结丛生；如刺辊锯齿角小、密度大，纤维同样不易转移到锡林上而容易损伤纤维且棉结增加。当刺辊与锡林速比为 1∶1.1 时，纤维从刺辊向锡林转移非常困难，纤维随着刺辊转回来，形成刺辊缠花。减小线速比率时，棉结有大量增加的趋势，当线速比率为 1∶1.94 时，棉结最少。

纤维从锡林上转移到道夫上时，应根据纤维粗细情况采用适当的转移系数，生条棉结数可达到较低程度。纤维粗，转移系数可大；纤维细，转移系数要小。棉纤维细度细而不均匀要多分梳，转移系数不能太大。涤纶粗细均匀比粗的棉纤维转移系数可大。梳理面积增加后可以改变道夫锡林线速比。

弯钩纤维与牵伸的关系也影响棉结的数量。生条内纤维定向度差，后端弯钩纤维比例大。生条逆向喂入头并，条子中前弯钩纤维比例大，纤维定向度差，条子中后端弯钩及两端弯钩经过牵伸后均比前有所减少。在前端弯钩多的头道并条经过的牵伸比大时，前端弯钩纤维容易形成棉结。加上须条边缘毛羽产生棉结原因，这时形成的棉结多。经过一道并条可以得到良好的定向度，头并的后区牵伸倍数为 1.7 倍及前区牵伸在 3 倍牵伸时可获得最大定向作用。头道并条工艺正确为纤维的定向并行度及对弯钩的伸直作用打下了好的基础，后道并条伸直作用的大小，根据后弯钩占优势还是前弯钩占优势而定。

二、粗节问题

粗节将影响甚至破坏织物外观，因此，必须通过清纱器减少粗节，即从纱线中切除粗节，最好的办法是在纺纱过程中不产生粗节。粗节产生的原因主要有以下五个方面。

1. 原料中短绒含量多

短纤维在牵伸中运动的偏差会导致附加牵伸不匀，含量多时造成小粗节。纤维在牵伸中会按其长度做纵向转移、分类、短纤维逐趋集中，纤维长度越短，经过牵伸，它沿棉条长度方向分布的不匀就越大。

2. 梳棉机盖板针布不锋利

会造成纤维损伤、短绒增加、梳理度不足。应及时检查针布的锋利度，根据针布状态对平揩车周期进行调整。

3. 工艺设计不当

比较突出的工艺设计不当，如头道并条机，由于生条中纤维定向性不良，有纤维弯钩存在，这时工艺设计不当，例如后区牵伸倍数小于 1.7 倍，条子中纤维平行度就差；加上前区牵伸倍数过大，短纤维及前弯钩纤维在牵伸过程中发生的移距偏差就大，造成条子中纤维伸直度的基础很差。成纱后由于该部分纤维伸直度不好，在纱条中排列混乱而造成粗节。

4. 生产中产生的小棉束

各牵伸机构中胶辊、罗拉上下的清洁装置运行不畅，与胶辊罗拉的接触不良，不能除去胶辊、罗拉上黏着的小棉束，这些小棉束形成成纱中的粗节。

5. 操作不当或飞花

长而粗的粗节通常在后道工序由于操作不当或飞花堆积造成。为减少影响织物外观的粗节数量，必须经常保持机台清洁。

第七章　喷气涡流纺生产管理

第一节　专件使用及工艺管理

一、喷气涡流纺专件的使用

1. 集棉器

集棉器分为普通集棉器和纺棉专用集棉器，纺棉专用集棉器薄，针对罗拉隔距小、中区空间狭小时使用（表 7-1、表 7-2）。

表 7-1　常用集棉器规格

规格（mm）	2	3	4	5	6	7
颜色	黑	灰	黄	白	粉	绿

表 7-2　集棉器的选择使用

规格（mm）	2	3	4	5	6	7
纱支（英支）	50	40	30	24	20	16

2. 纤维稳定器（压力棒）

纺棉时，纤维稳定器（压力棒）安装于第四罗拉前部罗拉座上，用于控制后区浮游纤维的专件器材（图 7-1）。

3. N1 喷嘴和针座更换和调整

N1 喷嘴和针座更换和调整见图 7-2。

4. 纺锭和纺锭组件的更换

纺锭型号根据支数及用途不同，需要进行更换，并且当纺锭破损、损耗，清洁时需要将纺锭拆下进行更换（图 7-3）。

5. N1 喷嘴、纺锭清洁

推荐使用超声波除垢器（图 7-4）对喷嘴和纺锭进行清洁除垢，超声波除垢器参数见表 7-3。

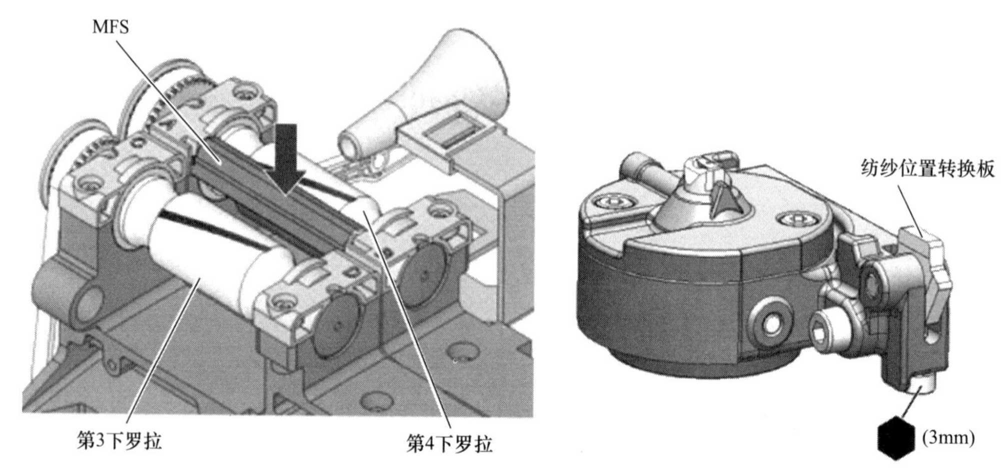

图 7-1　纤维稳定器

图 7-2　N1 喷嘴和针座更换和调整

注意

- 支撑喷嘴是由陶瓷材料制成的且易碎，需要小心轻放
- 纺锭端部比较容易破损，请使用专用的工具进行存放

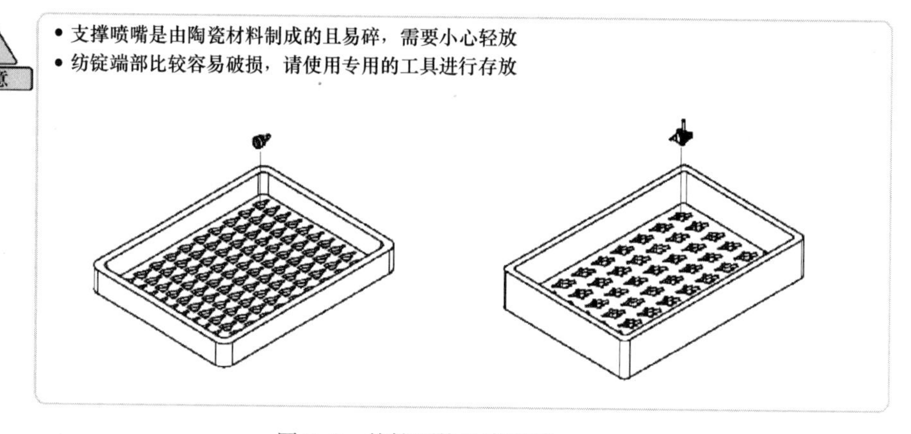

图 7-3　纺锭更换注意事项

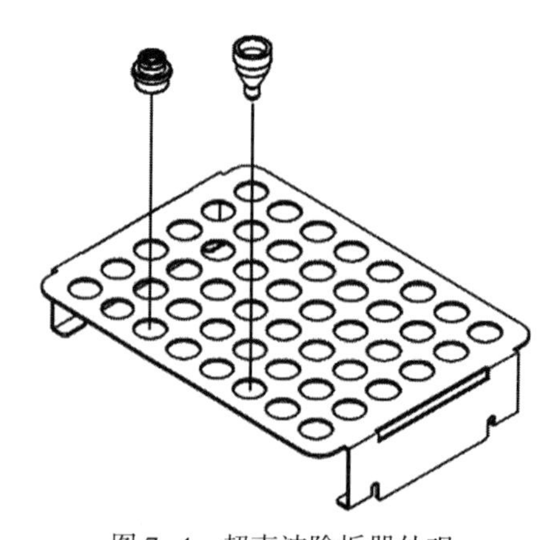

图 7-4　超声波除垢器外观

表 7-3　超声波除垢器参数

水箱容量	1~10L
输出	100~200W
频率	20~40kHz

二、喷气涡流纺工艺的调整

1. 气压压力及喷嘴压力调整

纺纱部分供给气压压力调整，N1 喷嘴压力调整见图 7-5。用图示 24mm 的开口呆扳手松开图示位置减压阀的锁紧螺母，旋转把手调节到工艺要求的压力值。

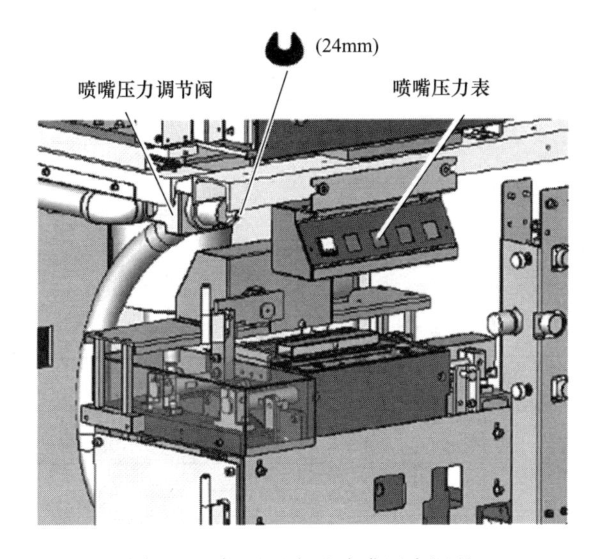

图 7-5　气压压力及喷嘴压力调整

2. 飞翼张力调整

飞翼张力推荐值见表 7-4。

表 7-4　飞翼张力推荐值

纱支（英支）	15	20	30	40	50	60
飞翼张力（mN）	140	140	120	100	80	80

飞翼张力加强时，筒子纱的硬度会升高。如果惯性过大，纱线张力太大会引起断裂。飞翼张力降低时，筒子纱的硬度变小（图 7-6）。注意在调整飞翼惯性（飞

翼张力）时，一定要使惯性螺母和飞翼一起旋转，逆时针旋转时，飞翼惯性增大，反之减小。

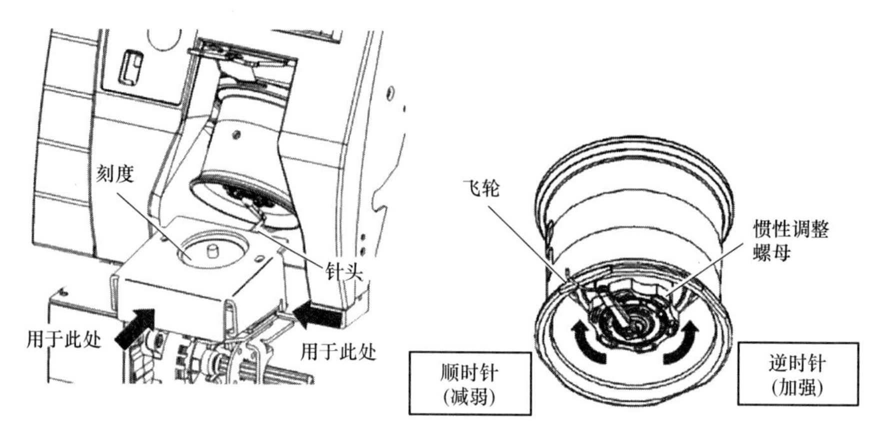

图 7-6　飞翼张力调整方法

3. 批次管理界面

批次管理代码及含义见表 7-5。

表 7-5　批次管理代码及含义

代码	含义
<51100>	最大保存批次数为 200 个
<51200>	批次删除
<51300>	批次中断
<51400>	批次复制
<51500>	批次比较

4. <66100/67110>统一设定

对所有批次的各项设定进行统一。在这个模式改参数使机台所有种参数统一。

5. 在地址 61210 设置定长专用

这样设置以后，打包工不需要输入密码而直接修改锭长，确保工艺参数的准确性（图 7-7）。

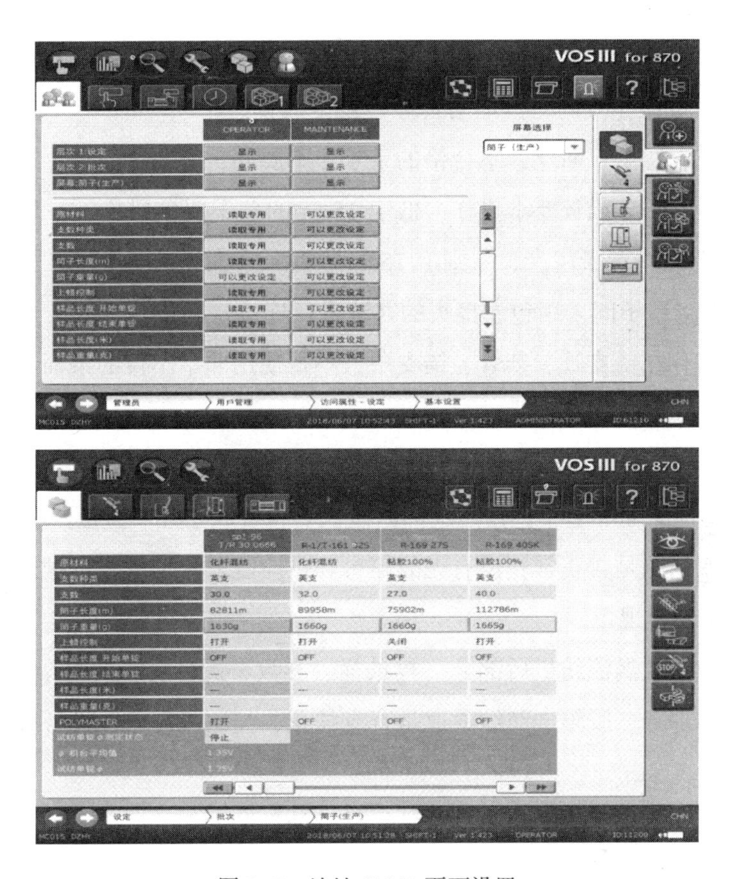

图 7-7　地址 61210 页面设置

第二节　生产运转交接工作

运转交接班的工作对于喷气涡流纺工序的生产管理起着至关重要的作用，正常、合理、顺畅地运转交接工作对于保证喷气涡流纺纱质量的稳定，保证设备的正常运行奠定一定的基础。

一、运转交班工作注意事项

（1）交清生产情况（如支数、品种翻改情况、机械状况和产量等）。

（2）整洁工作，要做到地面、车肚、桶底内不落白花；纸管、机件、杂物不落地；牵伸区、车面保持清洁；纺纱通道无挂花、挂回丝现象。

（3）公用工具（线刷、扫地用具等）规范放置。

（4）回花、滤尘、回丝、不合格的条子送下脚间，车间内不得存放。

（5）机后条子分段按要求操作，低于15cm的条子要整段换下，段内换条剩余多的留至车尾16个锭子生产，原则上15cm内的条子在原锭子上生产，合到新条子上部先纺，新老条子间采用包卷接头的办法进行连接。

（6）不得存在错支管、杂管、错支条，不得使用非本车位的条桶。

二、运转接班工作注意事项

一般应提前15min上车，按照巡回路线认真检查以下几个方面。

（1）生产情况是否正常，没有无故停台和供应脱节的现象，机械运转情况是否正常，无坏车停台现象。

（2）检查喷气涡流纺机后部分（棉条桶、支数、机台清洁工作等）是否正常。

（3）牵伸部分、胶辊、纺纱通道是否有挂花、挂回丝现象；设备有无异响、振动问题。

（4）滤尘、回丝、不合格条是否已经及时处理。

第三节　操作及巡回工作

在喷气涡流纺纱生产过程中，正确的操作方法对于保证产品质量和安全生产来说非常重要。

一、喷气涡流纺条子上车的操作要求

（1）将棉条从条筒中拉到主机架上，确保棉条垂直向上拉出，且没有触碰到条筒的边缘，确保棉条在导条器内运行而没有离开线轴架导杆。

（2）将拉到主机架上的棉条头端捻细（约5cm），以便使它形成尖端。

（3）抬起牵伸摇架，将棉条穿过喇叭口再穿过集棉器。

（4）在将棉条导向胶圈的时候，将之前为了便于穿过喇叭口而预加捻的棉条去

除。棉条穿过集棉器的长度控制在 5mm 左右，同时注意在操作过程中避免条子被高速旋转的中罗拉和前罗拉卷入。

（5）压下牵伸摇架，向下拉摇架并将其锁定。

二、生产过程中更换条子的操作方法

更换条子建议以 8 桶为一个单元进行更换。分单双眼上条，如 1~48 锭上并条 1 眼的条子，49~96 锭上并条 2 眼的条子，掐段下来的条子补在计划之外的锭子上。操作步骤如下。

（1）从新筒中取出棉条掐 50cm，从旧条桶中，左手戴上套袖掐下 7 圈，并从旧条桶的底部拉出条头与新条子条头包卷。包卷时左手虎口位置夹住条头，右手撕掉一部分，将另一个条头也撕掉一部分纤维并搭在一起，用捻杆捻起来。撕条头条尾时纤维要平直稀薄、均匀松散，搭头长度适当，竹扦卷头里松外紧。换机后的棉条后，筒子上的小号要在条桶撤下来后用布擦掉。

（2）换条子时，先按段更换，没有段的应与并条工序联系纺段并择机掐段。

三、处理红灯的操作要求

对于单锭状态栏显示 HD、HD Ave 报警的，要找出筒纱上的纱头，先倒下一段纱线（20m）后，查看纱线条干、强力（两手捏住约 40cm 纱线，在仪器上作耐磨度摩擦测试，超过三个往复为合格），然后再看棉条、牵伸部位、胶辊、胶圈是否异常，并用手摸纺锭及胶辊、胶圈，看纺锭是否有损伤，如有损伤需保全检查纺锭并更换，一切正常后再开始纺纱。

其他亮红灯报警的除需按操作要求处理外，还要检查筒纱表面有无乱纱，理好纱头才能灭灯。

四、喷气涡流纺落筒子的操作方法

（1）落下的筒子值车工要先写上锭子号，然后再经传送带装上纱车，在装纱车前，值车工要保持手的干净，检查筒纱外观，检查是否有错支管、坏管、色头不全、污染、网纱、夹回丝等现象，发现以上现象或其他异常要挑拣出来，交由组长处理，组长处理不了的再向操作员反馈。

（2）落下的筒子值车工要写上锭子号，然后再经传送带装上纱车。在装纱车前，值车工要检查筒纱外观，外观有不正常的挑拣出来，经过检测合格后才能放行。

（3）含涤纶品种在满纱后，要逐个筒子做耐磨度，耐磨度合格才允许装车；做了耐磨度，筒纱上线头要处理整齐。

五、操作法测试及巡回要求

（1）巡回路线按照“8”字巡回，机前机后兼顾，巡回速度要快，目光运用要正确到位。

（2）在巡回中注意检查错支，看棉条供给是否充足，不允许有空筒。

（3）每个巡回时间控制在 12min，每个巡回处理灯的基数为 15 个，超一个加 5s，不够不扣时间。

（4）机后储备纸管不少于一列。

（5）挡车工要做到随时处理红绿灯、机后的毛条、破条、风箱花。

（6）值车工口袋里可装 1~2 块蜡块，有蜡块报警要及时换上，换蜡块时需要打断头。

（7）机后的断条在车头、车尾 1/3 处时，可以直接到机后搭头后认头接头，其他情况可以在下一个巡回接头。

（8）擦摇架时，小吸棉管也要擦拭到位。

（9）换段时，条桶桶号应朝外，并按单、双眼换段。

六、单项操作

单项操作是机台看管的基础，是挡车工的基本功，特别是棉条包接和机前接头，对质量影响很大。因此，需要苦练的硬本领主要有：棉条包接、机后穿条、条子换段、掐补条子等。

（1）竹扦包接操作要点：顺健先劈后撕、撕头距离适当 [7.62cm（3 寸）左右]、搭头长短适宜 [3.81~5.08cm（1.5~2 寸）]、顺镶、用竹扦包接，里松外紧，接头光洁质量好。

（2）根据实际情况不同，大体分为小桶三排六段，每段相隔 1/6，大桶四排，5~10 段，每段相隔 1/5~1/10。

（3）做到手脚连贯、稳拉稳送、节约时间、不磨棉条、摆放整齐。

第四节　设备定期保养

一、设备的定期保养

1. 加油部位及加油标准、加油周期

设备各加油部位及加油标准、加油周期见图 7-8。

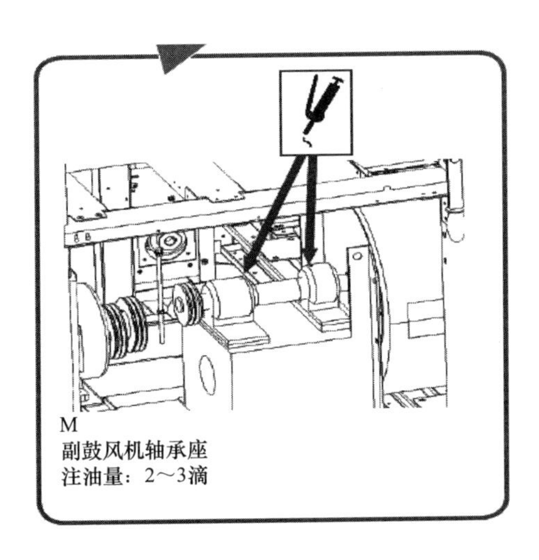

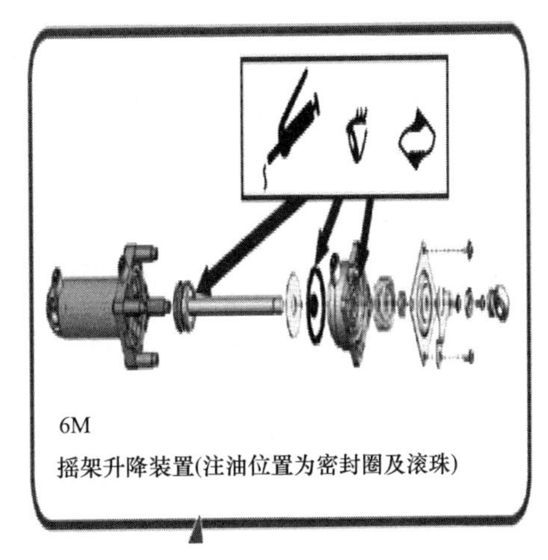

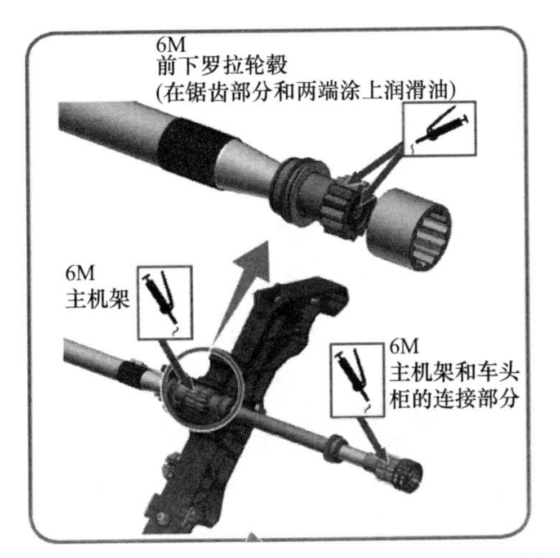

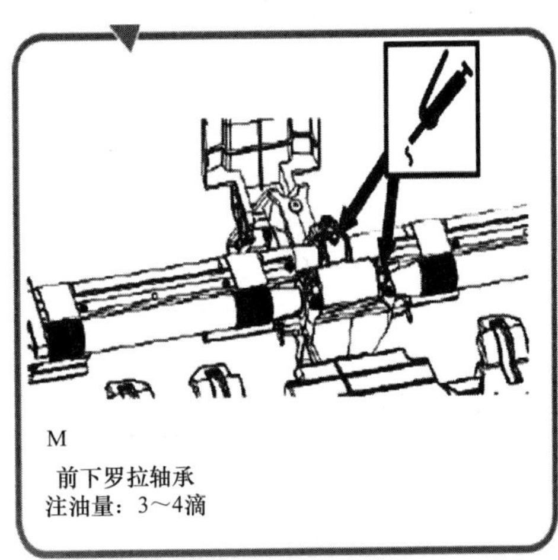

图 7-8　喷气涡流纺加油部位

2. 清洁部位、清洁周期及清洁操作要求

各部件的清洁部位、清洁周期及清洁操作要求见图 7-9。

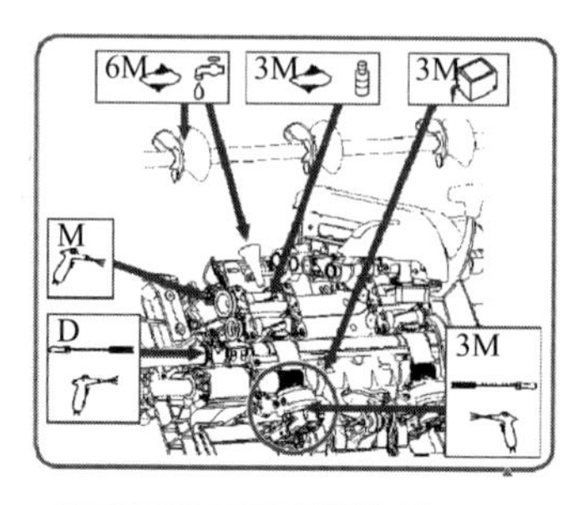

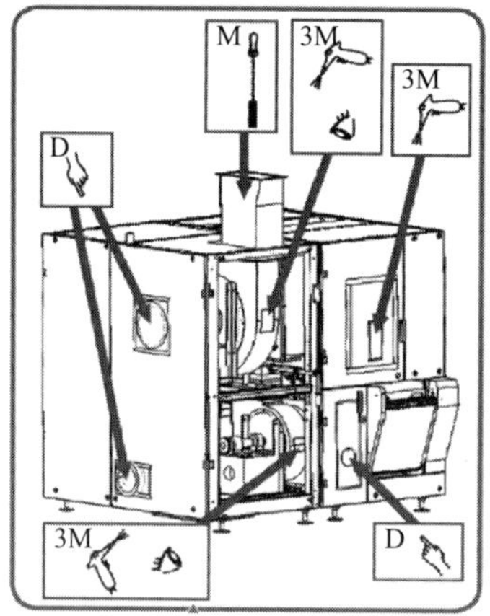

在清洁鼓风机叶轮时，任何工作进行前，须先确保叶轮处于停止状态

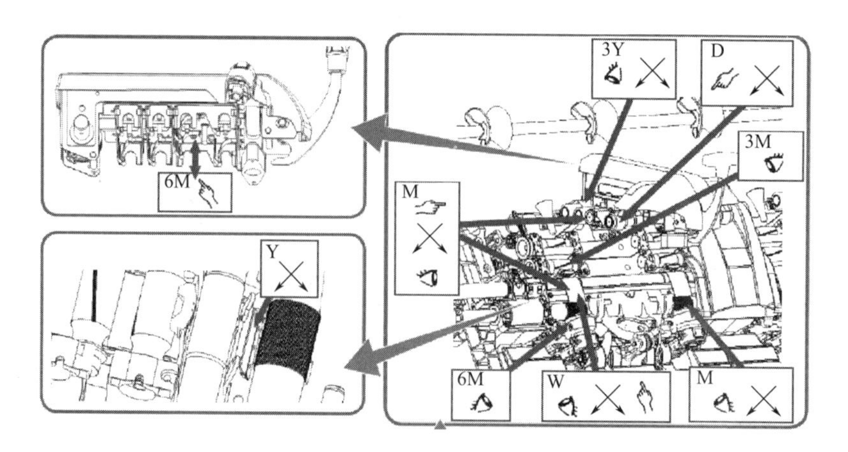

图 7-9　喷气涡流纺清洁部位

3. 润滑油、润滑脂产品

喷气涡流纺注油点及润滑油品类型见表 7-6。

表 7-6　喷气涡流纺注油点及润滑油品类型

注油点	产品编号（容量）	村田零件销售	润滑油供应商						黏稠度
			新日本石油公司	美孚石油公司	埃索石油公司	壳牌	美国石油公司	嘉实多润滑油	
			ENEOS	Mobil	Esso		BP	Castrol	
• 车头柜内的轴承 • 副鼓风机 • 前下罗拉轴承	870-G80-013（16kg）	—	—	Plex 48	标准 EP 润滑脂 2	爱万利润滑脂 S No. 3	安能脂 LS-3	—	NLGI 3
• T 横动凸轮箱	870-G80-014（20L）	—	宝诺克 AX680	美孚齿轮 SHC 680	—	—	—	赛宝 1510 齿轮油 680	ISO VG 680
• 锭子开/关汽缸 • 卷取摇架汽缸	870-G80-015（1kg）	白色润滑脂	新日本石油 Ap（N）No. 2	—	—	爱万利 EP 润滑脂 2	—	—	—

4. 油水分离器组件更换

如果 P1 和 P2 的压力差大于 0.1MPa，需更换油水分离器的过滤网组件。更换时先停止机器，关闭气阀，等过滤网组件中的空气全部释放，再更换过滤网（图 7-10）。

5. 旋转传感器的调整位置

旋转传感器的位置调整示意见图 7-11。

6. 摩擦罗拉纱线存储量调整

摩擦罗拉纱线存储量调整见图 7-12。

7. 清纱器检测头清洁和更换

（1）请使用图 7-13 所示的清洁工具清洁检测头部位，清洁时请清洁所有纺纱单锭的清纱器。

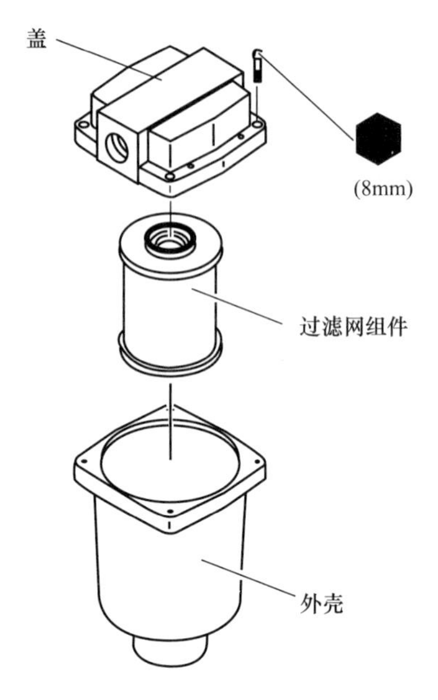

图 7-10　油水分离器组件更换

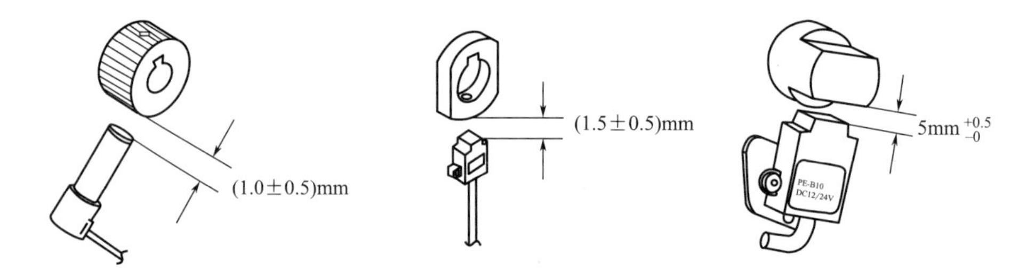

图 7-11　旋转传感器的调整位置

［垫片调整标准］

纱线支数(英支)	垫片型号
15～20	厚度4.5mm
20～50	厚度2.3mm
50～60	无

图 7-12　摩擦罗拉纱线存储量调整

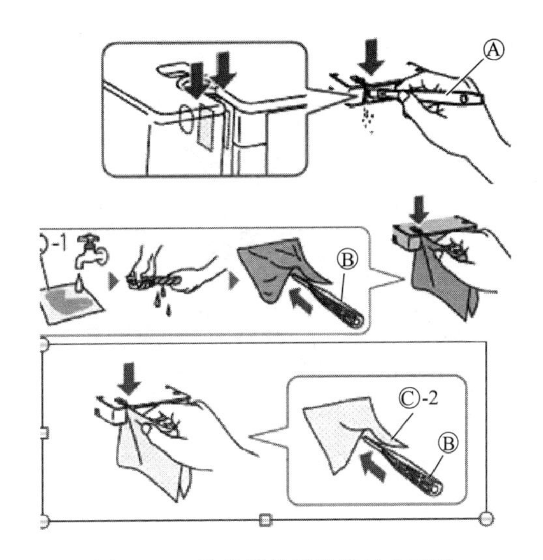

图 7-13　清纱器检测头清洁和更换

①用毛刷扫掉检测部位的灰尘。

②用湿布擦拭检测部位。

③用干布擦拭检测部位。

④Φ 数据复位（界面 ID 48000）。

（2）请使用中性洗涤剂清洗弄脏的布并烘干，保管时请注意不要沾染灰尘。使用 30 次（用湿后清扫的次数）后，请更换新的布。另外，如果刷毛磨损，也请更换新的毛刷。如果用水擦拭不掉，请使用酒精或轻油。

8. 卷绕部位供给气压设置

卷绕部位供给气压设置如图 7-14 所示。

9. 摇架抬起装置和阻尼器维护

摇架抬起装置和阻尼器维护时禁用含二硫化钼的润滑脂，禁用硅化润滑脂，否则将造成操作不顺畅（图 7-15）。在摇架抬起装置维护时，用边缘不锋利的扁平螺丝刀刮掉润滑脂上积累的尘土和脏物；需要特别注意气缸内两个密封圈的方向，另外，加润滑脂保养时，需要在气缸内壁上也涂上一层；在给密封圈润滑时，注意不要给密封圈内部加润滑脂；润滑后 10 个滚珠要确保全部充分压入，不需擦净溅出的润滑脂。

10. 卷绕摇架平行调整（图 7-16）

（1）$C \geqslant D$，筒管和槽筒平行接触或筒管右端几乎与槽筒接触。

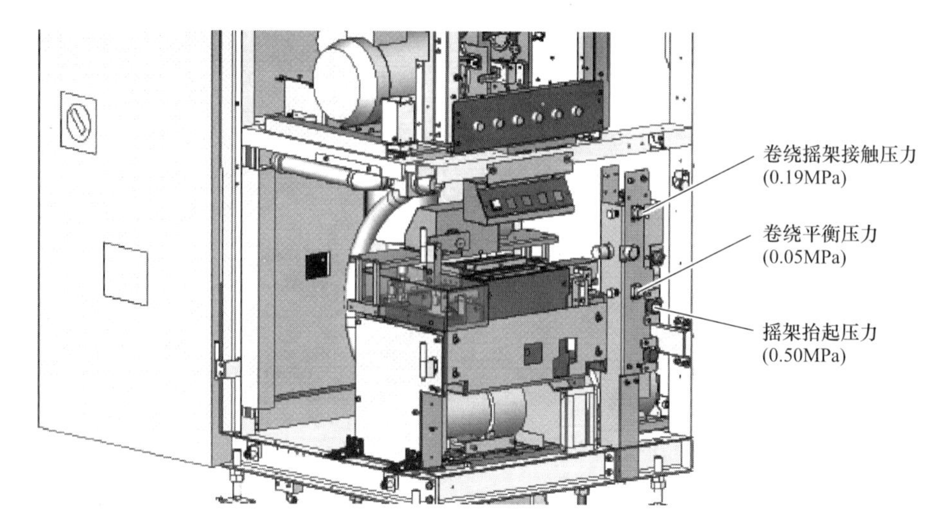

图 7-14　卷绕部位供给气压设置

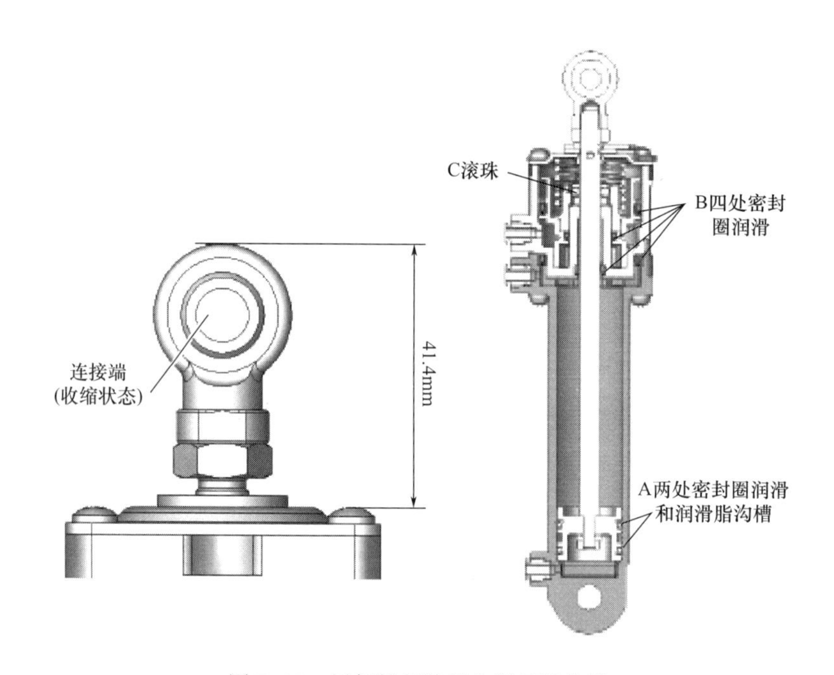

图 7-15　摇架抬起装置和阻尼器维护

（2）$D>0$，右端间隙一定为零。

（3）如果 C 约等于 0，摩擦罗拉上的纱线将无法退绕。

（4）如果 D 约等于 0，摩擦罗拉上的纱线退绕速度将很快，必须将退绕速度调整至与所有纺纱单锭统一。

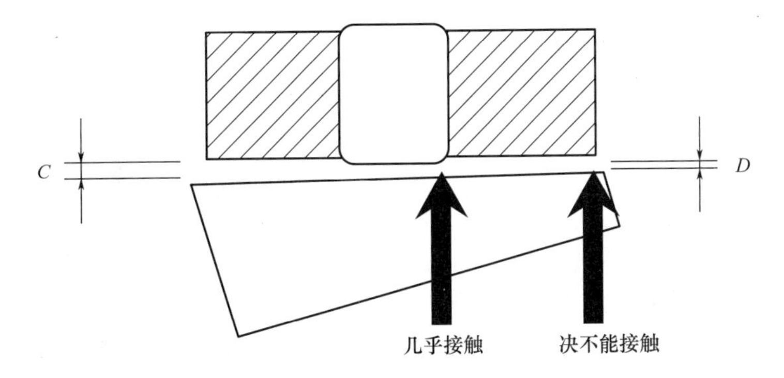

图 7-16　卷绕摇架平行调整

11. 前上罗拉、中上罗拉、后上罗拉的更换

前上罗拉、中上罗拉、后上罗拉的更换见图 7-17。

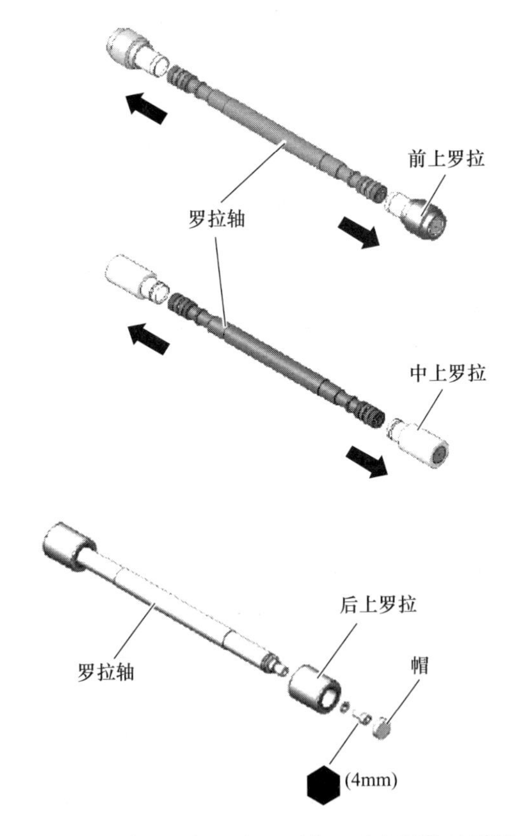

图 7-17　前上罗拉、中上罗拉、后上罗拉的更换

12. 前上罗拉轴承的更换

前上罗拉轴承的更换见图 7-18。

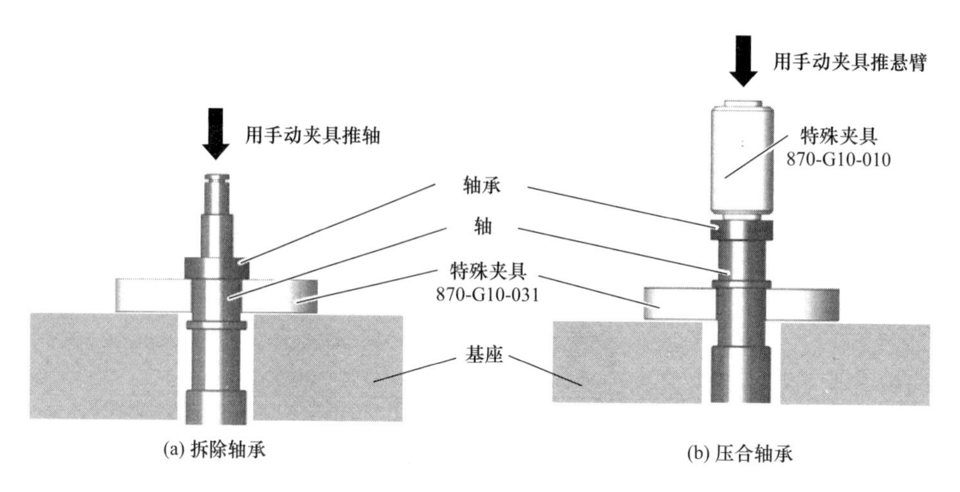

图 7-18　前上罗拉轴承的更换

二、设备定期清洁

做好设备清洁工作是减少纱疵和断头、保证产品质量的关键。做清洁时必须做到轻、净、匀、防和五定，轻：动作要轻巧、轻扫不拍打；净：清洁要彻底干净，特别是通道部位；匀：均匀安排清洁进度；防：防止因清洁工作不好而造成人为纱疵。五定：定项目、定次数、定方法、定工具、定时间，其中，定项目：根据质量要求定清洁项目；定次数：根据支数车速、品种要求确定清洁次数；定方法：掌握从上到下，从里到外有顺序地清洁方法；定工具：要灵巧使用，并要严格分部位使用；定时间：根据清洁项目、次数，合理安排具体时间。清洁工具要放到指定的位置，不能乱丢乱放；保持清洁，防止工具不净而造成纱疵。清洁应该按照一定的周期进行（表 7-7）。

表 7-7　清洁进度表

项目	时间	清洁工具	清洁方法	要求
传送带	每班第 1 小时	毛刷	扫	无灰尘
机后桶底 1/3	每班第 2 小时	毛刷	扫	无积花

续表

项目	时间	清洁工具	清洁方法	要求
车头、车尾四周	早班第 3 小时	毛刷	扫	无积花
导条架、后车面 1/3	每班第 4 小时	捻杆、手	捻、摘	无挂花
牵伸部位 1/3	第 5 小时	捻杆、布	捻、擦	牵伸无花毛
回丝箱	第 9 小时	手	掏	彻底
喷油装置小车	第 6 小时	毛刷、手	扫、擦	彻底
马达风扇滤网	随时	手、毛刷	扫、抹	无飞花
地面	随时	扫地用具	扫	无飞花
胶辊轴缠花	随时	手、捻杆	扒、捻	无缠花
掏车底、车头、车尾车底	每月单号早班掏单号机台，双号掏双号机台，14：00 前做完	笤帚	扫	无积花
升降机	每月单号早班做	笤帚	扫	无积花

第五节　安全生产

安全生产至关重要，喷气涡流纺成纱速度快，尤其需要关注。工人除熟练掌握操作技术外，还必须掌握机器性能，做机器的主人。预防疵点，保证质量和安全生产。因此，在交接班检查、巡回工作、清洁工作中运用好眼看、耳听、手摸、鼻闻的工作法检查机械故障。

眼看：是发现机器故障和最后判定机器的主要方法；耳听：用耳朵听机器异响判断机器故障，如罗拉轴承异响、齿形带掉齿或磨损等的响声；手摸：用手感机器振动情况，查机器故障，如胶辊跳动、罗拉轴承振动发热等；鼻闻：闻气味查机器故障，如马达、三角带磨损、缠罗拉时间过长引起的焦煳味等。

一、设备维修安全注意事项

（1）如果未能采取以下预防措施，可能会造成火灾或电击，继而造成死亡或严重伤害：无论机器是否处于操作状态，在机器通电的情况下，拔掉或插入电气连接器或电气插板可能会出现火花或造成火灾。因此，拔掉或插入电气连接器或电气插板之前，请关掉主开关。

（2）请勿在雷雨等恶劣天气时操作机器。机器运转时，请勿清除卷入旋转罗拉和皮带中的纱线与废纤维。

（3）清洁机器或其四周前关闭机器。对机器进行维护后，确保所有零件都恢复至各自初始状态（待机位置）。对机器进行维护后，确保在开启机器之前将所有端盖和外壳安装到位。

（4）仅能使用同样的零件或等级相同的零件更换电气零件，请勿在通电状态下，更换电气零件。仅能使用等级相同的零件更换熔丝，请勿使用电流容量较大的熔丝更换电流容量较小的熔丝，否则可能会损坏机器。

（5）仅能由接收过相关培训且经过授权的电气技师才能在电动机和其他电气设备上开展工作。

（6）清洁鼓风机叶轮之前，首先确定叶轮处于停止状态。

（7）更换备用锂电池前，确保先关闭主开关。

（8）使用气枪进行清洁时，清洁时要戴上防护眼镜，使用气枪进行急吹牵伸部位、蜡盒部位时，废纤维、灰尘、杂物、蜡屑就会飞散开，戴上防护眼镜会保护眼睛，避免异物飞入眼睛。

（9）清洁电气零件时，不要使用气枪吹。因为使用气枪做电气零件清洁时，废纤维、异物进入到电气零件时，会对板子、电气零件造成损坏也会引发过量电流导致火灾，因此，请使用吸尘器和毛刷等去除废纤维和杂质。

（10）定期清洁集尘箱的过程中，存在风压造成门突然关闭，夹疼手指的风险，因此，在开启门清理废纤维时，不要操作模式开关。如果集尘箱的铁网破裂，纤维会进入风机，导致风机损坏甚至摩擦起火，引发火灾风险，因此，铁网破损要立即更换新的。

二、变频器的使用要求

请务必谨慎使用变频器操作失误可能引发事故，使用时请务必遵守以下规则。

如果输入电源与变频器的 U、V 或 W 线端相连，可能会损坏变频器。变频器与大功率电解电容器配套使用。关闭电源后的数分钟之内变频器电路中仍然残留有高压电能（直到 CHARGE 灯熄灭）。为避免触电或断路，请务必谨慎使用变频器。

检查清扫或布线时，请务必关闭电源后等待 5min 以上再开始进行。根据规格说明，允许电压范围为工厂电源电压的±10%。如果超出此范围，机器可能无法正常运转。此外，电频变动的允许范围为±5%。切勿安装改善功率因数用的电容器，以防止变频器发生故障。变频器中设有专用功能，需要修理或更换变频器时，请向村田零件设备零件销售公司咨询。

三、生产安全注意事项

（1）请勿使用导电性纤维（碳化纤维和金属纤维）。如果纱线纤维落到电路板上，存在发生短路的风险，甚至可能损坏或影响电气零件工作或产生火灾。

（2）前罗拉、卷绕滚筒的转速达到将近 4000r/min。如果头发、手、衣服等东西卷入到零件中将会导致严重的事故。在机器运转过程中，切勿用手或手指触摸旋转零件。

（3）使用毛刷、竹叉、尼龙丝以及其他专用工具来去除卡在罗拉零件内的纤维。请绝对不要使用钩刀和美工刀等工具。

（4）当罗拉高速旋转时，手连同工具会一同被卷入机器中。请在定期维护或其他原因停止机器时清除缠绕的纤维。

（5）针座、纺锭堵塞纤维时，拉下喷嘴支架开启杆，使喷嘴座下落到最低位置，然后用毛刷取出堵塞的纤维。

（6）机器运转中，禁止把手放在 AD 横杆、AD 行走轨道上，防止 AD 移动过来挤伤手部。

（7）禁止将手、头伸进筒子提升机下部，以免造成身体伤害。

（8）请勿忽略堆积越来越多的废纤维，并及时清理干净。否则会随着废纤维堆积越来越多而导致静压下降。当静压下降到一定值时，机器可能会生产出不良的纱线。

（9）在清理回丝箱的回丝时，请务必在关闭回丝箱门之后，再将旁路杆恢复到运行位置（垂直位置）。如果在门没有关闭的情况下就把旁路杆打到运行位置，门可能会猛然关闭，这是非常危险的。

（10）当 AD 落纱动作中，启动传送带将被暂停；当传送带启动过程中，启动

AD 落纱也是被暂停的。在传送带收纱动作结束后，要关闭传送带启动按钮，否则 AD 仍会处于暂停状态不会落纱。

（11）在喂入新的棉条时，请确保穿过集棉器的长度不要超过 5mm，否则在摇架压下瞬间，会因为纤维量过大，导致牵伸原件受损。

（12）禁止使用毛刷、竹签、气枪、棉棒等工具清洁纺纱传感器，即使导纱部分有一些脏污，也不需要清洁，因为这不会影响纺纱，但如果对其进行清洁，反而容易导致传感器的损坏。

（13）更换蜡块时，要注意捻接小机的位置，以免小机行走到操作单锭部位，导致手部受伤。

（14）清理缠绕在摩擦罗拉上的纱线时，要尽量避免使用美工刀、钩刀、剪刀等工具剪切，如果确有需要，可以使用头端为圆形的剪刀，在摩擦罗拉侧面的沟槽内，确保摩擦罗拉不会划伤的前提下剪切。

（15）当下清洁器内有纤维堵塞时，要把下清洁器取出来，用毛刷清洁干净后再装上去。

第六节　VOS 可视化操作系统介绍

VOS 可视化操作系统使得用户能够开展一系列的任务，包括机器操作条件输入设置、纺纱条件设置和生产状态监控操作输入，例如，清纱器条件设置、纱疵分类、机器效率和纱线质量管理。

一、介绍

1. 界面特征介绍

VOS 可视化操作系统界面特征介绍见图 7-19。

2. 主菜单介绍

［设置］本界面用于创建新的批次并更改设置。

［操作］本界面显示机器操作状态数据和数据分析结果。

［质量］本界面显示清纱器相关的质量数据。显示疵点分布、种类、周期不均

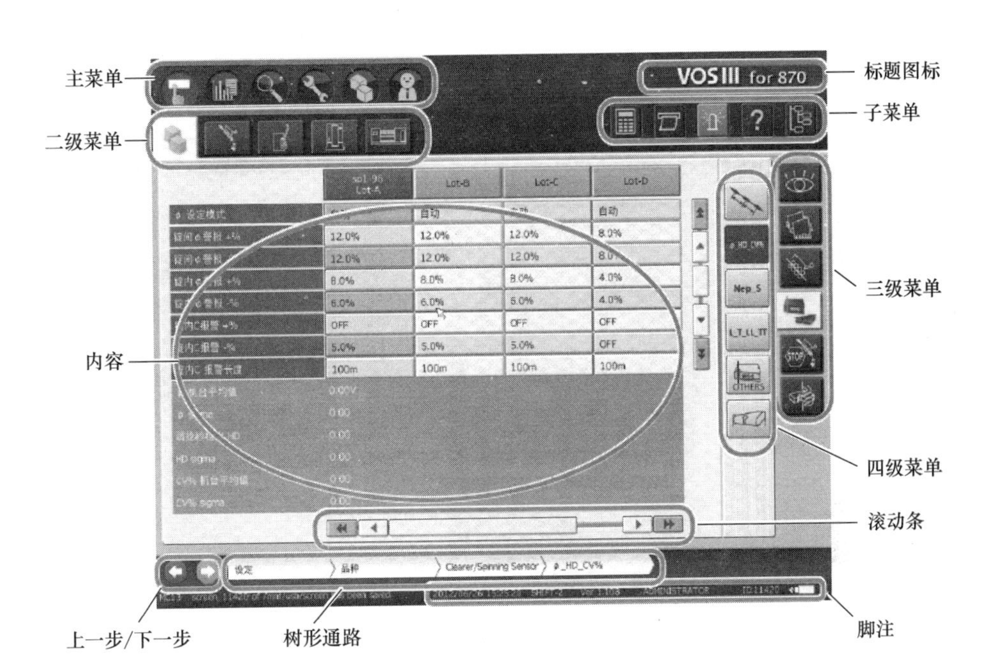

图 7-19　界面特征介绍

匀度和光谱图等。

[维护] 本界面开展维护操作，例如，所有维护模式设置、警报记录和程序下载。

[批次管理] 本界面开展例如分配和删除批次的操作。

[管理人员] 本界面开展所有基本设置，例如，时间、单锭、切换语言、班次时间和机器规格设置。

3. 界面转换

除了按顺序点击图标：主菜单、二级菜单、三级菜单、四级菜单，显示屏会转换到相应的界面，还可以通过输入界面编号，转换至相应的界面，如图 7-20 所示。

先点击右上角的菜单图，然后点击界面 ID 输入，在对话框中输入相应的 IP 地址，然后点击确认。

4. 创建新批次

通过批次设置相关的界面，可创建新批次（图 7-21）。

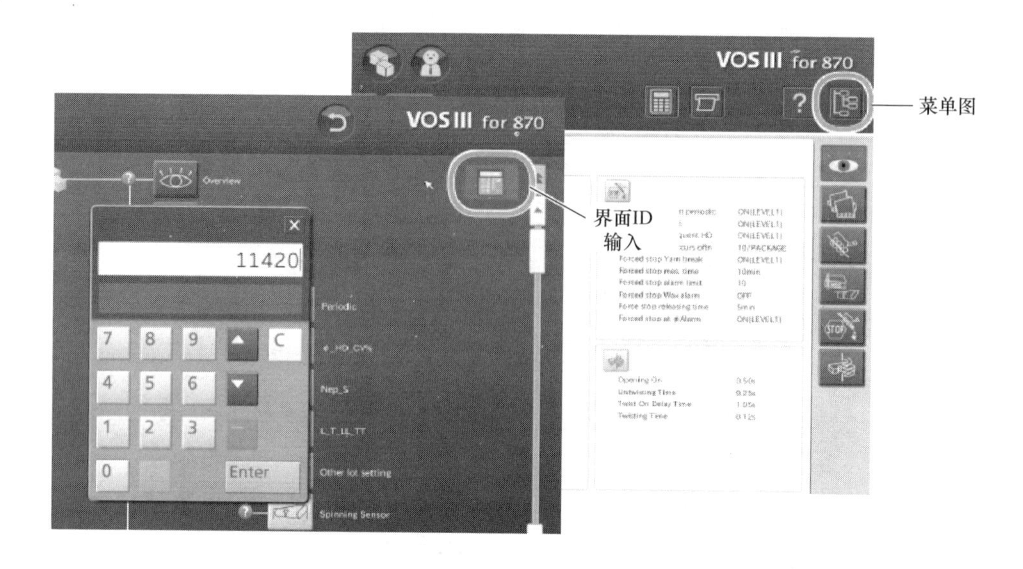
VOS III for 870
菜单图
界面ID
输入
11420
7
8
9
C
4
5
6
1
2
3
0
Enter
Overview
Periodic
Other lot setting
Spinning Sensor

图 7-20　界面转换操作

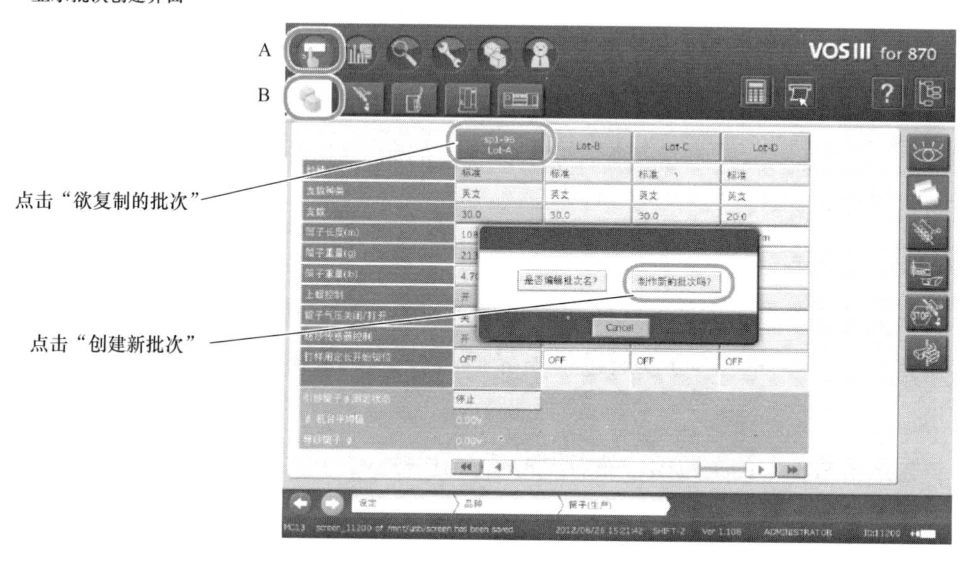
依次点击A和B
显示批次创建界面
A
B
点击"欲复制的批次"
点击"创建新批次"
VOS III for 870
Lot-B
Lot-C
Lot-D
是否编辑批次名?
制作新的批次吗?
Cancel

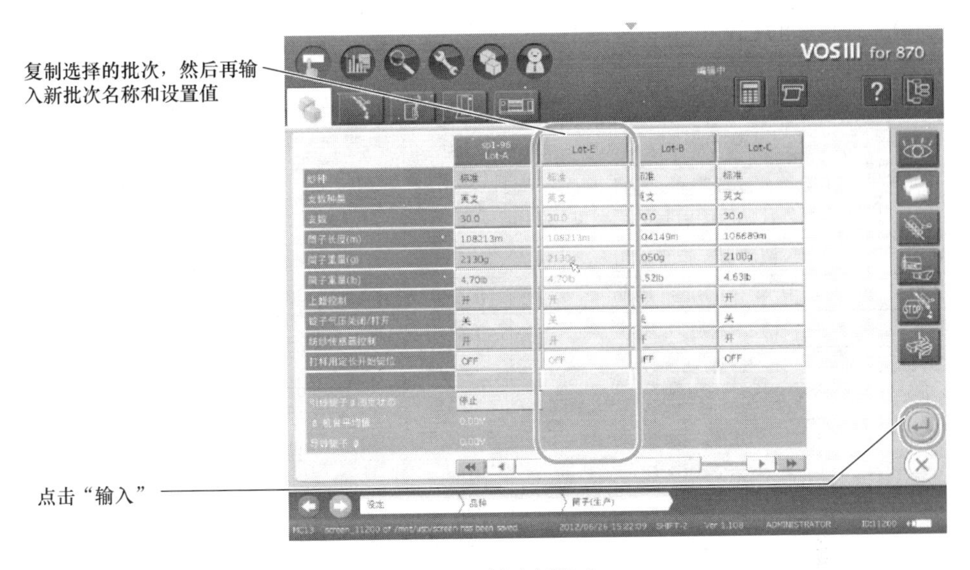

图 7-21　创建新批次

5. 报警界面

报警界面显示的是发生的报警当前列表，每次报警细节和参考处理方法见图 7-22。

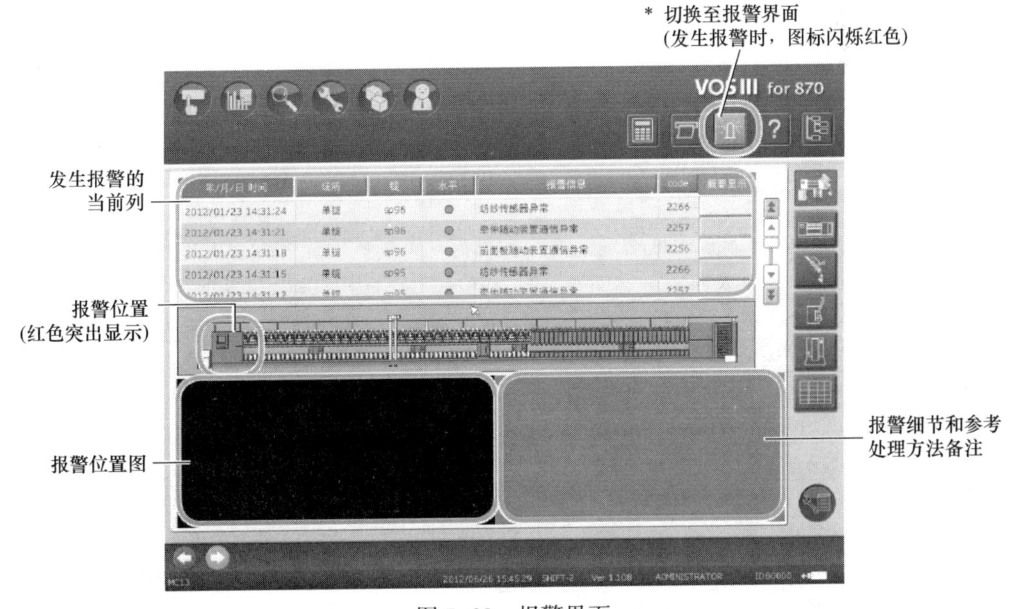

图 7-22　报警界面

VOS 中显示的代码的中文解释见表 7-8。

表 7-8 数据代码列表

代码	含义	代码	含义
ALYN	总卷绕长度	HD	毛羽数据
Ano	由除“前皮辊”和“前下罗拉”之外其他原因引起的周期斑	HDAV	毛羽数据（移动平均值）
Aout	清纱器模拟量输出	HDAVLS	移动平均值评价标准值（先前值）
Bot	前下罗拉引起的周期斑	HDAVST	移动平均值评价标准值
Bout	清纱器模拟量输出	LC/Y	L 剪切/100km
CTCY	CY 剪切次数	LL/Y	LL 剪切次数/100km
CTDDS	DDS 剪切次数	MEFF	机器效率
CTDL	DL 剪切次数	Miss	所以捻接小车平均失败率
CTDS	DS 剪切次数	MLW%	下部筒纱找头失败率
CTHD	HD 剪切次数	MN1/Y	A1 纱疵残留总数/100km
CTHDAV	HD 平均剪切次数	MN6/Y	较小的六级纱疵残留总数/100km
CUL2	LL 剪切次数	MLS%	捻接失败率
Cut	红灯不亮起每小时的断纱总次数	MSLW	下部筒纱找头失败次数
CUT/Y	红灯不亮起每千米的断纱总次数	MSM	捻接监控器剪切次数
CUT2	TT 剪切次数	MSM%	捻接监控器剪切比率
CUTL	L 剪切次数	MSSL	捻接器发生故障次数
CUTN	N 剪切次数	MSUP	上部吸纱失败次数
CUTS	S 剪切次数	MUP%	上部吸纱失败率
CUTT	T 剪切次数	NADF	落纱操作次数
CV%	CV%	NADM	AD 发生故障次数
CV%	纱线直径指数均匀度	NADR	AD 发生故障红灯亮起次数
CY/Y	CY 剪切次数/100km	NAMU	上部吸纱失败次数
DDS/Y	DDS 剪切次数/100km	NATM	捻接器试运行次数
DFTM	落纱等待时间	NC/Y	N 剪切次数/100km
DFTM%	落纱等待比率	NDOF	满筒次数
DL/Y	DL 剪切次数/100km	NJOI	捻接成功次数
DOF%	AD 成功率	NMJO	由于捻接失败发生的红灯亮起次数
DS/Y	DS 剪切次数/100km	NRNO	发生纱线突然断裂的断纱次数
FANO	“ANO”强制停止次数	NSTP	每小时红灯亮起的断纱总次数
FBOT	前下罗拉导致强制停止次数	OEFF	运转效率
FCV%	IPI 均匀度导致强制停止次数	PRKG	生产量（千克）
FHD	毛羽过多导致强制停止次数	PRLB	生产量（磅）
FPSWC	纺纱腔负压不正常导致的纱线剪切总数	RLTM	红灯亮起的停锭时间
FTMC	频繁断纱导致强制停止次数	FLTM%	红灯亮起的停锭率
FTOP	前胶辊导致强制停止次数	RO/Y	纱线突然断裂次数/100km
FΦ	监测到纱线直径指数错误次数	SC/Y	S 剪切次数/100km

二、设置

1. 生产设置

如图 7-23 所示界面用于进行生产设置，可创建新批次。这个页面可以设置纱线种类、纱线支数、纱筒长度、纱筒重量、是否使用上蜡系统等。

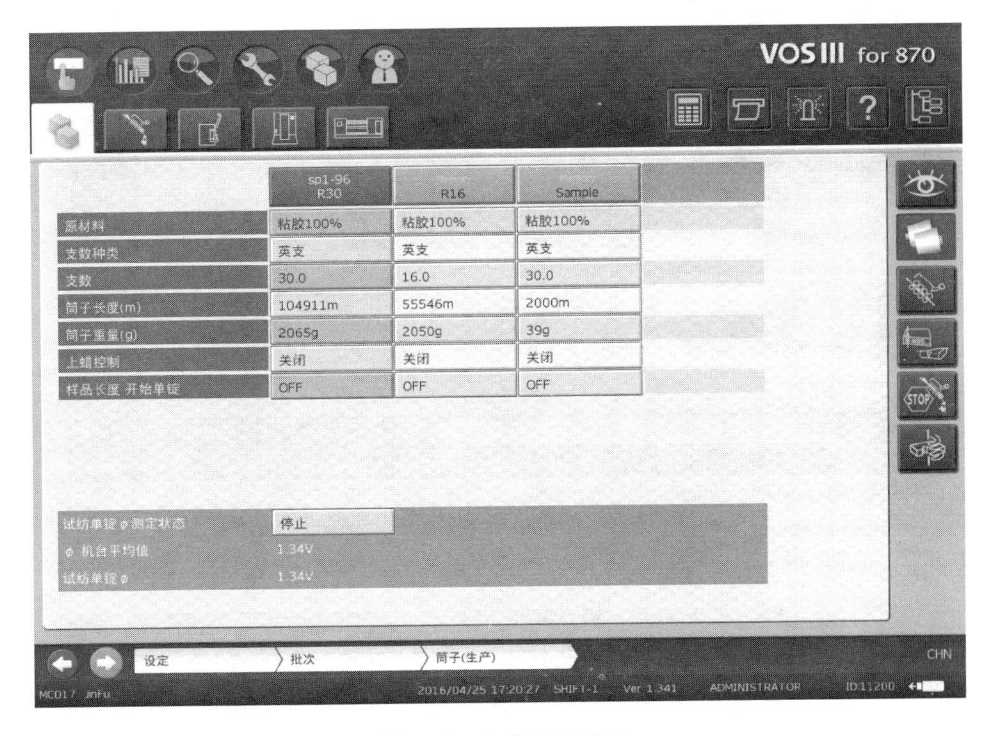

图 7-23　生产设置界面

红色线框中的试纺单锭 Φ 测定状态，可以清零所有锭子的 Φ 值，使得机器重新测定新的 Φ 值，步骤为先后点击 A、B（图 7-24）。需要注意的是这个操作会使所有单锭强制剪切。

2. 纺纱设置

如图 7-25 所示为主要设定纺纱速度、牵伸倍数、喂入比、卷曲比等。

3. MSC 设置（棉结和短粗节）

如图 7-26 所示界面用于设置棉结、短粗节剪切曲线和不同种类的剪切区域。暗灰色区域显示的是选择的剪切类型的剪切区域。如果不选择，设备默认推荐曲线之上为剪切区域。

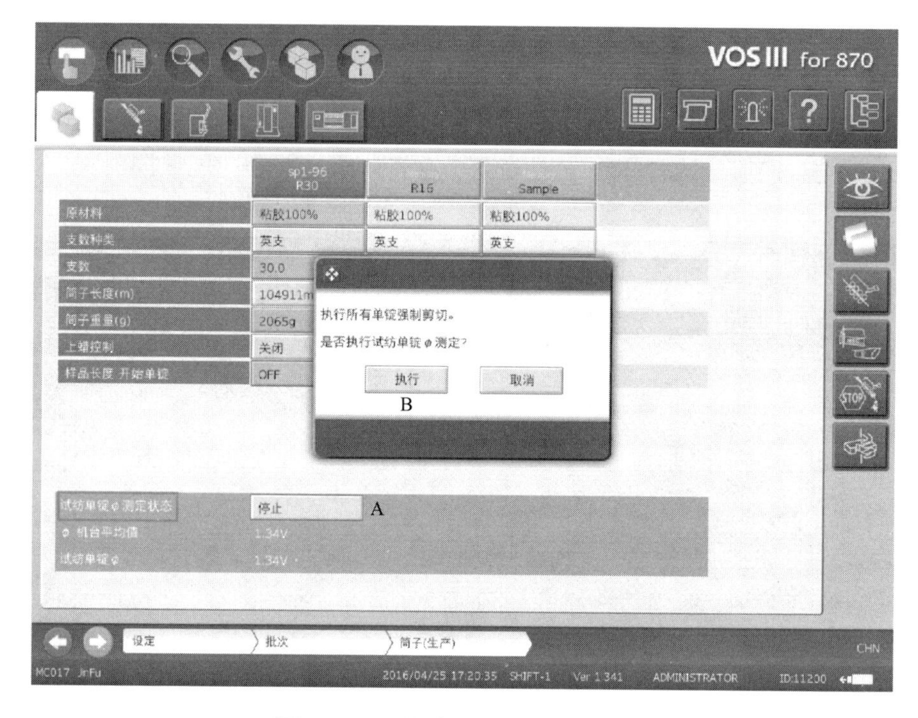

图 7-24　试纺单锭 *Φ* 测定状态设置

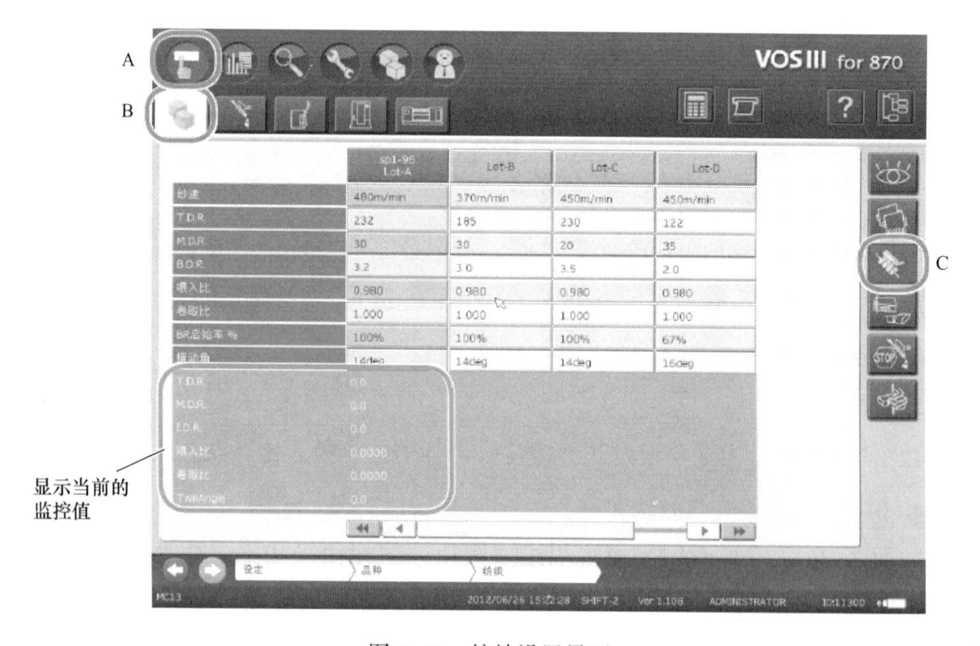

图 7-25　纺纱设置界面

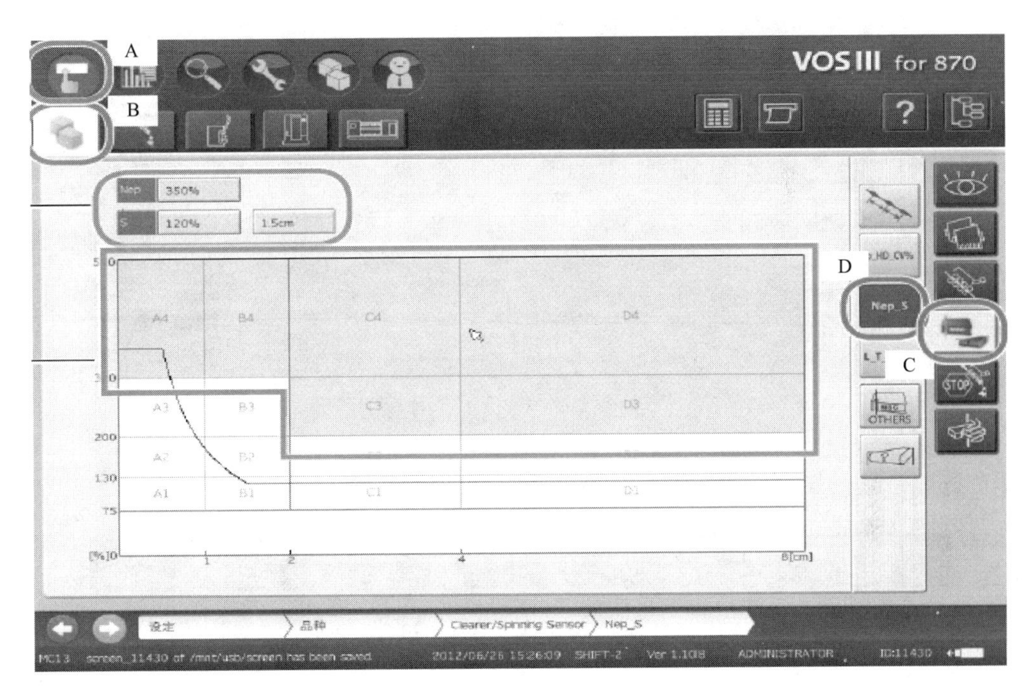

图 7-26　MSC 设置（棉结和短粗节）界面

4. MSC 设置（细节和短粗节）

细节和短粗节的设置也是一样的（图 7-27）。

5. 强制停止过程中控制装置设置

用于设置强制停止过程相关辅助参数（图 7-28）。

表 7-9　强制停止报警时控制以及释放纺纱单锭的方法

强制停止项目
强制停止短周期不均匀度
CV%强制停止
HD 多发导致强制停止
频繁断纱强制停止
发生上蜡报警的强制停止 *1
φ 异常强制停止
*1 仅设定强制停止开或关及没有级别 2 的设定

设置发出强制停止报警时控制以及释放纺纱单锭的方法	
关（只显示报警）	只显示状态，无强制停止
开（级别 1）	强制停止纺纱单锭，但是可以在单锭面板处进行解锁
开（级别 2）	强制停止纺纱单锭，但是不能直接在单锭面板处进行解锁，必须在 VOS 上操作后，才能在单锭面板处解锁

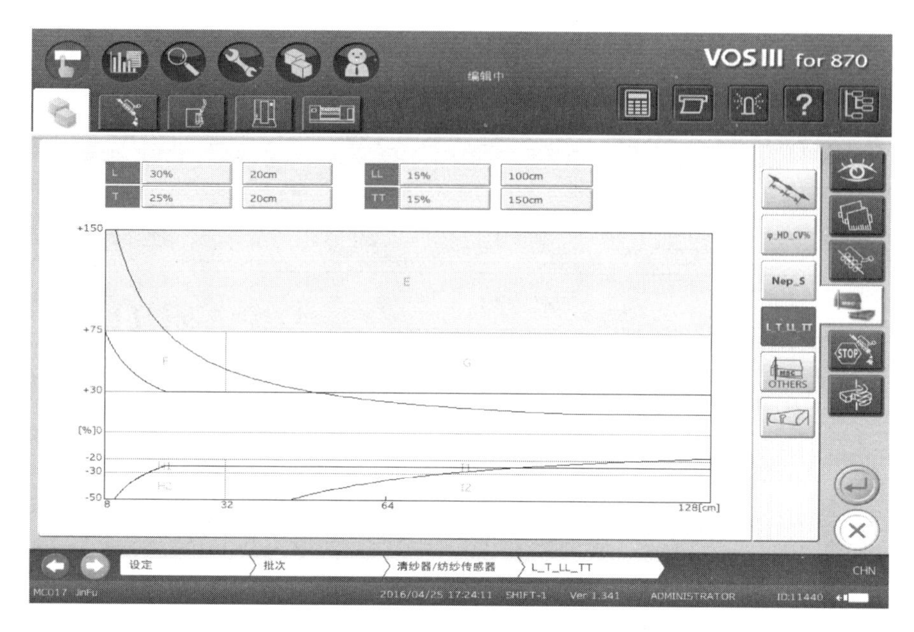

图 7-27　MSC 设置（细节和短粗节）界面

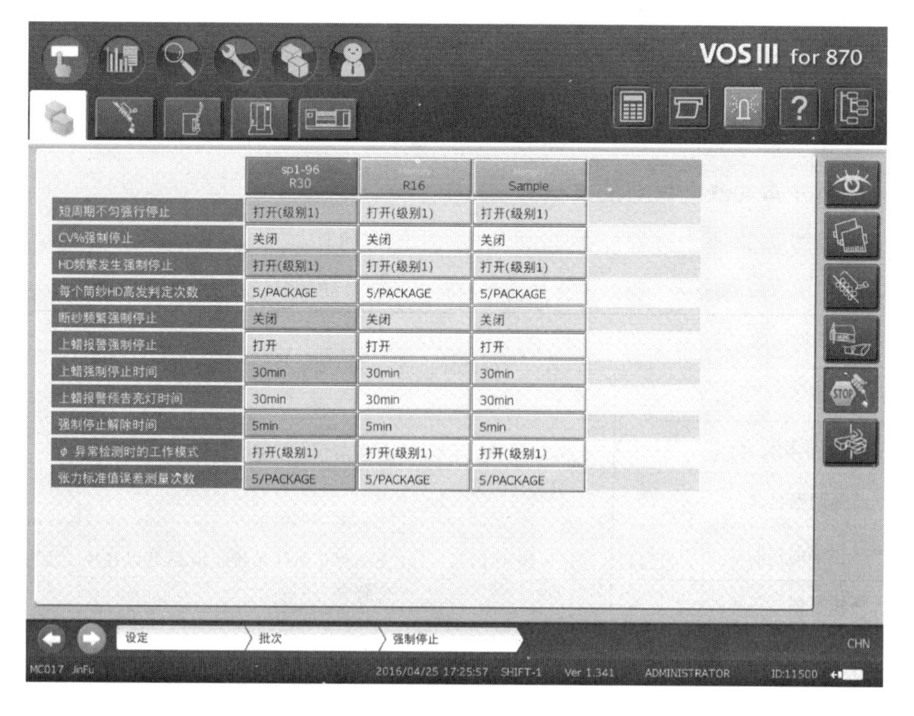

图 7-28　设置强制停止过程相关辅助参数

值得一提的是，设置不同的级别，强制停止报警时控制以及释放纺纱单锭的方法。也就是说选择关闭则不报警；选择级别1挡车工可以在单锭面板上将报警解锁；选择级别2必须在VOS上操作后，才可以在单锭面板上解锁。在“每个筒纱HD高发判定次数”中，可以设定单锭连续发生HD时，次数达到多少时亮红灯。

6. 捻接器设置

如图7-29所示界面用于捻接小机的捻接器和捻接监控器的设定，具体的设置参数，需要通过实验确定。

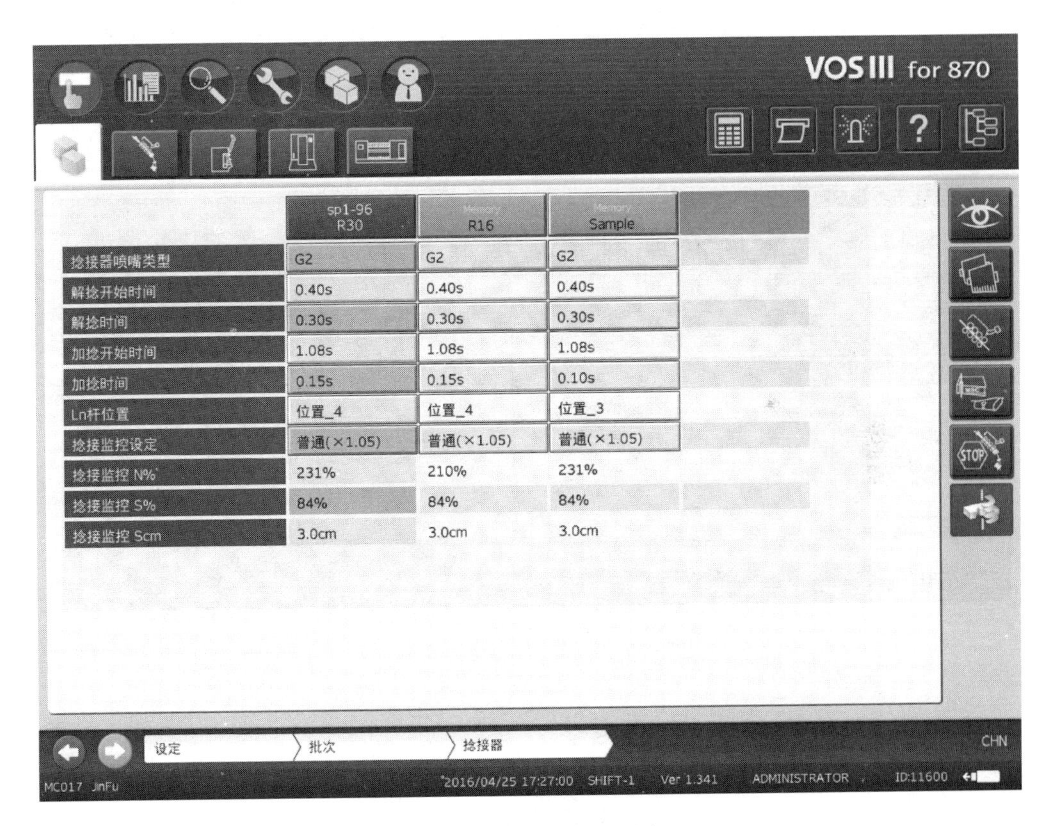

	sp1-96 R30	Memory R16	Memory Sample
捻接器喷嘴类型	G2	G2	G2
解捻开始时间	0.40s	0.40s	0.40s
解捻时间	0.30s	0.30s	0.30s
加捻开始时间	1.08s	1.08s	1.08s
加捻时间	0.15s	0.15s	0.10s
Ln杆位置	位置_4	位置_4	位置_3
捻接监控设定	普通(×1.05)	普通(×1.05)	普通(×1.05)
捻接监控 N%	231%	210%	231%
捻接监控 S%	84%	84%	84%
捻接监控 Scm	3.0cm	3.0cm	3.0cm

图7-29　捻接参数的设定

7. 批次中纺纱单锭的设置

如图7-30方框所示，建议如下：

（1）L，LL疵点时红灯熄灭，此项建议选择“打开”，可以减少红灯数量。

（2）T，TT 疵点时红灯熄灭，此项建议选择“关闭”，发生 T，TT 报警时亮红灯，可以让挡车工检车是否发生缠绕罗拉或棉条断掉。

（3）HD，HDAVE 疵点时红灯熄灭，如果产品为涤纶或涤纶混纺，且对杜绝弱捻纱有很高的要求，一般建议选择“关闭”。这样一旦发生 HD，HDAVE 报警，就会亮起红灯。

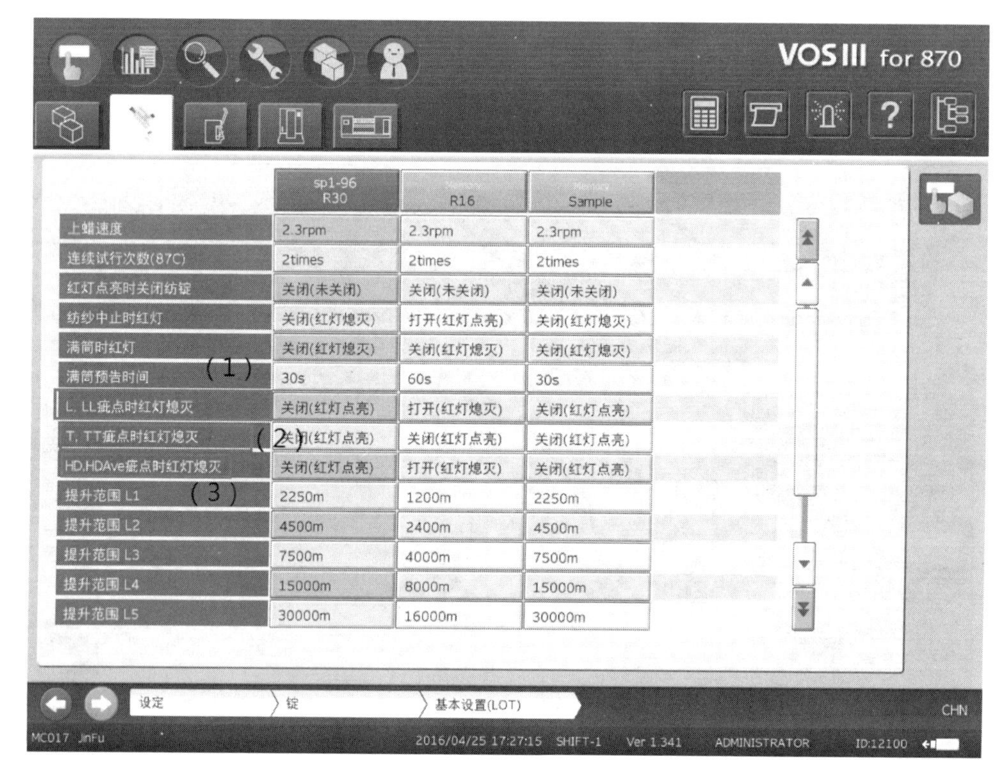

图 7-30　批次中纺纱单锭的设置

8. 批次中捻接小机各工艺时间设定

“凸轮轴驻留时间”是指大吸嘴检测是否有下纱的等待时间。“上部纱线检测定时间”是指小吸嘴检测是否有上纱的等待时间。需要注意的是：如果在指定时间未检测到纱线，喂入罗拉将停止旋转。如果设置延长旋转时间，则喂入罗拉将被强制延长运转，不管是否有上纱，如此会增加散落的废纤维。如果设置太短，则在设置时间将无法检测到上纱，并且在如图 7-31 所示界面中，可以对发生 L、T、LL、TT 剪切时的大吸嘴吸纱时间和发生 HD 剪切时的大吸嘴吸纱时间进行设定。

9. 机台设定中关于捻接小机的设定

机台设定中关于捻接小机的设定见图 7-31。

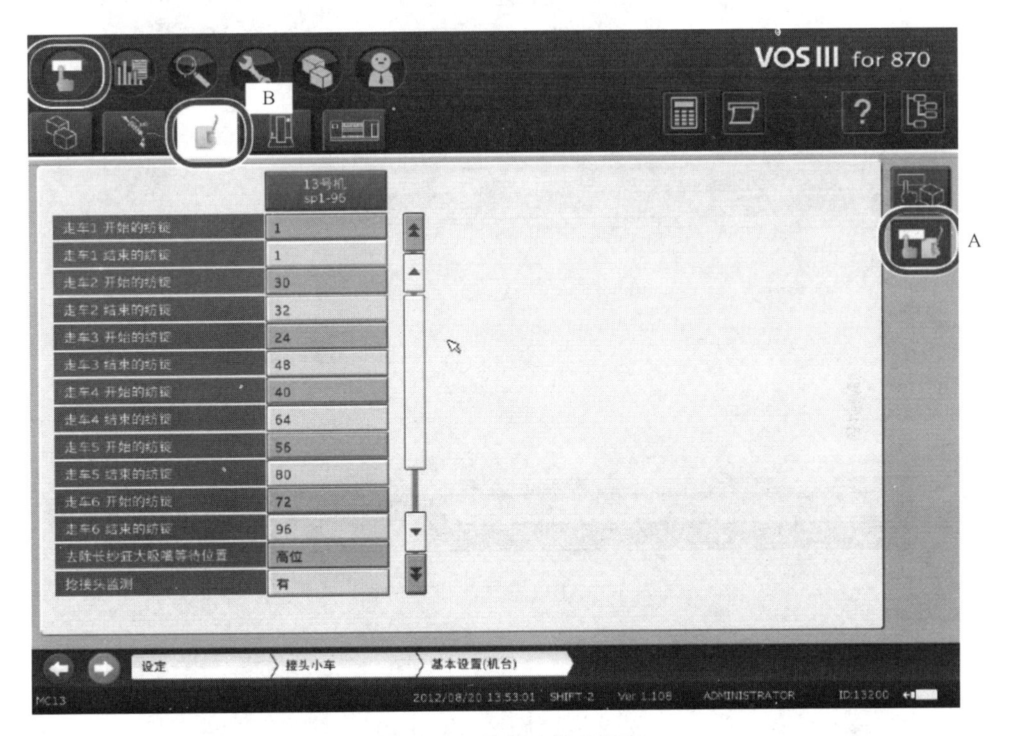

图 7-31　捻接小机的设定

10. 批次中 AD（落纱小机）的设定

绕筒脚纱时间指的是留尾纱的时间，更改设定可以改变尾纱的长度（图 7-32）。

11. 机台设定中关于落纱小机的设定

如图 7-33 所示界面可以更改 AD 落纱起始和结束锭位以及 AD 的行走速度。

12. 批次中关于主机的设定

在 A 的两项中，主鼓风机和副鼓风机的压力应该分别达到以下要求。主鼓风机风压：回花箱中无回花时-2. 3～-2. 5MPa；副鼓风机风压：-5. 6～-6. 0MPa。如果副风机的吸风负压力过低（-5. 6～-6. 0MPa），则捻接小机大吸嘴找头成功率会降低，调整设定值，使吸风负压力位于设定的范围内。B 的排出次数指的是，回花排出装置连续排棉到报警的最大次数。

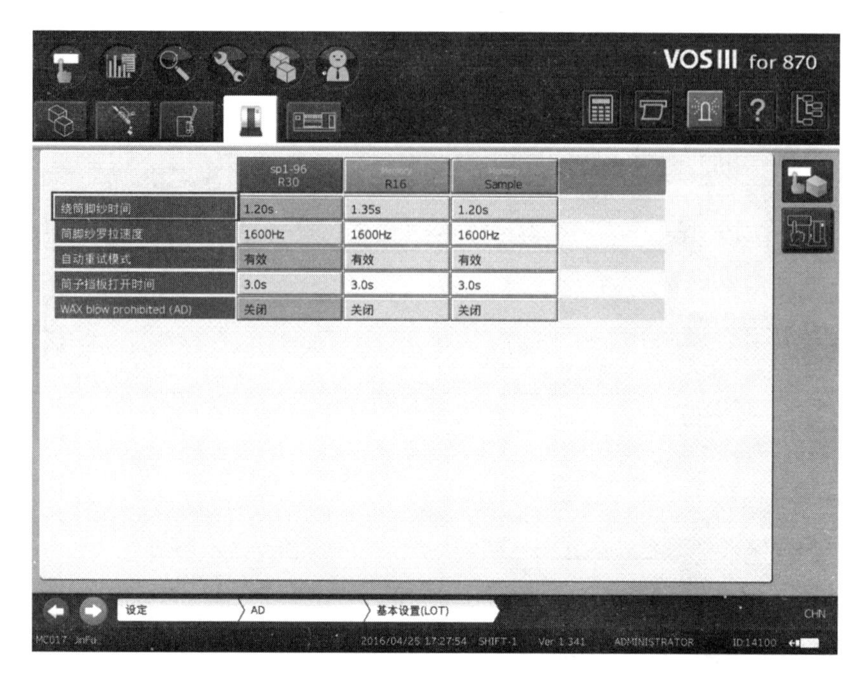

图 7-32 AD（落纱小机）的设定

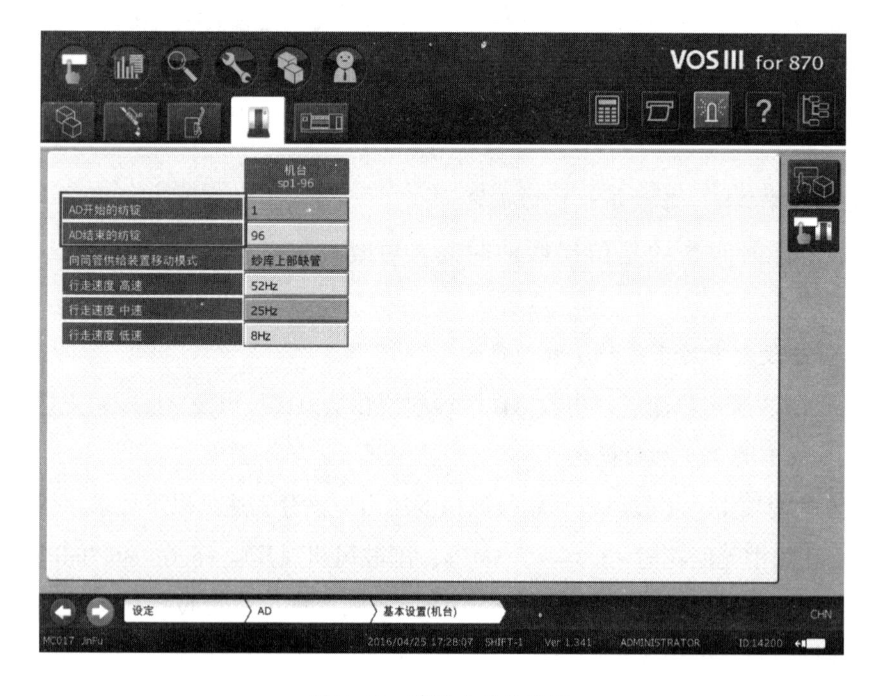

图 7-33 落纱小机的设定

完成设定次数操作后，如果静压仍未升高，则将会发出报警。如果发出报警，则先查找发生报警的原因，再将静压设置成正常水平，然后按下主控制操作面板上的报警复位按钮恢复操作。如果情况仍持续，且静压低于下限的时间超过了设置时间，则机器停止。

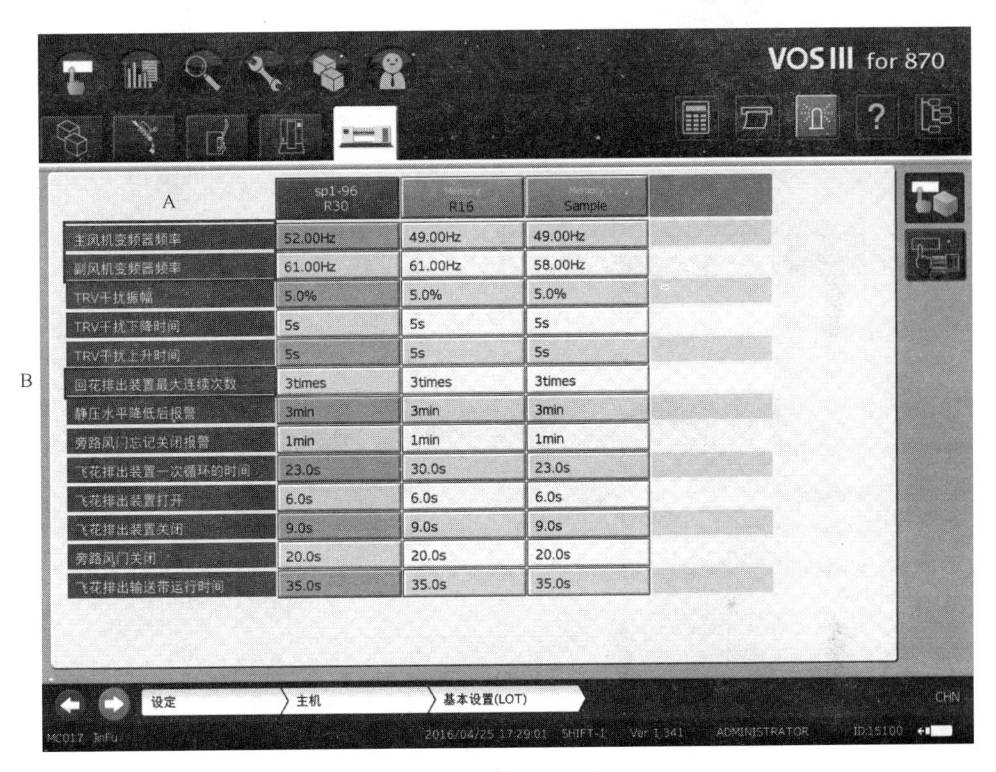

A	sp1-96 R30	R16	Sample
主风机变频器频率	52.00Hz	49.00Hz	49.00Hz
副风机变频器频率	61.00Hz	61.00Hz	58.00Hz
TRV干扰振幅	5.0%	5.0%	5.0%
TRV干扰下降时间	5s	5s	5s
TRV干扰上升时间	5s	5s	5s
回花排出装置最大连续次数	3times	3times	3times
静压水平降低后报警	3min	3min	3min
旁路风门忘记关闭报警	1min	1min	1min
飞花排出装置一次循环的时间	23.0s	30.0s	23.0s
飞花排出装置打开	6.0s	6.0s	6.0s
飞花排出装置关闭	9.0s	9.0s	9.0s
旁路风门关闭	20.0s	20.0s	20.0s
飞花排出输送带运行时间	35.0s	35.0s	35.0s

图 7-34　主机的设定

13. 机台设定中关于主机的设定

图 7-35 中方框中吹风清洁器间歇时间指的是，每隔多久清洁风机运行一周。循环吹风清洁机关闭延迟时间，决定了吹风机停止时的位置。

三、运行数据

1. 生产效率

每个项目均显示当前状态。纺纱单锭超过报警级别和停止水平时用黄色或红色灯显示（图 7-36）。

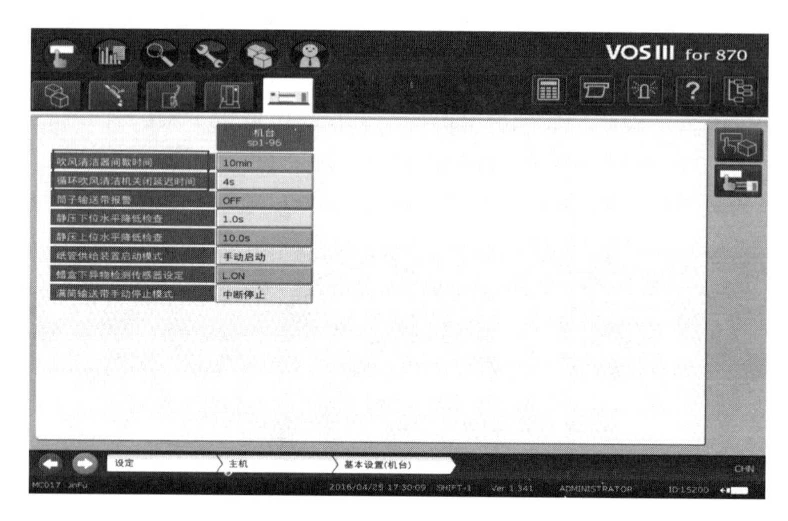

图 7-35　吹吸风运行设定

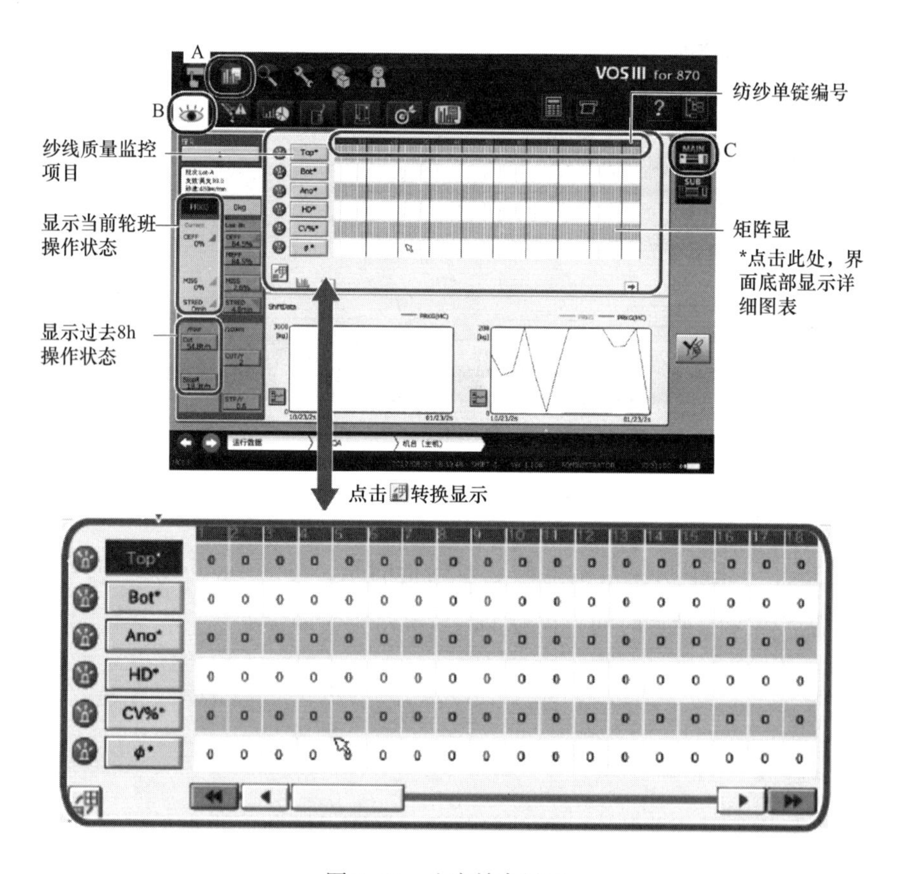

图 7-36　生产效率界面

2. 生产效率详情

如图7-37所示界面显示每个纺纱单锭的机器操作数据、状态和以往数据趋势。可在以下单锭数据中选择，轮班/小时/过去3次轮班/过去3h/轮班测试。点击“图标选择和目标设置”可改变图表轴线尺度和目标。

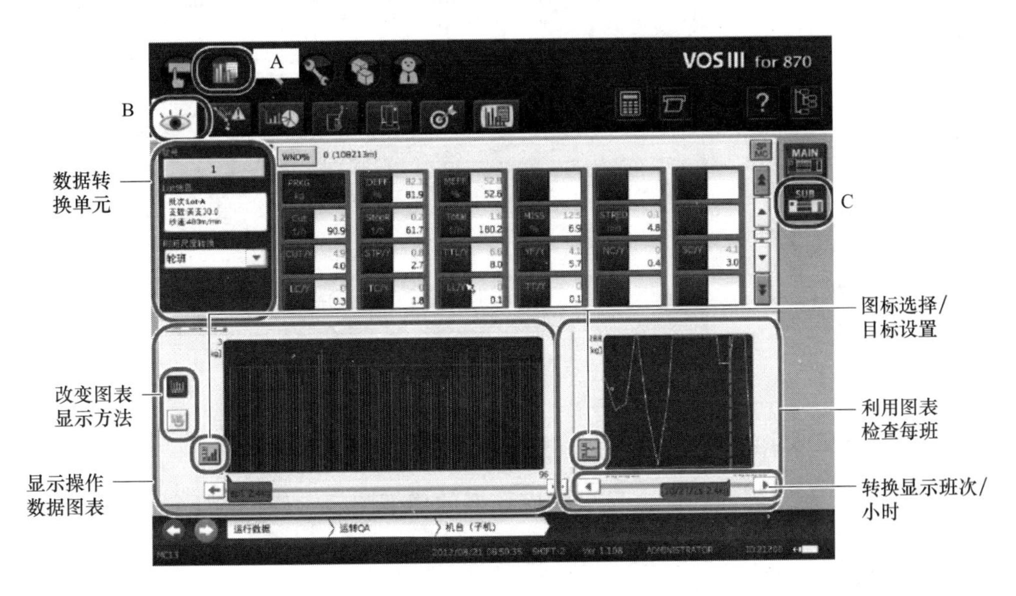

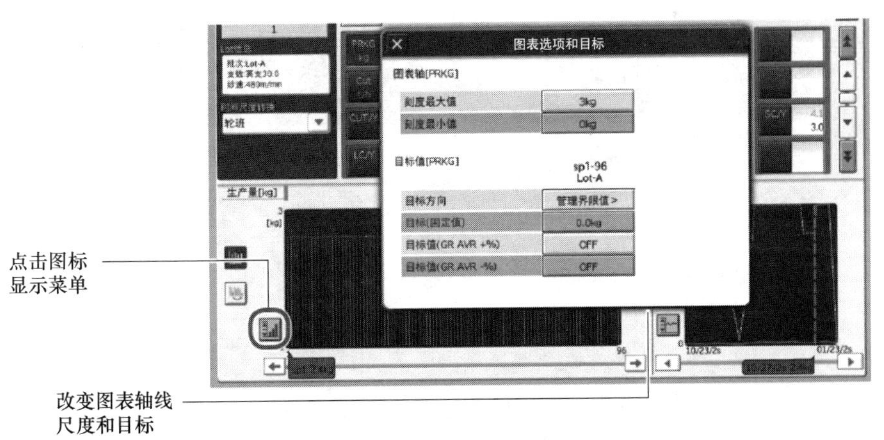

图7-37 生产效率详情界面

3. 不良纺纱单锭报告

本界面显示各纺纱单锭数据，可重新排列每个观察项目数据（图7-38）。

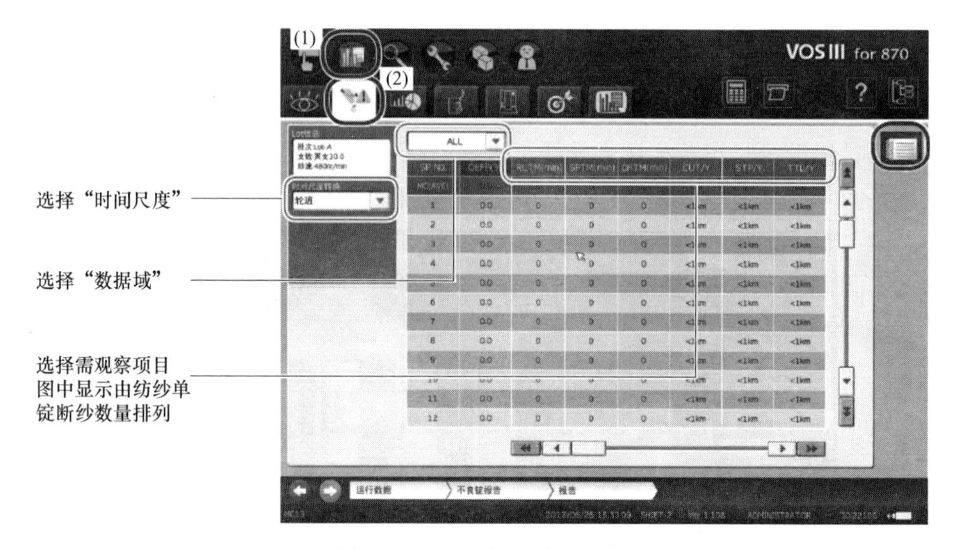

图 7-38　不良纺纱单锭报告

4. 机器效率分析

如图 7-39 所示界面底部会显示相应数据的详细图表，如点击下图中的运行效率，下面就显示每个单锭的状态以及机器的趋势图。

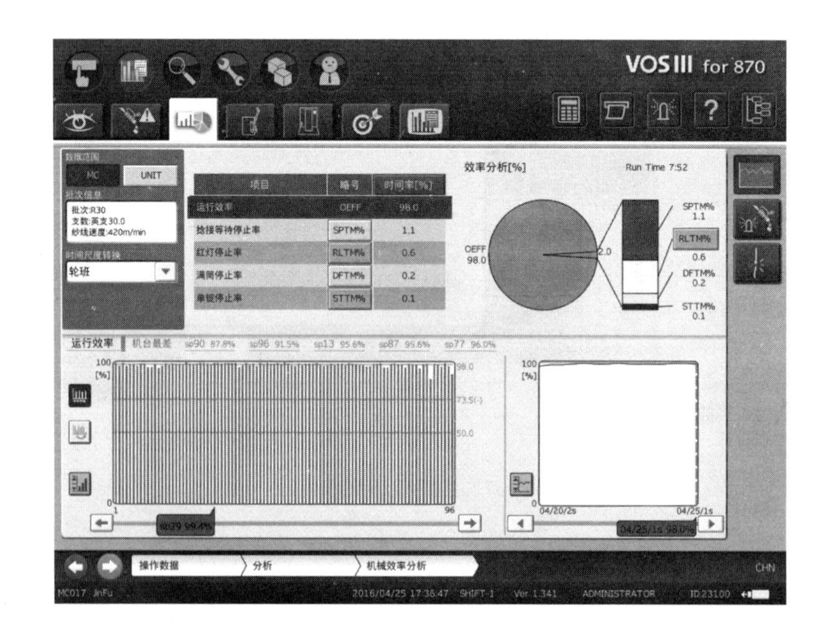

图 7-39　机器效率分析

5. 亮红灯原因分析

在如图 7-40 所示界面针对红灯报警进行了分类，并列出了占比。

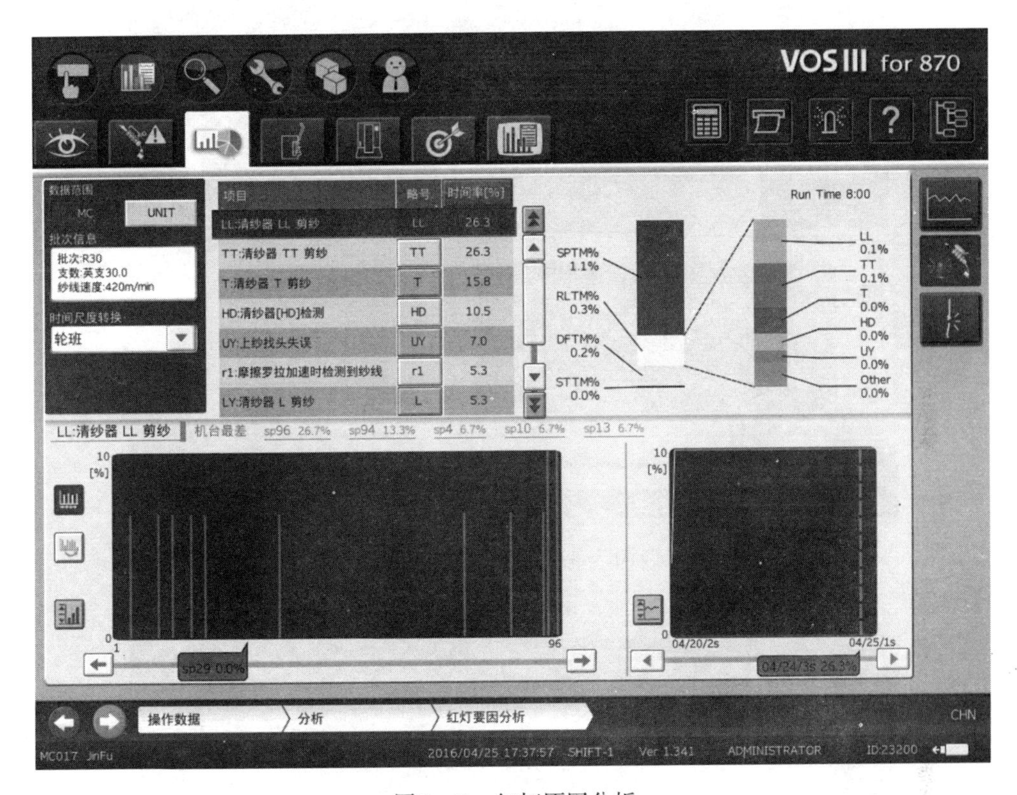

图 7-40　红灯原因分析

6. 断纱因素分析

如图 7-41 所示由断纱因素引起的每 100km 断纱次数，点击“MC”和“UNIT”分别显示的是机器的断纱次数和单锭的断纱次数（图 7-41）。

7. 捻接小机效率分析基本数据

点击“MC”和“UNIT”分别显示的是所有捻接小机的断纱次数和单个捻接小机的断纱次数（图 7-42）。

8. AD 操作效率分析

如图 7-43 所示界面显示 AD 成功率数据和 AD 出错次数。

9. 目标设置

如图 7-44 所示每个批次均可设置全部操作目标数据，粗节以短万米剪切为例。

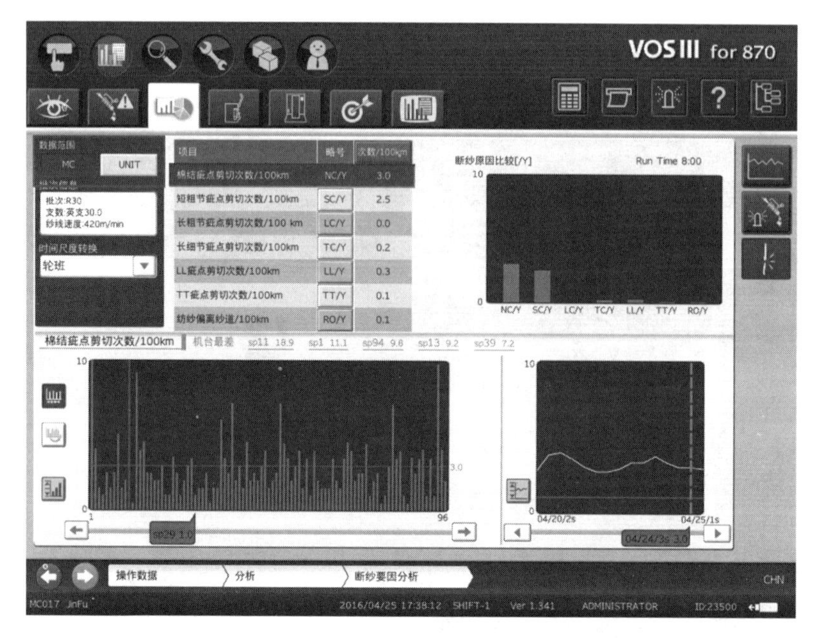

图 7-41 断纱因素分析

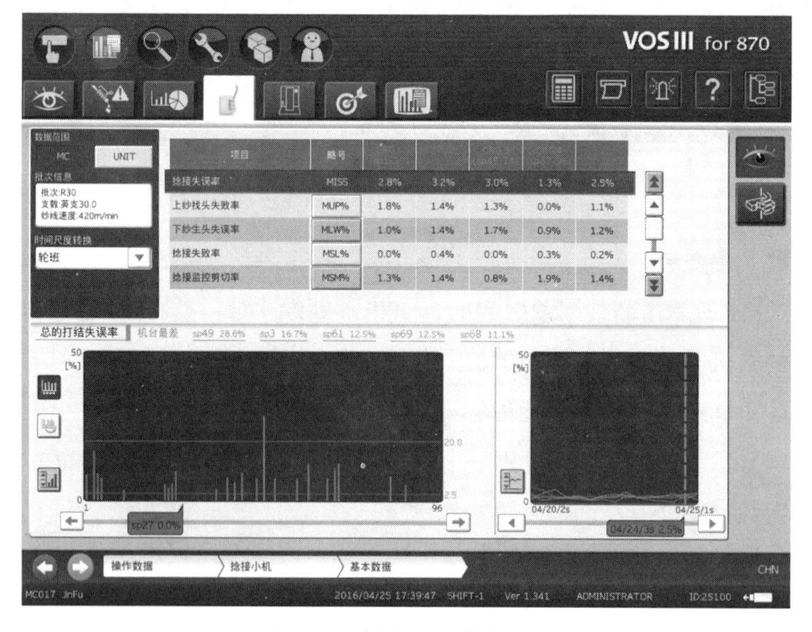

图 7-42 捻接小机效率分析

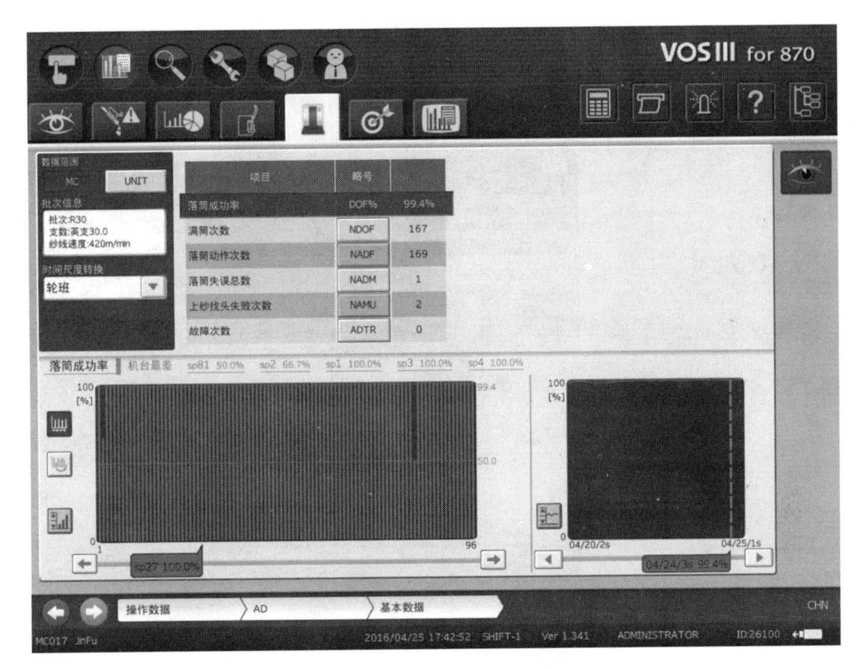

图 7-43　AD 操作效率分析

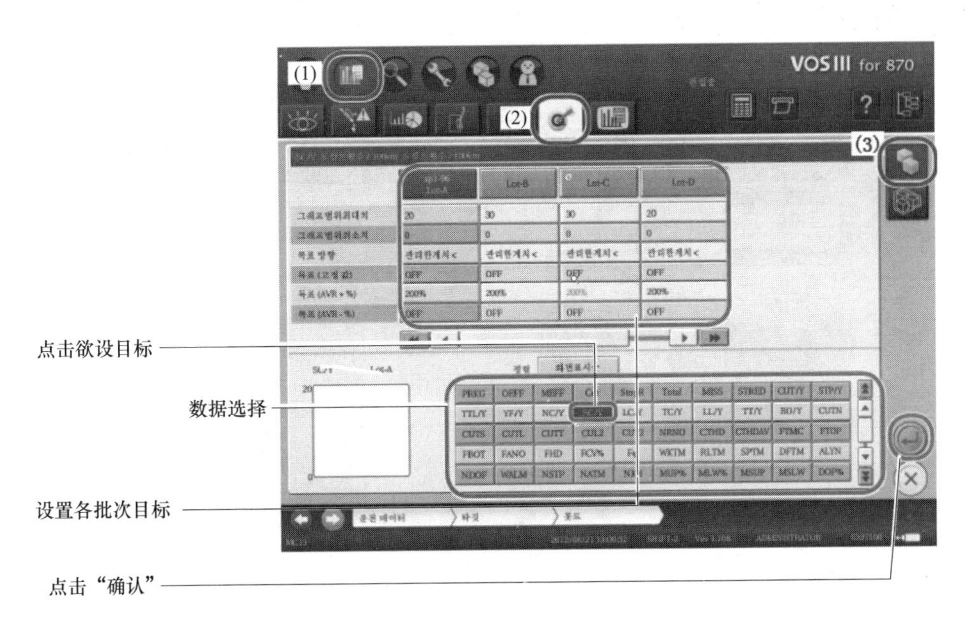

图 7-44　目标设置

10. 目标统一设置

如果对于某些数据，不同批次的要求都一致，则运行数据的目标，所有批次可以一起设置（图 7-45）。

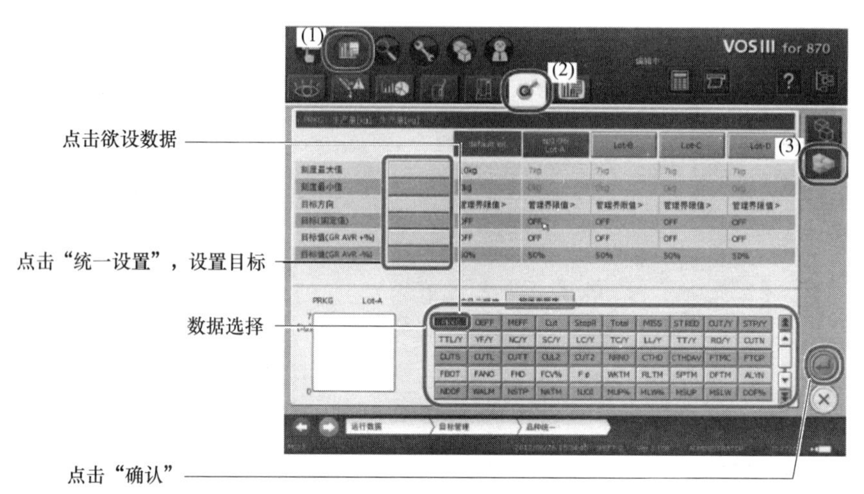

图 7-45　目标统一设置

11. 机台运行监控

在图 7-46 所示界面可以对机台的轴电动机、风机电动机的电流、频率、温度、

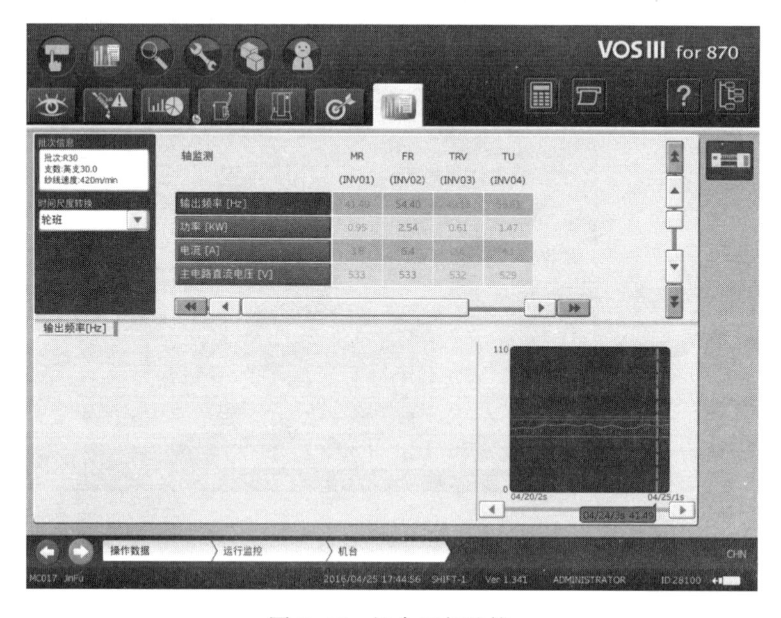

图 7-46　机台运行监控

转速以及各部分 SPC 的温度进行实时监控。

四、质量界面

1. 质量数据汇总（图 7-47）

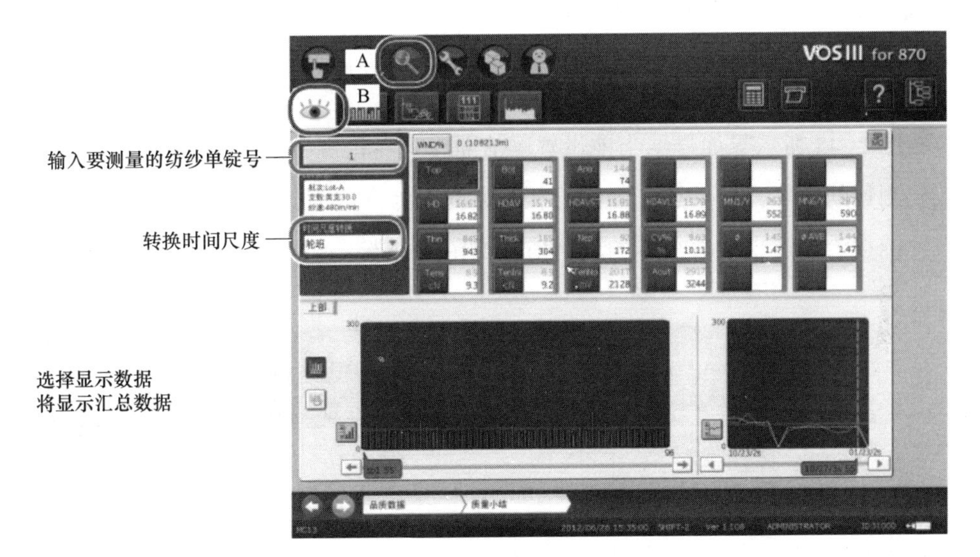

图 7-47　质量数据汇总

2. 显示的数据（表 7-10）

显示的数据及其含义见表 7-10。

表 7-10　数据显示含义

数据显示	含　　义
Top	由顶部滚轮引起的周期不均匀度的峰值
Bot	由底部滚轮引起的周期不均匀度的峰值
Ano	由除“Top”和“Bot”之外其他滚轮引起的周期不均匀度的峰值
HD	毛羽数据
HD AV	毛羽数据(移动的平均值)
HD AVST	移动的平均评估标准值
AD AVLS	移动的平均评估标准值(当前值)
Thin	IPI 细节(-18%)
Thick	IPI 粗节(+20%)

续表

数据显示	含　　义
Nep	IPI 棉结(+175%)
CV%	纱线直径指数均匀度
Φ	最新测量的纱线直径值
Φ AVE	计算标准的平均值

3. 疵点分布图表

在图 7-48 所示界面显示当前设置廓清曲线和在轮班中检测出的纱线疵点分布。输入要测量的锭号，然后点击画面更新。方框点为疵点大于清纱器设置值和剪切的疵点；圆点为疵点小于清纱器的设置值和保留的疵点。

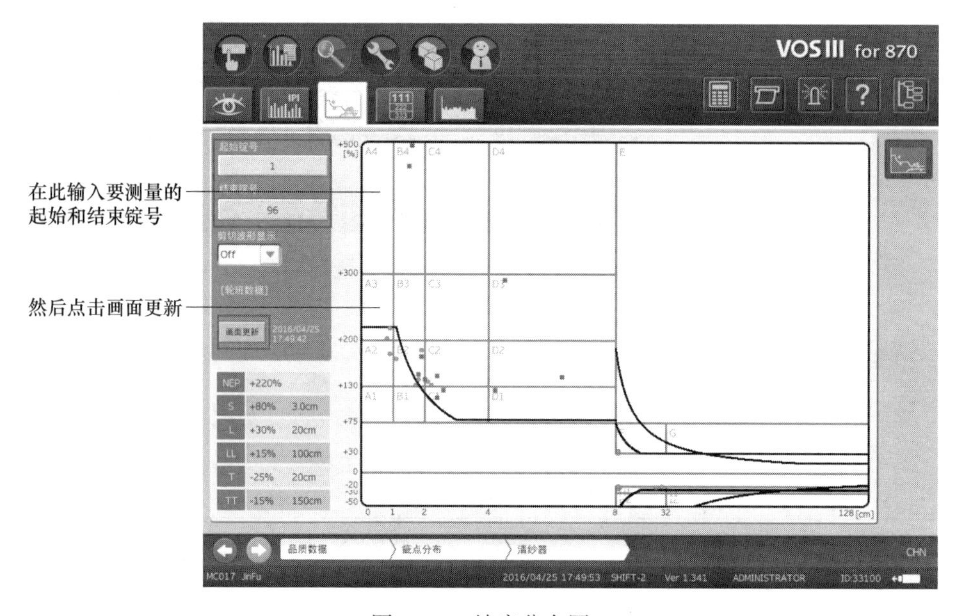

图 7-48　纱疵分布图

4. 疵点分类

如图 7-49 所示可以在设置的时间尺度上检测出疵点数量，步骤见图 7-49。

5. 光谱图

在如图 7-50 所示界面可以将所选的纺纱单锭的纱线不均匀度显示在光谱图中，点击显示的光谱图峰可阅读频率，可使用箭头图标进行调整要阅读的图峰的位置。

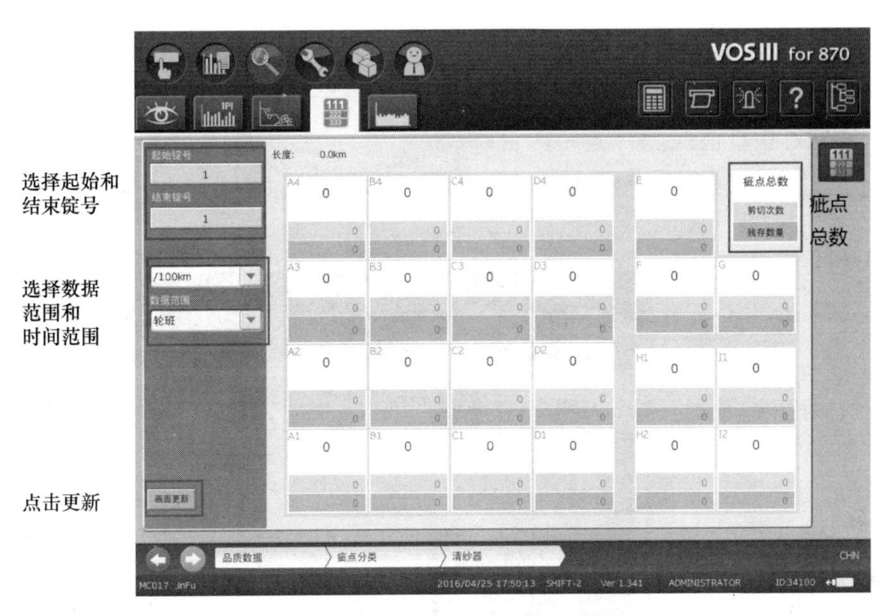

图 7-49　疵点分类

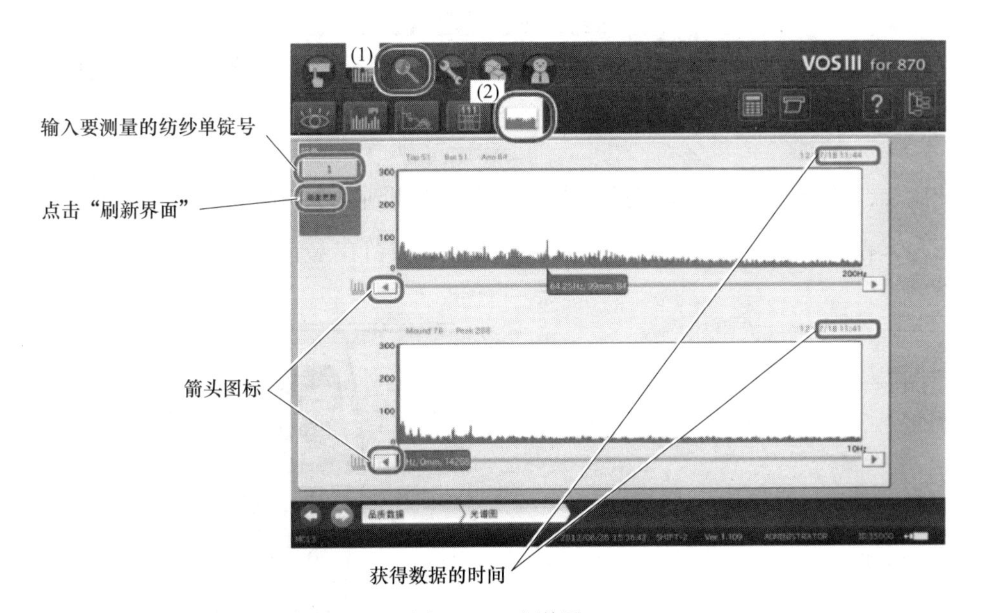

图 7-50　光谱图

五、维护界面

1. 单锭检查模式

在如图7-51所示界面分别有以下三个功能：纱线疵点样本模式、输入/输出查看模式和状态检查模式。

（1）疵点样本模式。即通过人为选择，单锭会将选择的疵点保留下来（图7-51）。

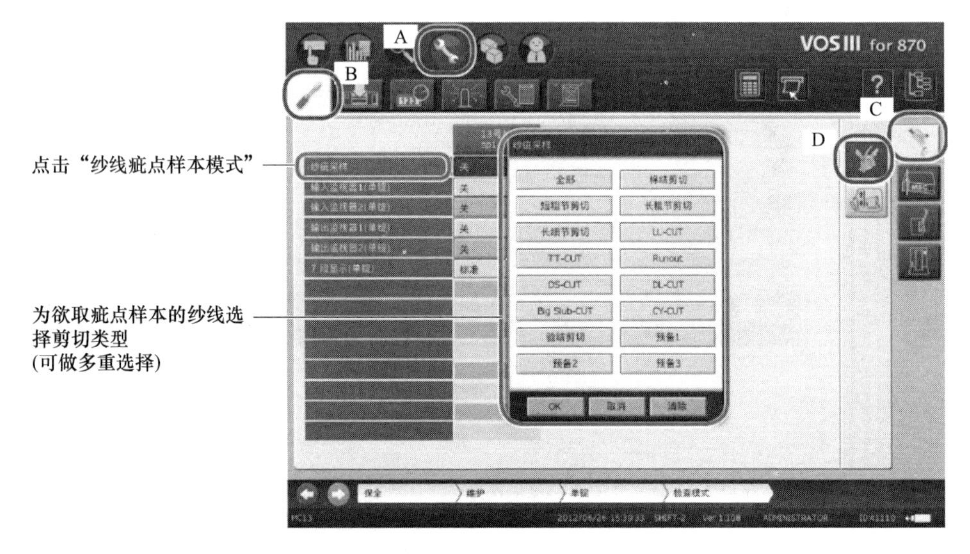

图7-51　疵点样本模式设置

比如，选择L疵点样本模式，当某个单锭检测到L疵点时，它将停止纺纱，红灯亮起，在状态显示栏中显示L并闪烁，疵点会被留在未卷绕的部分（图7-52）。

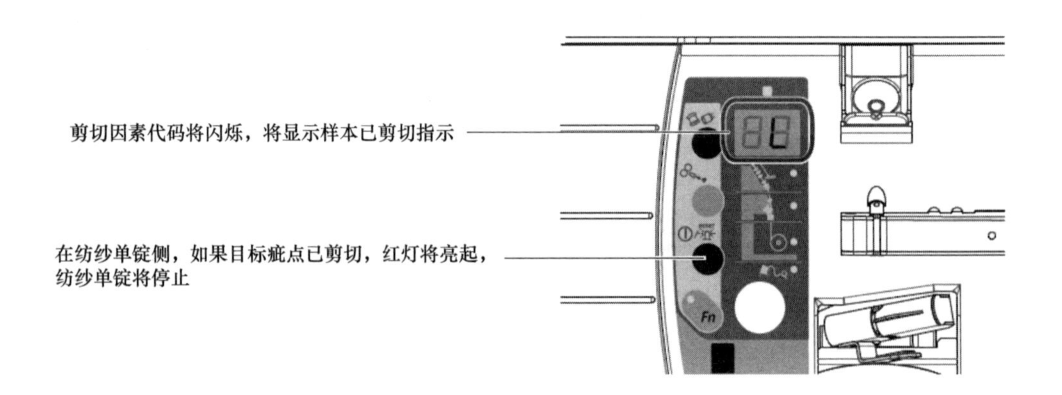

图7-52　疵点样本操作实例

(2)状态检查模式(图 7-53)。指的是,我们可以选择状态显示栏中所显示的内容见表 7-11。

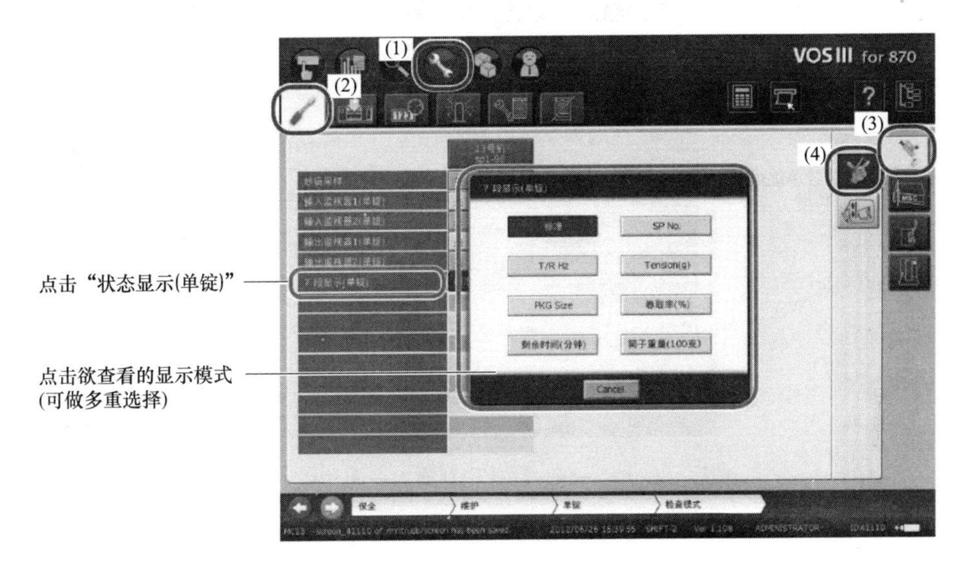

图 7-53 状态检查模式

表 7-11 状态检查模式可选内容

STD	通常使用的模式。剪切时显示剪切因素,发生报警时显示报警代码
SP No.	显示纺纱单锭号。例如,在更换电子板后,可用于检查电子板的地址码
T/R(Hz)	显示以 100Hz 为单位的摩擦罗拉(张力罗拉)的驱动频率
Tension(cN)	显示纺纱传感器检测出的纺纱张力(cN)
Pkg Size	显示当前从 L1 到 L8 的筒子尺寸
WIND(%)	显示当前卷绕长度相对于满筒的比例
Remain(min)	以分钟为单位,显示当前到满筒的剩余时间
Pkg(100g)	显示以 100g 为单位,从当前卷绕长度中计算的筒子重量

2. 锭长个别输入

如图 7-54 所示为锭长个别输入界面,可以查看并修改单锭的当前卷绕长度。如果需要记录所有锭子的当前锭长,可以在数据输出功能中选择保存当前锭长报告。

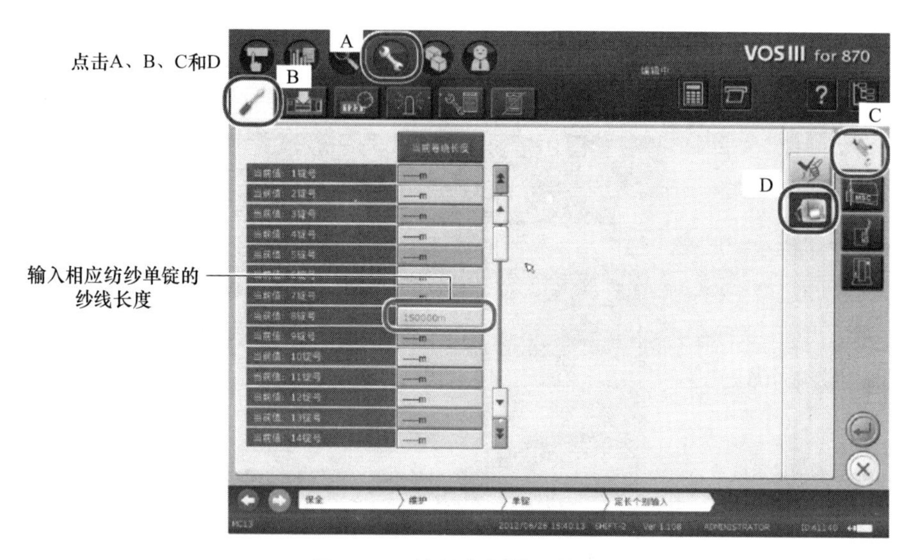

图 7-54　锭长个别输入界面

3. 捻接小机检查模式

在该页面有以下三个功能：输入/输出查看模式、状态显示模式和解捻检查模式。其中前两项和单锭功能类似，故只介绍解捻检查模式（图 7-55）。

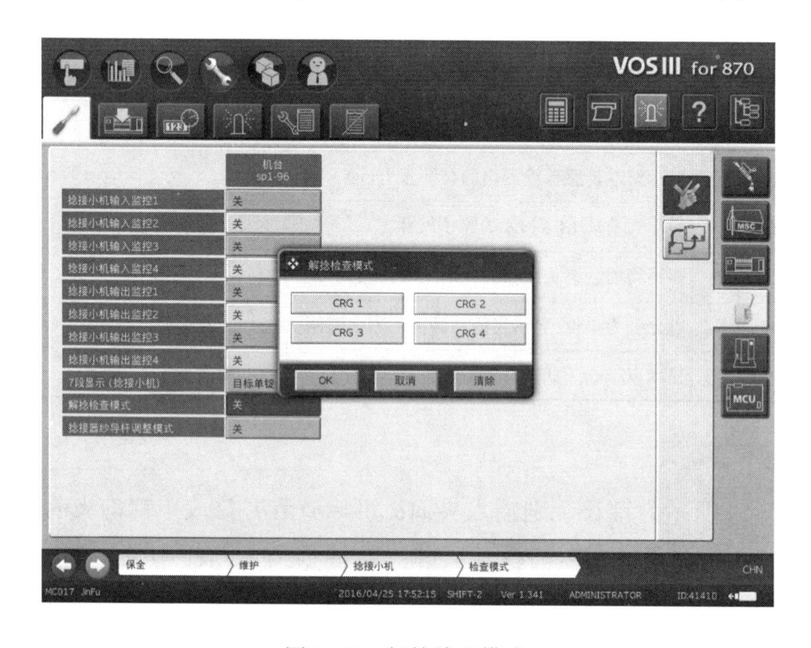

图 7-55　解捻检查模式

解捻检查模式是用来检查捻接小机接头前，对上纱和下纱的解捻效果的。关闭解捻检查模式时，捻接小机在相应锭位，打到手动挡，在绿灯闪烁期间按下绿灯后，捻接小机会在完成接头后停止，直观地看到接头的效果。打开解捻检查模式，选择相应的捻接小机（可多选），则该捻接小机在相应锭位，打到手动挡，在绿灯闪烁期间按下绿灯后，捻接小机会在解捻完成之后，不再加捻。这样就可以观察捻接小机的设定对上纱和下纱解捻效果的影响。这直接关系接头的效果。

4. 程序更新

程序更新页面包含 MCU、主机、纺纱单锭、捻接小机、AD 和清纱器的程序更新（图 7-56）。

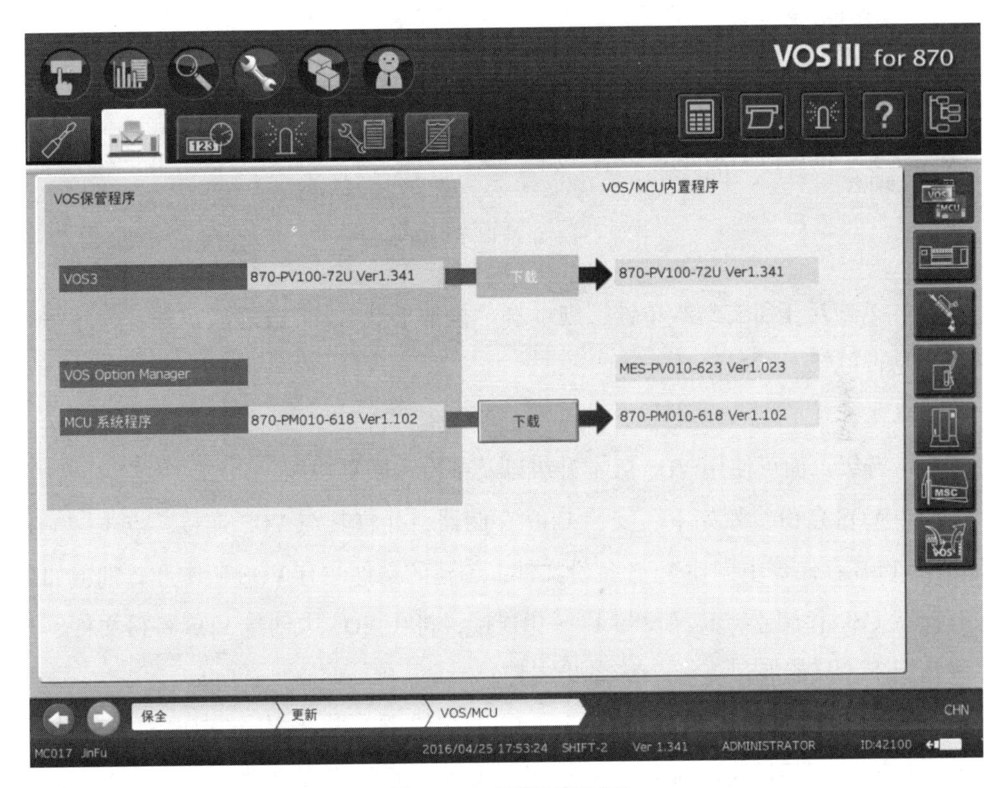

图 7-56　程序更新页面

以单锭程序更新为例，步骤如下：依次点击 A 和 B 后，从 C 中选择单锭图表并点击（图 7-57）。

查看目标单锭纺纱是否停止，详细说明目标范围（本例子中的锭节数）并单击

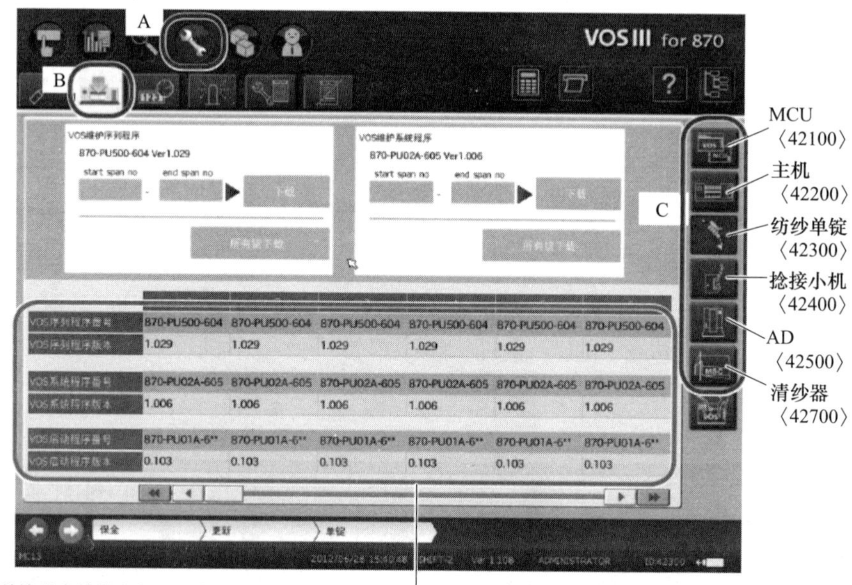

若目标单锭的当前版本和VOS中的版本不同，文本将显示为红色

图 7-57　单锭程序更新步骤

“下载”，若应用于所有纺纱单锭，则单击“全部下载”。下载之后，查看程序号码和版本是否更新。

5. 版本升级

版本升级页面可使用 VOS 版本升级以及备份和恢复功能。

（1）VOS 备份步骤如下。安装 USB 存储器，并将其与 VOS 连接；点击“VOS 备份”。USB 存储器中创建 VOS 备份文件；创建的文件注有 VOS 版本和日期；如果没有安装 USB 存储器，其又没与 VOS 相连接，将在 VOS 中创建 VOS 备份文件。在这种情况下，只能保存一份 VOS 备份文件。

（2）VOS 还原的步骤如下。安装 USB 存储器，并将其与 VOS 连接；点击“VOS 还原”；选择欲还原时期的 VOS 备份文件。系统将会自动执行还原操作；如果没有安装 USB 存储器，使用 VOS 备份文件进行还原。需要特别注意的是无论备份还是还原，都包含了这台机器的所有 VOS 信息，如果从 1 号机器备份至 USB 存储器，在 2 号机器上进行还原，则 2 号机显示的机台号等设备信息也会变成 1 号机。

（3）计时器。计时器可监测出机器通电时间和运行时间。此外，计时器上还配有分段计时器，如此可记录特定的计时时期（图 7-58）。

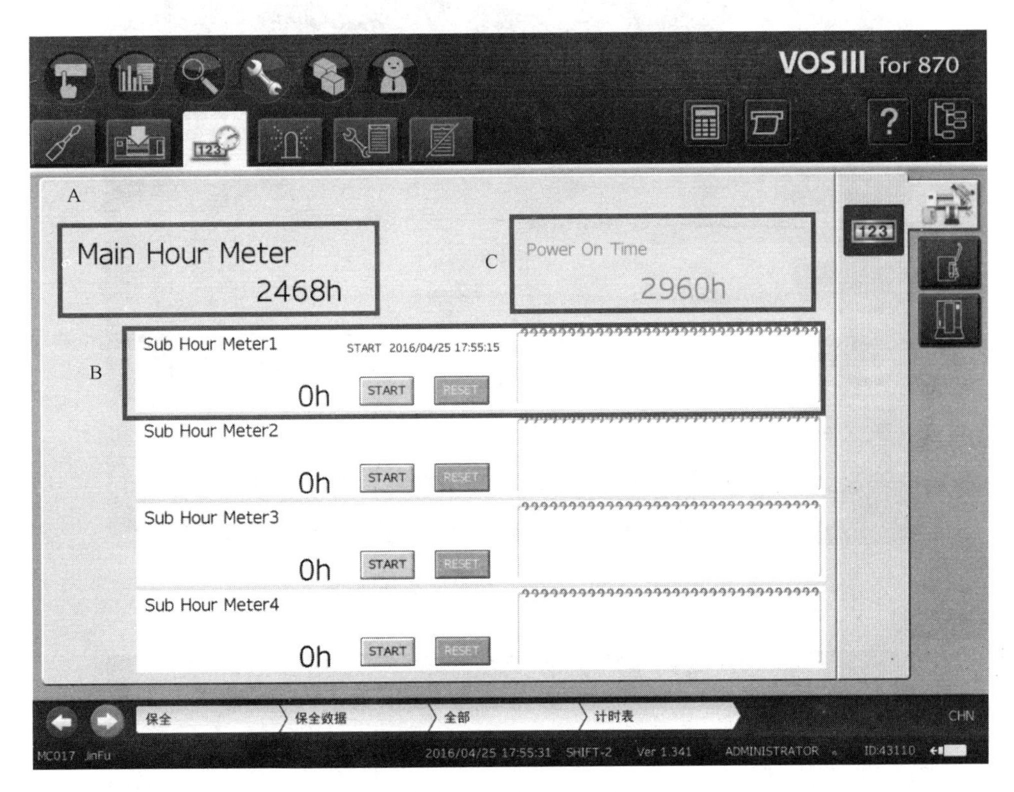

图 7-58　计时器界面

A 为主计时器，显示机器总运行时间，无法清零运行时间；B 为分段计时器，可使用四分段计时器，有以下功能：开始时间记录、停止时间记录、计时器清除为零、备忘录，打开键盘，用户可输入文本；C 为通电时间，显示通电时间，无法清零运行时间。同样，捻接小机和 AD 也有相应的计时器（图 7-59、图 7-60）。

6. 报警统计

从 ID44300 至 ID44600 页面显示的是单锭、清纱器、主机、捻接小机、AD 当前轮班和先前轮班发生报警次数的日志（图 7-61）。

7. 报警日志

从 ID45100 至 ID45500 页面，分别显示的是全部、主机、单锭、捻接小机、AD 发生的所有报警（图 7-62）。

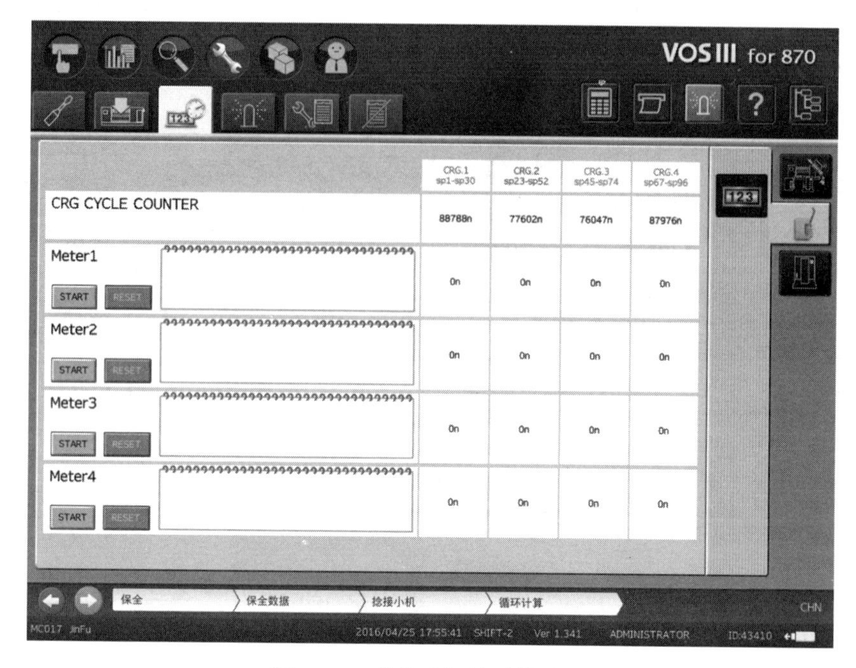

图 7-59　捻接小机计时器界面

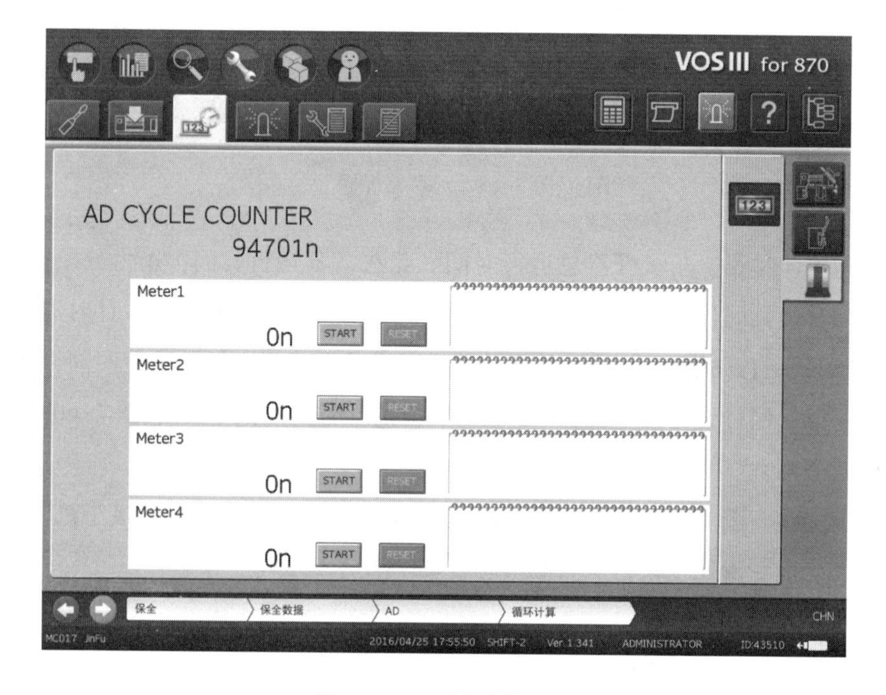

图 7-60　AD 计时器界面

依次点击A和B后，从C中选择一个图标，并点击

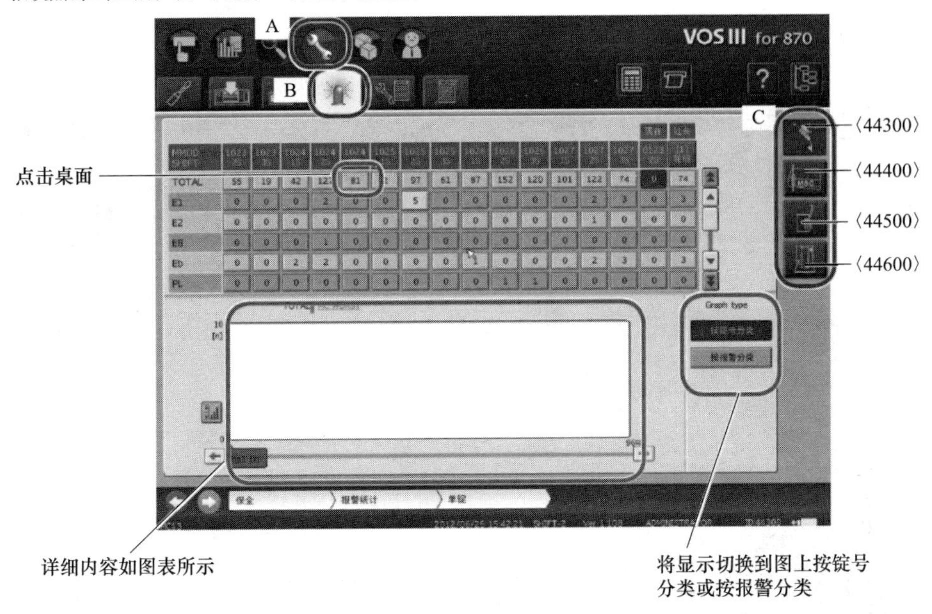

图 7-61　报警统计界面

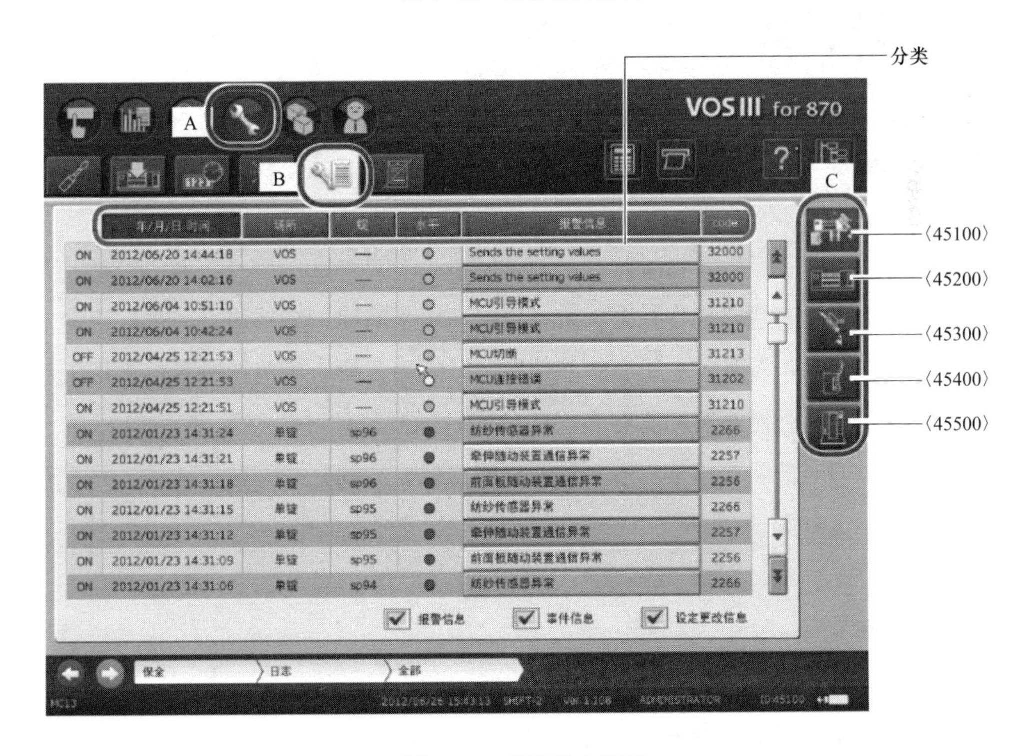

图 7-62　报警日志界面

8. 数据清除

如图 7-63 所示界面用来清除机器操作数据，质量数据，定长值等。

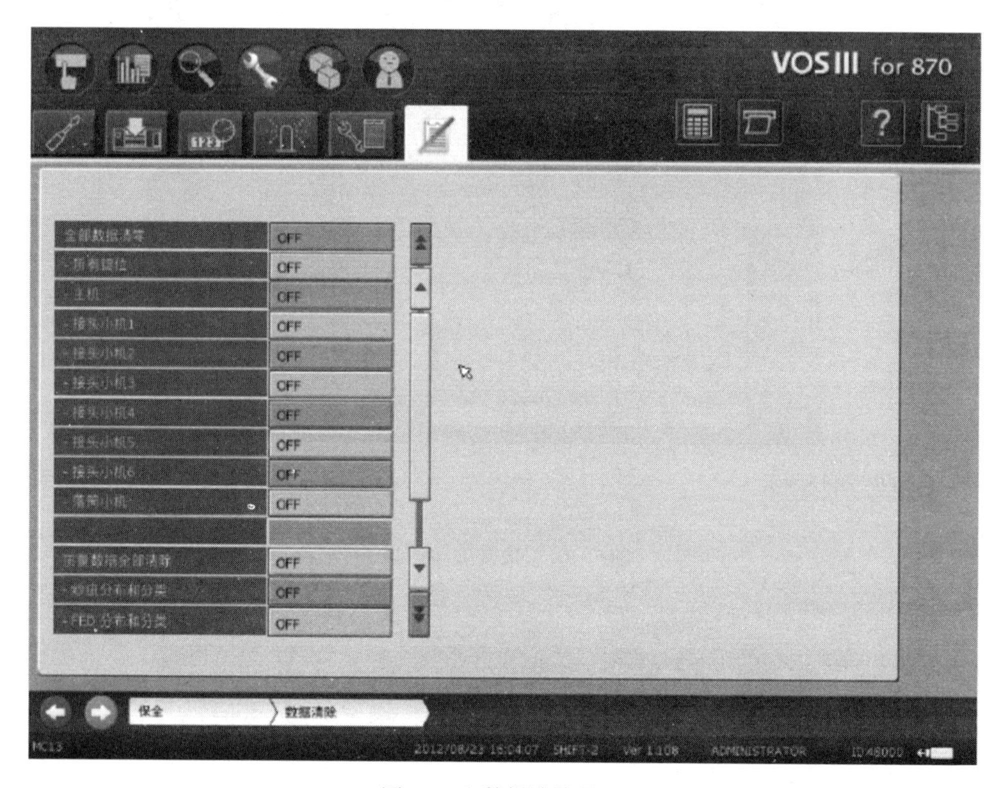

图 7-63 数据清除界面

操作数据，用来清除操作数据；质量数据，用来清除清纱器质量数据；清除报警日志，用来清除报警日志；所有纺纱单锭同时满筒，所有满筒同时复位，用于对所有纺纱单锭同时强制满筒和所有满筒锭位同时强制复位（捻接状态），纺纱传感器纺纱基准值同时清除，用于对所有纺纱传感器现有纱线直径等数值清零，并重新取基准值。

六、批次管理

1. 批次分配

将保存在 VOS 中的批次信息用于生产（图 7-64）。

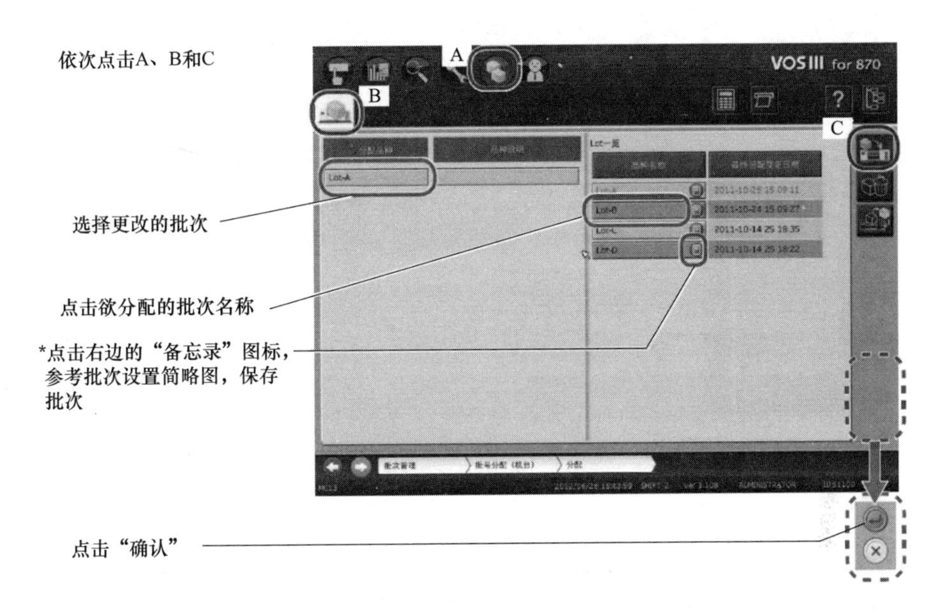

图 7-64　批次分配

2. 批次删除

检查每个批次使用次数、使用时间和批次分配日期时，可删除多余的批次。

3. 批次中断

使用过程中可中断当前批次，插入其他批次。被中断的批次可以在其他批次插入后再被还原。

4. 批次复制

将批次信息由 VOS 中存储至 USB 存储器中，或者从 USB 中读取批次信息到 VOS 中。步骤如下。

(1) 安装 USB 存储器，点击 A 处在 B 界面选择 USB 存储器中批次信息（图 7-65）。

(2) 选择 USB 中的批次信息（或 VOS 中的批次信息）。

(3) 点击复制，所选批次信息就复制到 VOS 中（或 USB 存储器中）（图 7-66）。

5. 批次比较

将两个批次进行比较（图 7-67），选择和 VOS 或者 USB 中的批次进行比较；选择要比较的两个批次；点击“比较”。

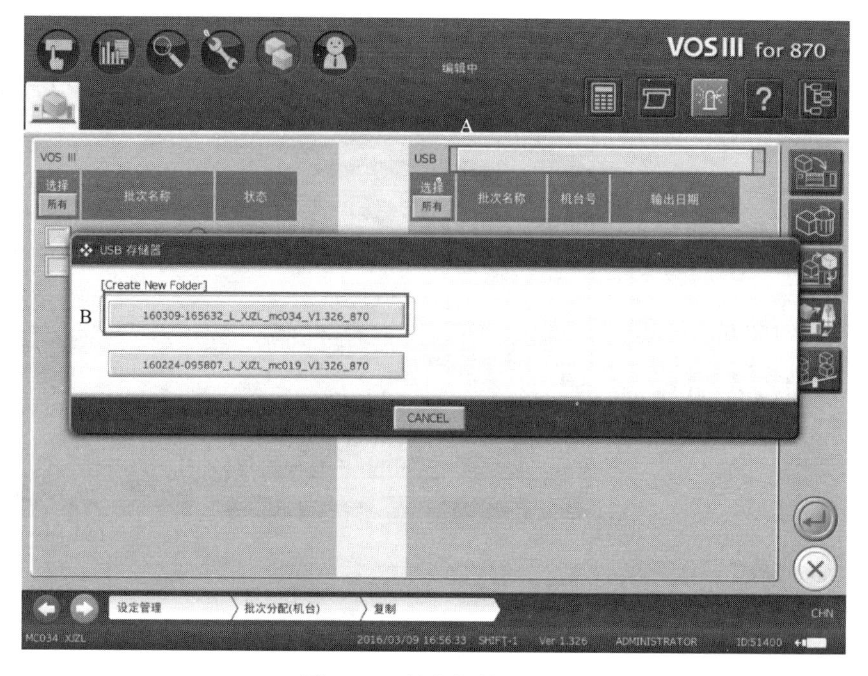

图 7-65 批次复制界面 1

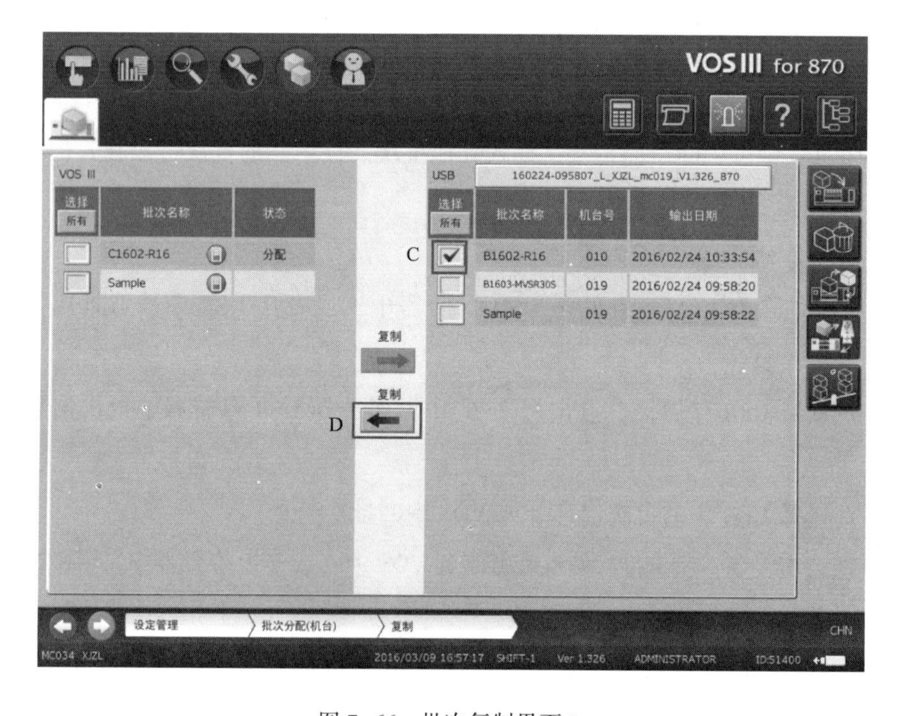

图 7-66 批次复制界面 2

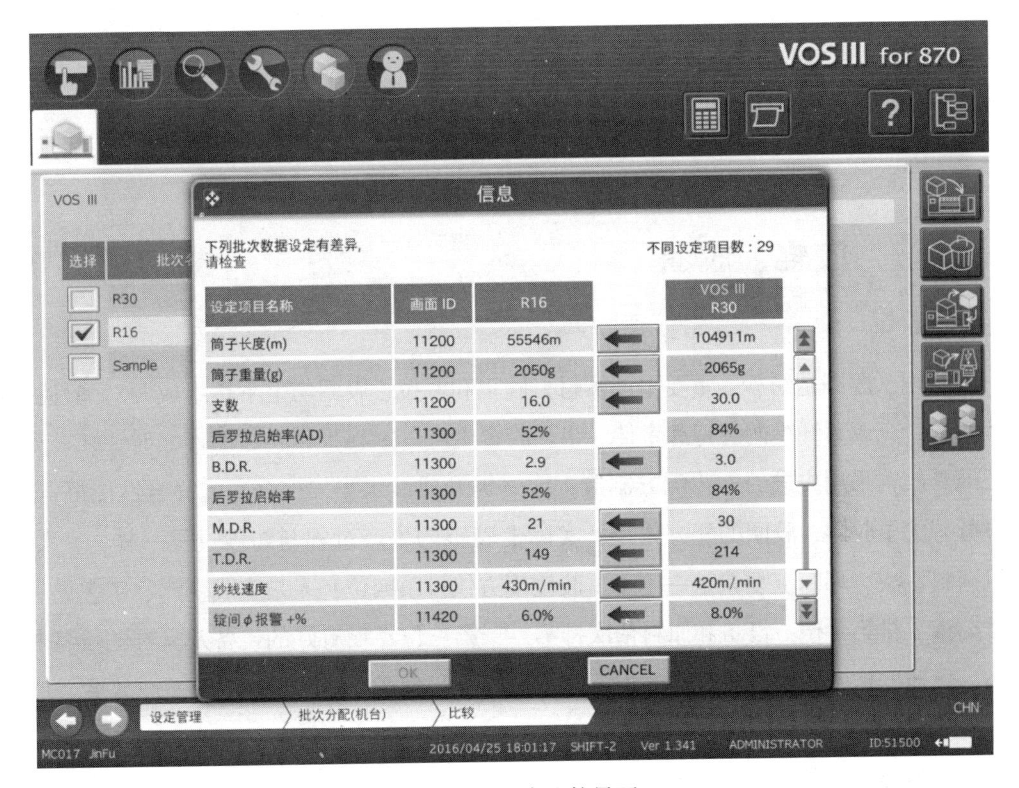
VOS III for 870
VOS III
选择
R30
R16
Sample
信息
下列批次数据设定有差异,
请检查
不同设定项目数：29
设定项目名称
画面 ID
R16
VOS III
R30
筒子长度(m)
11200
55546m
104911m
筒子重量(g)
11200
2050g
2065g
支数
11200
16.0
30.0
后罗拉启始率(AD)
11300
52%
84%
B.D.R.
11300
2.9
3.0
后罗拉启始率
11300
52%
84%
M.D.R.
11300
21
30
T.D.R.
11300
149
214
纱线速度
11300
430m/min
420m/min
锭间 φ 报警 +%
11420
6.0%
8.0%
OK
CANCEL
设定管理
批次分配(机台)
比较
CHN
MC017 JinFu
2016/04/25 18:01:17 SHIFT-2 Ver 1.341 ADMINISTRATOR ID:51500

图 7-67 批次比较界面

第八章　胶辊、胶圈的使用与管理

第一节　胶辊、胶圈

胶辊、胶圈是纺纱的重要牵伸器材。胶辊和罗拉、胶圈与上下销组成两对弹性握持钳口，完成对纤维的握持和牵伸。很多胶辊生产厂家在推销自己的产品时，往往介绍说其胶辊采用先进的工艺配方制造，能够提升成纱水平，抗绕、抗静电性能好等。过分夸大了胶辊、胶圈的配方作用，实际上胶辊的生产过程与纺纱过程一样，“人、机、料、法、环”五要素缺一不可，胶辊配方仅排第四位，人是完成生产、工艺的首要因素，排第一位，设备和原料依次排第二、第三位。没有好的设备及完好的设备状态、优质的橡胶原料，再先进的配方工艺都不可能生产出好的胶辊、胶圈产品来。

一、纺织橡胶的分类

丁腈橡胶是制造纺织胶辊的主要原料，简称 NBR，丁腈橡胶中丙烯腈含量有42%~46%、36%~41%、31%~35%、25%~30%、18%~24%五种，丙烯腈含量越高则橡胶的耐油性越好。这一特性非常适合做具有耐油性要求的纺织牵伸器材，特别是纺制含色油剂、化学油剂的纺织品种，高丙烯腈含量用于开发化纤、色纺、毛纺及氨纶包芯纱的胶辊。

羧基丁腈橡胶，简称 XNBR：羧基丁腈橡胶是由丁二烯、丙烯腈和有机酸（丙烯酸、甲基丙烯酸等）三元共聚而成。其相对密度为 0. 98~0. 99。丁腈橡胶中引入羧基，增加了极性，增大 NBR 与 PVC 和酚醛树脂的相溶性，并赋予其高强度，具有良好的粘接性和耐老化性，改进耐磨性和撕裂强度，进一步提高耐油性。拉伸强度一般为 25. 5~26. 5MPa，扯断伸长率 310%~380%，撕裂强度 51. 0~55. 9kN/m。

二、纺织胶辊、胶圈的主要工艺流程

纺织丁腈胶辊生产加工工艺如下：

塑炼→混胶→压延→挤出→注射→压铸→硫化→切割→倒角→粗磨→检验→包装工序

在整个丁腈胶辊生产流程中，硫化对产品质量具有关键性的影响，硫化是指橡胶分子链的交联，赋予橡胶各种良好的物理性能。因为橡胶在未经过硫化前，缺乏良好的机械性能（抗拉强度、定伸强度、伸长率、弹性等），实用性能不大。因此，要在胶辊配方中精确计算硫化反应时硫黄的使用量，在硫化反应过程中减少游离状态硫的产生（多余未反应的硫黄），以使胶辊硬度更加稳定，在使用一年后皮辊邵氏硬度上升控制在 2 度以内。在促进剂的选择上采用 TMTD、TMTM 快速硫化促进剂，提高橡胶的交联密度，提高胶辊的弹性和抗变形能力。特别要注意挤出工艺的压力和硫化温度及硫化时间等关键工艺参数的精准掌握。

三、胶辊制造过程中关键工序控制及对成纱质量的影响

1. 胶辊胶料的综合分散度

胶辊胶料的综合分散度是考核胶辊内在质量的重要指标，分散度越高，胶料配方中的各组分（包括抗静电剂和补强填料）分布越均匀，其相应的各种功能充分发挥，因此，胶料的强力、磨耗、弹性、抗静电性能都可得到改善。分散度高的胶辊在胶料中形成电子通道，常称隧道效应，可使体积电阻率降低、导电性能（抗静电性能）提高；反之，分散度低的胶辊，抗静电剂分散不匀，使体积电阻率上升、导电性能下降，而且因胶料内部含有微小气孔和没有分散的块状，区域中胶料分布不均匀，易造成胶辊硬度不匀，使胶辊在运转中产生周期性握持力波动，直接影响成纱条干。因此，为了保证胶辊质量，高品质胶辊要采用小批量及多次混料的方法，以使胶料达到应有的分散度。胶辊的质量标准过去主要是考核硬度、回弹性、恒定压缩永久变形率及几何尺寸等；而目前对胶辊的分散度越来越重视，国家标准 GB/T 6030—2006《橡胶中炭黑和炭黑/二氧化碳分散的评估　快速比较法》中规定分散度共分为 10 级，5 级以下为差，5~6 级为不确定，7 级为可接受，8 级为好，9~10 级为很好，纺织用胶辊分散度应在 8 级以上。

2. 胶辊的表面粗糙度

胶辊表面粗糙度可采用轮廓算术平均偏差 Ra 来表示，Ra 可以通过粗糙度仪器来测试。

（1）分散度与表面粗糙度的关系。分散度高的胶辊硬度、分子密度、组织结构稳定，因而经过磨砺加工后表面粗糙度一致、均匀，成纱质量一致性好。

（2）套差。套差是胶辊制作的一个重要工艺，套差大则胶辊的内应力大，使橡胶分子始终处于张紧状态，胶辊容易产生龟裂、老化，纺纱性能下降，从而影响胶辊外层硬度的均匀率，胶辊圆周硬度差异过大对胶辊表面粗糙度的均匀性产生影响。因而纺制质量要求高的纱线时，推荐使用铝衬胶辊，铝衬胶辊利用金属铝的弹性将胶辊套入胶辊轴承，消除了胶辊套制的内应力，一般称铝衬胶辊为“零套差”，实际上应该是微套差。由于它能够减少制作工序，提高成纱质量，目前已经是主流产品。

（3）磨砺次数。胶辊的表面粗糙度与磨砺次数有着密切的关系；胶辊磨砺次数并不是越多越好，因为胶辊与砂轮挤压摩擦造成胶辊和砂轮发热，对胶辊表面粗糙度造成破坏，特别是当温度上升到 120℃ 以上时，还会烧伤胶辊表面的橡胶分子，致使粗糙度不匀率上升，胶辊磨砺次数：普通 802 磨床采用 3～4 个往复、40～60mm 大气孔宽砂轮磨床以 2 个往复为宜，既可提高胶辊磨砺后的表面粗糙均匀度，又兼顾了磨床的生产效率。表 8-1 为 LXC-966A 胶辊在 FM-1 磨床不同磨砺参数下实测的粗糙度值。

表 8-1　不同磨砺参数对胶辊表面粗糙度的影响

胶辊型号	砂轮转速（Hz）	压辊速度（Hz）	往复次数	拖板线速度（mm/min）	粗糙度（μm）	最大差异（μm）
LXC-966A	45	40	1	450	0.865	0.12
			2		0.635	0.056
			3		0.499	0.025
LXC-966A			2	550	0.578	0.045
				450	0.643	0.078
				350	0.723	0.15

（4）磨砺进刀量。胶辊磨砺进刀量的大小直接影响胶辊表面粗糙度 *Ra* 值的大小，磨砺进刀量应控制在 0.15～0.20mm，过大胶辊与砂轮的挤压摩擦力过大，胶辊表面温度会迅速升高，甚至高达 200℃，灼伤胶辊表面，会造成胶辊表面粗糙均匀率下降，而且易导致胶辊表面抗静电剂外溢。特别是在出现手盘进刀过快、磨削

过多等操作不当问题时，还可能造成胶辊表面磨痕。只要磨床精度允许，建议采取“勤磨少磨”的方法，既可以提高成纱质量又能兼顾胶辊的消耗，达到节能增效的目的。胶辊表面处理不当，必然会增加胶辊表面粗糙度不匀，胶辊表面处理通常有三种方法：表面酸处理（由于对人体危害较大，同时对操作者要求很高，风险较大，处理后胶辊易老化早期龟裂，现在基本不用了）、表面光照处理和表面化学涂料处理，在同一磨砺工艺条件下，三种处理方式的胶辊表面粗糙度各有差异，见表8-2。

表 8-2　不同处理方式下的胶辊粗糙度 *Ra* 值

胶辊表面处理方法	胶辊实测 *Ra* 值(μm)	*Ra* 值绝对值差(μm)
未处理	0.654	0.145
光照处理	0.532	0.076
化学涂料	0.664	0.137

化学涂料处理并不能改善胶辊表面粗糙度，原先通过化学涂料处理胶辊可以达到“削高填低”，改善胶辊粗糙度的提法并不准确，它只是在胶辊表面增加了一层涂覆层。而通过紫外线光照处理胶辊的方法，通过紫外线 γ 射线改变胶辊橡胶分子结构，对胶辊的粗糙度有所改善。有时用涂料处理比用紫外线处理成纱的质量好，车间生活好做，但这并不是涂料处理降低了胶辊的粗糙度的原因，胶辊的可纺性和胶辊的粗糙度是两个不同的概念。

四、胶辊表面粗糙度 *Ra* 值大小与成纱质量的关系

胶辊内在质量不同，在同一磨砺工艺条件下，其表面粗糙度 *Ra* 值也不尽相同，*Ra* 值的大小决定了胶辊的握持力和摩擦力，胶辊的摩擦力直接影响成纱条干质量；一般纺纯棉中支纱推荐胶辊的粗糙度为 0.8μm 左右，一般高精度宽砂轮磨床一个往复即可；纺制高支纱一般推荐 0.6μm 左右，高精度宽砂轮两个往复也可以满足。而纺制化纤及特殊品种（如 0.8 旦的超细旦纤维）时，为了提高握持力，胶辊表面粗糙度 *Ra* 值不宜过小，而且要根据胶辊的处理方式和工艺条件来决定。牵伸倍数与胶辊表面粗糙度 *Ra* 值大小对成纱质量也有影响；胶辊表面粗糙度 *Ra* 值大小随着纺纱牵伸倍数的增大而增大，随着牵伸倍数的减小而减小，牵伸倍数大、纤维离散

度高，只有较大的胶辊动摩擦力才能保证其纤维抱合力从而减少浮游纤维。纺纱牵伸倍数小，对胶辊表面粗糙度的要求适应面较宽，如粗糙度 *Ra* 值过高对条干不理想，且细节有所增加；在纺纱牵伸中，胶辊表面粗糙度在混纺品种中尽可能加大到 0.8~1.0μm，而在纺纯棉品种中可适当加大到 0.5~0.7μm，而在生产细旦天丝品种时，尽可能增加胶辊粗糙度到 1.0μm 以上。但粗糙度过大会带来静电聚集，易产生绕花，但由于当前不处理胶辊的抗静电性能强，粗糙度适当加大也不会产生静电绕花，加大粗糙度对牵伸的稳定性是有好处的。但过大的粗糙度会产生缠绕现象，必须通过加覆涂层处理提高其抗缠绕性能。胶辊表面粗糙度不均匀易造成动摩擦系数波动，摩擦力不均匀，影响对须条的握持力，进而产生粗细节，而胶辊表面粗糙度均匀，可使胶辊动态握持力相对均匀，有利于改善成纱条干。由于胶辊的粗糙度直接影响牵伸握持力，所以，当纺纱厂在不同温湿度和不同的工艺情况下，生产不同细度、长度及不同性质的纤维时对胶辊加工的粗糙度会有不同。如江苏南通某知名企业在生产 0.8 旦 G100 天丝和兰精莫代尔混 19.7tex 喷气涡流纺纱时，采用进口贝克磨床磨砺胶辊时，由于胶辊表面的粗糙度较小，成纱条干恶化、细节增加较明显，而调整磨砺参数后，提高了胶辊的粗糙度，成纱细节显著下降，见表 8-3。

表 8-3 胶辊的粗糙度对成纱质量的影响

磨床	*CV*(%)	-50%(粒/km)	+50%(粒/km)	+200%(粒/km)	*Ra* 值(μm)
贝克磨床	11.79	1	11	32	0.634
FM-1 磨床	11.32	0	8	21	1.046

山东某知名企业生产纯棉喷气涡流纺纱（JC29.5tex）时，也分别使用贝克全自动磨床、普通磨床和高精度磨床磨砺胶辊，实测胶辊的粗糙度，进行了胶辊的粗糙度对成纱质量影响的对比试验（表 8-4）。

表 8-4 胶辊的粗糙度对成纱质量影响的对比试验

磨床	*CV*(%)	-50%(个/km)	+50%(个/km)	+200%(粒/km)	*Ra*(μm)	CV_b(%)
贝克磨床	13.35	3	26	42	0.535	1.8
FM-5 磨床	13.67	4	28	45	0.612	1.86
FM-1 磨床	14.11	7	34	56	0.785	1.96

五、生产不同的品种选用不同性能的胶辊

生产色纺纱及氨纶包芯纱时，由于纤维中还有色素和油剂，容易出现胶辊起鼓现象。而同一款胶辊由于橡胶分子中的亲油基分子及添加剂不同，耐油剂性能也不同，主要表现为胶辊耐油的能力和耐油剂的品种不一样。LXC-766、LXC-766a 为抗油剂胶辊，能有效解决纺色纺及氨纶纱胶辊起鼓现象。有些企业，车间温湿度控制不良，特别是生产化纤品种时，胶辊缠、绕、损现象突出。可选用抗缠绕性能较好的 D-85/90 石墨烯胶辊，该胶辊即使在黄梅天高温高湿情况下，“三抗”效果也表现良好。生产喷气涡流纺纱线，可选用 V-73、V-78 胶辊，其性能可与进口胶辊相媲美，周期和 9 级纱疵水平都不差于进口胶辊，但价格远低于进口胶辊。生产对胶辊耐磨性要求较高的产品（如紧密纺），可选用 JA-65、JA-75 聚氨酯胶辊，该胶辊耐磨性能好，磨砺周期长，可有效节约胶辊房用工。

六、不同工艺、不同纤维和不同牵伸型式对胶辊性能要求不同

1. 对“胶辊硬度越软成纱质量越好”的再思考

据胶辊胶圈技术教科书上介绍，胶辊硬度 63~85 度的范围内，硬度越软则成纱质量越好，这也成为广大技术人员的共识。但在生产实践中，经常出现硬度高的胶辊成纱质量优于硬度小的胶辊的现象。棉纺牵伸理论认为，牵伸过程中，必须保证握持力大于牵伸力。这一对力不匹配就会出现粗细节，影响成纱条干。在正常条件下，低硬度高弹性胶辊的成纱质量好主要是因为握持力的稳定性增强的结果。一般来讲，胶辊硬度越硬，橡胶分子的间隙越小，胶辊的弹性越差。在相同的摇架压力、牵伸倍数和纺纱条件下，弹性越高的胶辊与纱条的接触面积越大，纺纱过程中的粗节、细节越少，条干水平越稳定。胶辊弹性越高，运转过程中因弹性恢复滞后造成的能量损失越小，温度上升越慢，对延长胶辊的使用寿命也就越有利。胶辊弹性越好，条干锭间差异也越小。但胶辊的硬度也不能太低，否则弹性恢复性能偏低，影响握持力的稳定性，就会导致条干变差。如果胶辊的弹性恢复不佳，反向包围弧的延伸还会加剧纤维的断裂及分离，条干就会极大地恶化，细节增加，锭差加大。同时，胶辊由于过度加压疲劳，易中凹，过早损坏，如不及时回磨或更换，同样会恶化条干。

2. 对胶辊磨砺“光、滑、燥、爽”要求的再思考

传统的胶辊胶圈技术书籍对胶辊制作的要求是“光、滑、燥、爽”，随着磨砺设备自动化程度的提高，胶辊磨砺后表面的粗糙度也越来越高。但实际生产中发现，在生产纯棉品种时，胶辊表面的粗糙度一般要低一点，而生产黏胶等化纤品种时，胶辊表面的粗糙度则要适当高一些。其原因是棉纤维之间的摩擦系数小，而化纤的长度长，纤维之间的摩擦系数大，胶辊表面的粗糙度小，不利于牵伸的稳定。一般遵循纺纯棉品种时，胶辊的粗糙度应控制在 0.5~0.7μm，纺混纺和化纤品种时，胶辊表面的粗糙度应控制在 0.8~1.0μm 为宜。传统理论认为，胶辊涂料表面处理时，涂料配比越淡（最好是不处理），成纱质量越好，但近年来，随着大定量、高效工艺的出现，经常出现涂料比例越浓、条干越好的现象，而且不同品种均有。涂料的作用不仅是增加胶辊的抗静电性能，同时也改变了胶辊表面的摩擦系数。涂料比例不同直接影响胶辊对纤维的握持力。表 8-5 是河南某纺企用 LXC-966A 胶辊生产 18.5tex 喷气涡流纺黏胶纱时，不同涂料配比时的条干 *CV%* 值对比试验情况。

表 8-5　不同涂料配比时条干 *CV%* 值对比试验

涂料配比	1∶10	1∶15	1∶20
CV(%)	12.56	12.32	12.98
-50%(个/km)	3	2	8
+50%(个/km)	30	26	43
+200%(粒/km)	49	45	53
CV_b(%)	2.2	2.0	1.9

表 8-6、表 8-7 分别是 LXC-866A、LXC-963 在越南某工厂生产 14.8tex 喷气涡流纺黏胶纱、浙江某厂生产 14.8tex 喷气涡流纺黏胶（麻灰）纱时的对比试验情况。

表 8-6　越南南定省裕纶纺纱厂的对比试验

涂料配比	1∶8	1∶12	不处理
CV(%)	14.32	15.11	15.43
-50%(个/km)	4	20	53
+50%(个/km)	122	145	165
+200%(粒/km)	265	287	296
CV_b(%)	2.1	2.0	2.0

表 8-7　越南隆安省华孚工厂的对比试验

涂料配比	1：12	1：15
CV(%)	14.56	15.23
-50%(个/km)	3	6
+50%(个/km)	198	232
+200%(粒/km)	298	312
CV_b(%)	2.2	2.0

深入研究和试验后不难发现，所有现象都是遵循牵伸原理的，关键是握持力和牵伸力的平衡问题。当胶辊表面处理过程中的涂料配比能够使握持力和牵伸力达到最佳匹配状态时，产品质量就会比较稳定。

第二节　胶辊紫外线光照技术

紫外线照射到物体表面，易被物质吸收而变成内能，当波长为200~300nm的短波紫外线照射物体时，可激发被照物体分子的活跃度，并造成分解交联和聚合。正是利用这一原理，用紫外线照射胶辊可以改变胶辊的橡胶分子结构，提高抗绕花和抗静电性能，是一种新型无毒环保的胶辊表面处理方法，可有效解决化学处理涂料时吸收不匀的问题，降低胶辊处理成本，减少胶辊锭差问题。其优势主要表现在：紫外线处理后的胶辊表面光滑爽燥，高速运转后摩擦产生的静电能被延缓，可有效阻碍胶辊表面吸附纤维，避免因胶辊粘带纤维而产生纱疵，这是紫外线处理后的胶辊区别于普通涂料处理方法的一个显著特点；紫外线处理后的胶辊表面柔润，能更好地握持纤维，避免胶圈中凹、滑溜，有利于提高纺纱质量；紫外线处理后的胶辊具有很好的耐油污、抗老化和耐磨性能，使用周期较长，损耗率低；紫外线处理后的胶辊只改变表层性能，而对内层的摩擦系数没有影响，可以确保内层摩擦系数的稳定性，使须条在牵伸过程中更加稳定，也有利于提高成纱质量。

一、紫外线光照处理的优势和经济指标

使用表面不做任何处理的免处理胶辊纺纱，胶辊新上车后存在走熟期，在配棉

较差、温湿度波动时容易产生缠绕现象。很多工厂采用涂料处理，而这种处理方式容易造成胶辊握持力下降，条干、常发性纱疵及管间 CV_b 恶化，也容易受操作者的技术和情绪的影响，处理不当时成纱会产生 9~10cm 机械波。而紫外线光照处理容易操作，处理胶辊速度比较快、成本低，对人体无毒副作用，可以提高胶辊抗绕性，延长胶辊的使用周期，尤其是在高温高湿季节，可以有效解决生活波动问题。随着生活水平的提高，人们对纺织服装质量的要求也在不断提高，高质量、高支纱和多组分差别化纱线应用于服装面料的比例越来越大，对纱线质量的一致性要求也越来越高。传统的胶辊处理方法存在很多问题：板涂法容易受操作师傅手法及责任心等因素的影响而造成涂料不匀，形成机械波，严重恶化条干；笔涂法也不能完全杜绝机械波问题，而且劳动强度大，效率低，对操作者身体健康不利。江苏某公司开发生产的 ZJ91-6 型胶辊紫外线光照机，可广泛应用于光照处理纯棉、混纺、化纤、差别化、涡流纺和喷气纺胶辊，每次可处理 54 只（108 锭）胶辊。

二、紫外线光照处理胶辊在纺企的应用

1. 紫外线光照处理在并条工序中的应用

经过尝试，将并条胶辊光照处理，由于并条胶辊受到的压力及牵伸力较大，直接回磨后光照上车使用时间为一个月左右。如涂料处理后再进行光照，则使用时间更长、效果更佳，可有效减少缠绕概率，提高设备运转率。并条胶辊光照处理参数见表 8-8。

表 8-8　光照并条胶辊选用的参数

光照指针高度	光照时间	箱体温度	胶辊根数	备注
70mm	6min	70℃	1	每格喂入 1 根

2. 紫外线光照机在粗纱工序中的应用

由于南方纺纱厂在高温高湿的“黄梅季节”，前纺普遍存在温度高、湿度大，胶辊如表面处理不好，返花增多、清洁绒套极易黏附一层短纤维（北方地区在冬季容易出现低温低湿情况，前纺车间容易产生静电绕花和返花现象），很容易在运转过程中进入牵伸区而形成纱疵。为此将磨好的胶辊进行紫外线光照处理后，胶辊绕花、带花现象杜绝。胶辊光照处理参数见表 8-9。胶辊回磨后，表面涂料微处理，

涂料固化后（约12h），再进行光照，效果更好。

表 8-9　粗纱胶辊光照处理参数

光照指针高度	光照时间	箱体温度
70mm	5min	70℃

3. 紫外线光照机在精梳工序中的应用

在整个精梳工序中，要求最高的是分离胶辊，其次是牵伸胶辊。精梳工序纤维伸直度好、抱合力变差，分离胶辊工作长度较长，其工作性能直接决定棉网质量的好坏。对分离胶辊的要求：一是握持性能要好，即要有很好的弹性；二是表面硬度要均匀；三是抗缠绕力强。采用涂料处理很难达到要求，且易造成局部硬块，使棉网出现云斑现象。将硬度为75°的精梳分离胶辊精磨光照处理后上车使用，效果可与进口分离胶辊媲美。在精梳房温度较低的情况下，也有很好的抗绕能力。牵伸胶辊经光照处理后，缠绕现象也明显减少。精梳机胶辊光照处理参数见表 8-10。

表 8-10　精梳机胶辊光照处理参数

胶辊类型	光照指针高度	光照时间	光照温度	每格喂入根数
分离胶辊	80mm	4min	65℃	1 根
牵伸胶辊	100mm	7min	70℃	1 根

4. 紫外线光照机在纺制纯棉喷气涡流纺纱线上的应用

生产纯棉喷气涡流纺纱时，由于纱线截面纤维根数较少，胶辊的粗糙度也要偏小掌握，一般控制在 0.6μm 左右。采用涂料处理容易形成表面摩擦力不匀，造成成纱粗细节偏高。在贝克全自动磨床上选用 Y100×60 参数，磨砺后经测试，胶辊表面的实际平均粗糙度为 0.585μm，分别测试双组分涂料 1∶20 和紫外线光照 40s 微处理后的胶辊粗糙度值，结果见表 8-11。

表 8-11　光照微处理与涂料微处理表面粗糙度对比

处理方法	涂料 1∶20		光照 40s	
位置	左	右	左	右
第一只	1.095	0.95	0.65	0.57
第二只	1.075	1.29	0.56	0.632
第三只	0.998	1.004	0.487	0.562

续表

处理方法	涂料 1∶20		光照 40s	
第四只	1.015	1.125	0.521	0.498
第五只	1.174	1.353	0.496	0.478
平均值	1.106		0.545	
最大值	1.353		0.65	
最小值	0.95		0.478	
极差值	0.403		0.172	

从表8-11的数据中不难发现，一个看来是比较奇怪的现象：涂料处理后的胶辊表面粗糙度恶化不少，而经过紫外线光照处理后的胶辊比刚磨砺后胶辊表面粗糙度只是略有下降，经过多次测试都发现了同样的规律。胶辊处理一直存在着一个误区：认为涂料处理后胶辊光滑，粗糙度应该下降。涂料处理实际上是对胶辊加盖一层覆盖层（双组分涂料具有渗透和覆盖的双重性），而紫外线光照处理是改善胶辊表面分子结构（将大的颗粒分解成小颗粒），所以才会出现上述试验结果。同时经过紫外线处理的胶辊粗糙度差异要明显优于涂料处理后的胶辊，而胶辊表面粗糙度直接关系着胶辊的表面摩擦系数，决定了牵伸胶辊的握持力。这也就是胶辊经过光照处理后锭差要优于涂料处理胶辊的根本原因。

在生产差别化、涡流纺、色纺和氨纶包芯纱时，很多企业对胶辊采取复合处理的手段。生产差别化、多组分纤维品种时，纤维长度长、牵伸力大，且部分纤维含有一定量的油剂，容易缠坏胶辊；而使用含糖量大、短绒多、棉蜡多，纤维长度和细度不匀率大的原棉（如印度棉）时，断头和绒辊花较多，影响正常生产，在以上这些情况下，对胶辊采取复合处理方法，可以有效稳定正常生产。部分企业先用化学双组分涂料按照 A∶B=1∶8~1∶20 的比例先行处理，隔夜后再使用紫外线光照处理 2~3min，先利用化学涂料的渗透性，再利用紫外线光照在胶辊表面形成一薄层硬化层，大大提高了胶辊的抗绕性能，减少了胶辊的损耗。特别适合高温高湿季节生产差别化产品和喷气纺、涡流纺使用，以国产胶辊替代进口胶辊，通过复合处理技术来弥补国产胶辊抗绕性能、抗静电性能的不足，稳定生产和节能降耗。

三、紫外线光照处理胶辊的常见误区

很多人认为使用紫外线光照处理后，胶辊表面硬度增加，会产生龟裂，影响胶辊使用寿命和成纱质量。其实只要掌握好处理的“度”，就可以扬长避短，发挥紫外线光照处理的优势。紫外线处理胶辊的工艺参数主要需要考虑以下四个方面的因素。

1. 灯管的总功率

ZJ91-6 型灯管总功率为 1600×3=4800kW。

2. 灯管高度及处理时间

灯管与胶辊表面的高度一般为 5cm，处理时间一般建议纯棉 1~3min，色纺及混纺品种 3~6min。

3. 处理区的温度及处理的均匀度

ZJ91-6 型灯箱温度一般设定为 65~75℃ 自控，光杆旋转速度不能太快，速度要均匀。

4. 胶辊的硬度及特性

胶辊硬度分软弹性胶辊、中弹性胶辊和高硬度胶辊；一般现在光照处理仅适用于软弹性及中弹性胶辊。胶辊的硬度及特性不同，光照工艺参数也就应该有所不同。采用紫外线光照处理胶辊时，必须根据纺纱品种、温湿度环境、工艺及质量要求，选用合理的处理时间、灯管高度及烘箱温度，既要保证胶辊良好的纺纱性能，又不能处理过度使胶辊产生早期老化、龟裂。紫外线灯管离胶辊越远，处理效果就会越差；胶辊硬度越大，处理时间越长。处理过度会影响纺纱条干及胶辊的使用周期；处理不足则达不到应有的纺纱效果。总之，光照处理后的胶辊表面必须达到“光、滑、爽、燥”的状态。也有很多人认为紫外线光照处理是一个包治百病的“傻瓜”型方法，其实不然。一些纺制差别化纤维及混纺纱的企业，还是采用化学双组分涂料微处理加紫外线光照这种复合处理方法，才能取得很好的效果。一些工厂还在胶辊回磨周期中间增加一次 1~2min 的光照微处理，保养胶辊时将胶辊清洗干净后再光照处理一次，以确保持久良好的纺纱性能。从目前的情况看，紫外线光照技术还具有一定的局限性：对邵氏硬度 70 度以下的免处理胶辊，紫外线光照效果良好，但对普通的高硬度胶辊效果不理想。

第三节　胶辊应用及胶辊房管理

胶辊是重要的纺纱牵伸器材之一，对纺纱产量、质量和消耗影响很大。胶辊的应用技术和管理对于纺纱厂，特别是从事高端纺纱的企业来说，有着举足轻重的作用。设备是基础，专件器材是关键。要想纺好纱，纺优质纱，光靠主机是不够的，必须还要注重专件器材，以及专件的维护保养。如必须要重视胶辊应用技术的研究和胶辊房的精细化管理，必须要加强胶辊技术人员队伍的培训和素质的提高。

一、胶辊房设备及通常配置

胶辊房一般需要设置胶辊烘房、涂料处理室、清洗工作台和备用胶辊存放室。烘房的作用主要是用于冬季胶辊和车间的温湿度平衡，防止胶辊产生冷凝水造成绕花现象。工业洗衣机或者超声波洗衣机用于清洗皮圈等专件；紫外线胶辊光照仪、胶辊组装、拆卸设备等。胶辊房一般应该配备的检测仪器有邵氏硬度仪、胶辊偏心仪、并条胶辊校直仪等。胶辊房管理职能扩大为专件管理的还需要超声波清洗仪用于清洗喷嘴、纺锭 N2 喷嘴，工业高清显微镜用于纺锭质量的检查，工作台用于喷嘴纺锭清洗、组装。

二、胶辊制作及表面处理注意要点

1. 皮锦的套制

随着铝衬胶辊的广泛推广，为了适应铝衬胶辊的高精度套制要求，立式气动套床便应运而生。因其噪声小，操作方便和套制精度高，已迅速成为各纺纱厂胶辊房的主要套床机型，其工作原理是利用压缩空气来推动活塞推杆，从而完成胶辊的装卸动作。其使用要点如下。

（1）应先检查进气气压，其工作压力不能低于 7kg，否则不利于其套制动作的一次到位。

（2）检查油压力表的工作压力，不能低于 0.8MPa，检查油路及连接处是否漏油，要定期更换液压油。

（3）检查气管及连接处是否有漏气或堵塞。

（4）工作场所环境要清洁，否则脚踏气动转换阀处的消音器容易堵塞，造成气路不畅，动作失灵。因此要经常检查、清洗消音器，确保气路畅通。

（5）套制铝衬胶辊时，要特别注意导向引头和下面的套装底座在同一中心线上，这是套制铝衬胶辊的关键。只有这样，铝衬胶辊套制时铝衬内壁才会均匀受力，充分发挥铝金属的弹性和延展性，紧紧抱合在铁壳上，才不会发生轴向窜动。

（6）严格掌握导向引头底座轴孔的尺寸，引头刚好能放进铝衬胶辊，手松开又不致下落，底座轴孔刚好放进轴承铁壳，固定其位置不会游动。还要经常检查引头和底座是否有损伤、不同心现象，要及时更换不良的引头和底座。

（7）套制前要对铝衬胶辊和胶辊轴承严格检查把关，看铝衬胶辊内径和轴承铁壳外径是否符合公差配合要求，胶辊轴承表面磨光和螺纹沟槽（铝衬胶辊轴承外壳螺纹沟槽应为浅窄的沟槽，有利于铝衬胶辊套制时不会产生太大的摩擦阻力）是否符合要求，还有轴承的倒角要小一些（20°~35°度较好），轴承的倒角应光滑、圆整，以能使铝衬胶辊精确套入，配合良好。把套好的胶辊放在胶辊架上，让胶辊套制应力平衡 24h 后再进行磨砺。

（8）要购买技术力量强、实力雄厚的正规厂家的产品。做好以上准备工作后，集中注意力开始套制，不可放歪胶辊或胶辊轴承，或者底座孔内不清洁，造成人为的套制问题。套制时校正好导杆动程后，动作一次到位，然后观察铝衬胶辊内壁套制时是否均匀受力，胶辊密封帽四周是否有铝屑溢出，再用力在铁板上撞击几下，看看抱合是否有力，会不会发生轴向窜动。如果有铝屑溢出或抱合不紧的现象，则要重新检查，重新校正引头和底座的对中。

2. 胶辊研磨

（1）胶辊磨床的稳定性、磨削精度选择。要选择正规大厂生产的磨床，床体应是铸铁的，是钢铁焊接的，床身重量相对较重，结构较稳定。磨床进刀丝杠的精度相对较高，每小格 0.01mm，有的还带数控进刀模式，磨削精度有保证。目前全自动磨床已经问世，其技术性能比较稳定，磨砺胶辊的精度和稳定性更高了。

（2）砂轮的目数、宽度和磨料的选择。一般新型磨床砂轮选用白刚玉 60~80 目，砂轮宽度都是 40mm 以上，这样砂轮高速运行稳定性好，震动小，磨出来胶辊粗糙度有保证。

（3）砂轮的动、静平衡的校正及砂轮的修整。新砂轮的圆整度要有保证，装配孔要松紧合适，太紧则砂轮容易涨爆，太松则砂轮容易走动偏心，装配时手感稍有用力即可。否则，砂轮孔要进行修正，太紧用砂纸打掉一点，太松要用薄纸片垫。然后装上去用砂轮笔先预修圆整，确保砂轮的圆周都要修整到。然后再取下放在平衡架上调整平衡小铁块，调整好砂轮的静平衡。再装上磨床看砂轮运行的平稳性，如果震动较大还要检查磨床的水平、磨头轴承的装配有无问题。砂轮修正要选用质量较好的金刚砂轮笔，修砂轮时金刚笔进刀不能大，否则容易损坏砂轮笔同时砂轮也修不好，一般先进刀 0.05mm，然后慢慢地退小进刀到 0.01mm，边修砂轮边听边看，听声音减小为轻微的嗤嗤声音，砂轮笔的火花减小到看不到为止，再用手摸砂轮看看有没有砂粒高点，然后用油石或者砂纸修整，将这些工作做好做精细是磨好胶辊的关键和前提条件。

（4）砂轮的线速度、压辊罗拉的速度、磨砺往复次数及拖板速度。砂轮的线速度、压辊罗拉的速度相对越高时，胶辊磨砺的粗糙度越小，胶辊表面越细腻，但要关注磨床高速稳定性和磨头轴承高速运行性能的好坏。拖板速度越慢，胶辊磨砺时间越长，胶辊磨砺的粗糙度越小，一般选择 400mm/min。往复次数越多，胶辊磨砺的粗糙度越小，以上四个因素是关系胶辊磨砺粗糙度的主要因素。但胶辊表面粗糙度并不是越小越好，它关系着胶辊纺纱时握持力和牵伸力的平衡问题，与纺纱方式、纤维品种和纱支有很大关系，胶辊太光则握持纤维能力减小，容易产生出硬头现象；胶棍太粗糙容易缠绕胶辊，化纤纤维长度较长，牵伸力大，胶辊握持力不够时也容易产生出硬头现象。一般掌握的原则是高支纱牵伸力小，胶辊粗糙度也要较小掌握，一般在 0.6μm 左右、中低支纱在 0.8μm 左右掌握。

3. 胶辊表面处理

（1）处理方法选择。胶辊表面处理方法按照处理方式不同可以分为紫外线光照处理、化学涂料处理、酸处理和粉末涂料处理等；按照处理方法可以分为笔涂、板涂等；目前常用的涡流纺胶辊处理办法有光照处理、板涂处理、光照和板涂结合处理的方式。

（2）涂料的选择。涂料一般分为双组分化学涂料、包覆性涂料和粉末涂料等；双组分涂料按照处理要求不同，一般可以分为变色涂料和不变色涂料，一般变色涂料适合纺化纤和混纺、不变色涂料适合纯棉和部分要求较高的混纺品种。包覆性涂料一般为高尼龙 66 涂料、弹性四氟涂料和生漆涂料等，一般适合条干要求不高或者高温高湿恶劣条件下胶辊的应急处理；粉末涂料一般适合不处理胶辊快速辅助处理。

（3）手法及标准化操作。胶辊的涂料处理是精细活，处理不好会产生机械波和竹节纱，因此必须精细管理，按照标准化流程操作。用具、器皿、手法和流程都必须标准化，减少操作者人为因素带来胶辊表面摩擦系数的差异。如上涂料用的胶辊盘规定用木头盘；涂板的尺寸和包覆的材料、器皿都必须干净干燥；刷涂料笔规定为1~2英寸羊毛底纹笔；涂板用布为吸收涂料性能好的脱脂纯棉细纹直纹布；操作者的穿戴、手法和操作步骤、要求都有明确规定，只有做到精细才能处理出高质量的胶辊。

三、专件的颜色管理和台账管理

胶辊等纺纱专件器材的颜色管理，意义在于杜绝因管理混乱产生的锭差问题，同台或者同品种胶辊要求同型号、同尺寸、同色记，就是方便在机台上好区分。保养胶辊时一般要使用备用胶辊对于上车胶辊等器材要根据纺纱品种和要求进行分区管理。要重视专件器材的维护保养，建立完善的专件维护保养管理台账。以便于设备维护人员以及技术管理人员随时检验专件的使用状况，方便快捷地分析生产异常动态。

四、胶辊研磨

1. 胶辊磨床的稳定性

要选择正规大厂生产的磨床，床体应是铸铁的是钢铁焊接的，床身重量相对较重，结构较稳定。磨床进刀丝杠的精度相对较高，有的还带数控进刀模式，磨削精度有保证。一般新型磨床砂轮要求高速运行稳定性好，振动小，磨出来胶辊粗糙度均匀。

2. 砂轮的动、静平衡的校正及砂轮的修整

新砂轮的圆整度要有保证，装配孔要松紧合适，太紧砂轮窑易涨爆，太松砂轮窑易走动偏心，装配时手感稍有用力即可。否则砂轮孔需进行修正，太紧可用砂纸打掉一点，太松可适当垫薄纸片，要确保砂轮的圆周均需修整。再取下放在平衡架上调整平衡的小铁块，调整好砂轮的静平衡。再装上磨床看砂轮运行的平稳性，如果震动较大还要检查磨床的水平、磨头轴承的装配有无问题。砂轮修正要选用质量较好的金刚砂轮笔，修砂轮时金刚笔进刀不能大，否则不但砂轮修不好，也容易损坏砂轮笔，一般先进刀0.05mm，然后慢慢地退小进刀到0.01mm，修砂轮时应边听边看，听声音减小为轻微的嗤嗤声，砂轮笔的火花减小到看不到为止，再用手摸砂

轮看看有没有砂粒高点，最后用油石或者砂纸修整一下，将这些工作做好做精细是磨好胶辊的关键和前提条件。

3. 砂轮的线速度、压辊罗拉的速度、磨砺往复次数及拖板速度

砂轮的线速度、压辊罗拉的速度相对越高时，胶辊磨砺的粗糙度越小，胶辊表面越细腻，但要关注磨床高速稳定性和磨头轴承高速运行性能的好坏。拖板速度越慢，胶辊磨砺的时间越长，胶辊磨砺的粗糙度越小，一般选择 400mm/min。往复次数越多，胶辊磨砺的粗糙度越小，以上因素是关系胶辊磨砺粗糙度的主要因素。但胶辊表面粗糙度并不是越小越好，它关系着胶辊纺纱时握持力和牵伸力的平衡问题，与纺纱方式、纤维晶种和纱支有很大关系，胶辊太光握持纤维能力减小，容易产生硬头现象；胶辊太粗糙容易缠绕胶辊，化学纤维长度较长，牵伸力大，胶辊握持力不够时也容易产生吐粗纱现象。一般掌握的原则是高特纱牵伸力小，胶辊粗糙度也要较小掌握，般在 0. 6μm 左右、中低特纱在 0. 8μm 左右掌握。

五、胶辊表面处理

1. 处理方法的选择

胶辊表面处理方法按照处理方式不同可以分为紫外线光照处理、化学涂料处理、酸处理和粉末涂料处理等；按照处理方法不同可以分为笔涂、板涂和滚涂等；具体选用什么处理方法和方式需要根据企业实际情况和纺纱要求来选择。

2. 涂料的选择

涂料一般分为双组分化学涂料、包覆性涂料和粉末涂料等；双组分涂料按照处理要求不同一般可以分为变色涂料和不变色涂料，一般变色涂料适合纺化纤和混纺，不变色涂料适合纺纯棉和部分要求较高的混纺品种。包覆性涂料一般有高尼龙 66 涂料、弹性四氟涂料和生漆涂料等几种，一般适合条干要求不高或者高温高湿恶劣条件下胶辊的应急处理，粉末涂料一般适合不处理胶辊快速辅助处理。

3. 手法及标准化操作

胶辊的涂料处理是精细活，处理不好会产生机械波和竹节纱，因此必须精细管理，按照标准化流程操作。用具、器皿、手法和流程都必须标准化，减少操作者人为因素带来胶辊表面摩擦系数的差异。如上涂料用的胶辊盘规定用木头盘，涂板的尺寸和包覆的材料、器皿都必须干净干燥，刷涂料笔规定为 2. 54~5. 08cm （1~2 英寸）草毛底纹笔，涂板用布为吸收涂料。操作者的穿戴、手法和操作步骤、要求都有明确规定，只有做到精细才能处理出高质的胶辊。专件的颜色管理和台账管理，意义在于杜绝因管理混乱产生的质量问题，同台或者同品种胶辊要求同型号、同尺寸、同色记，就是方便在机台上好区分。我们保养胶辊时一般要使用备用胶辊，对于上车胶辊等器材要根据纺纱品种和要求进行分区管理。要重视专件器材的维护保养，建立完善的专件维护保养管理台账。以便于设备维护人员以及技术理人员随时检验专件的使用状况方便快捷地分析产异常动态。纺纱新工艺、新专件的研发某些企业片面追求最好的指标，在工艺优化上容易走临界工艺，而忽视了质量的一致性和稳定性。对于纺纱胶辊制造企业来说，应该开发出质优价廉的胶辊，以满足不同客户的需求，由于地域、气候、工艺习惯和纺纱品种不同，对胶辊的要求、对胶辊性能选择的侧重点也会有差异。

第九章　空调系统

第一节　湿空气与水蒸气

一、湿空气的组成

在地球表面附近的大气是由干空气和一定量的水蒸气组成的，通常将这两部分组成的混合物称为湿空气。其中，干空气的成分主要是氮、氧、氩、二氧化碳和其他一些微量气体，多数成分比较稳定，少数随季节变化有所波动。为统一干空气的热工性质，一般将海平面高度的清洁干空气成分作为标准组成，如表 9-1 列出目前推荐的干空气的标准成分。

表 9-1　干空气的标准化成分

成分气体(分子式)		成分体积分数(%)	对于成分标准值的变化	相对分子质量(C-12 标准)
氮(N_2)		78. 084	—	28. 013
氧(O_2)		20. 9476	—	31. 9988
氩(Ar)		0. 934	—	39. 934
二氧化碳(CO_2)		0. 0314	*	44. 00995
氖(Ne)		0. 001818	—	21. 183
氦(He)		0. 000524	—	4. 0026
氪(Kr)		0. 000114	—	83. 80
氙(Xe)		0. 0000087	—	131. 30
氢(H_2)		0. 00005	—	2. 01594
甲烷(CH_4)		0. 00015	*	16. 04303
氧化氮(N_2O)		0. 00005	—	44. 0128
臭氧(O_3)	夏	0~0. 000007	*	47. 9982
	冬	0~0. 000002	*	47. 9982
二氧化硫(SO_2)		0~0. 0001	*	64. 0828

续表

成分气体(分子式)	成分体积分数(%)	对于成分标准值的变化	相对分子质量(C-12 标准)
二氧化氮(NO_2)	0~0.000002	*	46.0055
氨(NH_3)	0~微量	*	17.03061
一氧化碳(CO)	0~微量	*	28.01055
碘(I_2)	0~0.000001	*	253.8088
氡(Rn)	6×10^{-13}	—	*

空气环境内的空气成分和人们平时所说的“空气”，实际上是干空气加水蒸气。在常温常压下，干空气可视为理想气体，研究空气物理性质时，可以把干空气作为一个整体来考虑。虽然在局部范围内，大气中干空气的组成比例可能因某种气体的混入而受影响，如室内空气由于人的呼吸作用使氧气的含量减少，二氧化碳的含量增加，这种空气成分的变化对于干空气的热工特性的影响甚微。

湿空气中的水蒸气来源于海洋、江河、湖泊表面的水分蒸发，来源于人、动植物的生理过程以及工艺生产过程。在湿空气中，水蒸气所占的百分比是不稳定的，常常随季节、气候等各种条件的变化而改变。湿空气中水蒸气的含量很少，通常质量比是千分之几到千分之二十几，而且一般处于过热状态，所以也可近似视为理想气体。

对于纺织厂车间里的空气来说，除了干空气和水蒸气外，还含有从生产过程中散发出来的灰尘、短绒等，它们将影响空气的清洁度。

湿空气中水蒸气含量的变化会引起湿空气干、湿程度的改变，因而对人体感觉、纺织产品质量、纺织产品过程等都有直接影响，也会使湿空气的物理性质随之改变。在纺织车间中，为使空气环境达到一定要求的温度和湿度，以符合生产工艺上的要求，不能忽略湿空气中的水蒸气。因此，研究湿空气中水蒸气含量的调节在纺织环境工程中占有重要的地位。

二、水蒸气

湿空气中的水蒸气对生产工艺和生活过程影响比较大，它也被广泛地当作动力装置和加热设备的工质。因此，只有对水蒸气的性质有一定深度的认识和了解，才能合理地人工控制湿空气的各项物理参数。

1. 水的蒸发与沸腾

水由液相转变为气相的过程称为汽化。从微观看，一方面，汽化就是液体分子脱离液面束缚，跃入气相空间的过程；另一方面，气相空间的水蒸气分子也会不断冲撞液面被液体分子重新捕获变为液体，这是凝结过程。

汽化有蒸发和沸腾两种形式。蒸发是指液体表面的汽化过程，通常在任何温度下都可以发生，沸腾是指液体内部汽化过程，它只能在达到沸点温度时才会发生。

2. 水蒸气的定压形成过程

工程上应用的蒸汽一般是由锅炉在定压力下对水加热而产生的。其产生过程简化为如图 9-1 所示。在一端封闭的筒状容器中盛有定量的纯水，用一个可移动的活塞压在水面上，并与外界介质隔开。活塞上加载不同重量，可使水处在各种不同的压力下。

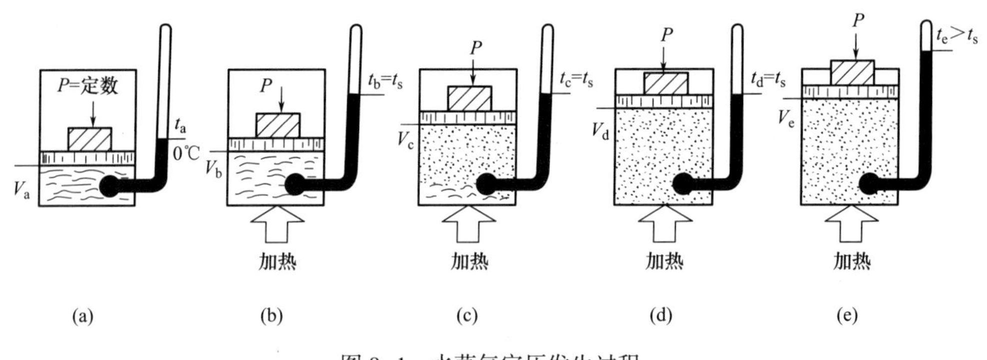

图 9-1　水蒸气定压发生过程

未达到 t_s 温度的水称为未饱和水，或称为过冷水如图 9-1(a)所示。对水加热，水温将不断上升，水的比容也稍有增加，当水温达到压力 p 所对应的饱和温度 t_s 时，开始沸腾，达到饱和温度的水称为饱和水，如图 9-1(b)所示水在定压下从未饱和状态加热到饱和状态的过程称为预热阶段。

把预热到 t_s 的饱和水继续加热，饱和水剧烈沸腾。在定压下产生蒸汽而形成饱和液体和饱和蒸汽的混合物，称为湿蒸气，如图 9-1(c)所示。湿蒸汽的体积随着蒸汽的产生而逐渐加大，直到水全部变为蒸汽，温度仍然是 t_s，但比容迅速增大，这时的蒸汽称为干饱和蒸汽或简称饱和蒸汽如图 9-1(d)所示。在饱和水定压加热为干饱和的汽化阶段中，液体的温度不变，所加入的热量用于增加蒸汽所需要的能量和容积增大对外做出的膨胀功。这一热量称为汽化潜热，即将单位质量饱和液体转成同温度的干饱和蒸汽所吸收的热量。

如果对饱和蒸汽再加热如图 9-1（e）所示，蒸汽的温度将开始上升，比容进一步增大，这一过程就是蒸汽的定压过热阶段。这时，蒸汽的温度就会超过饱和温度，这种蒸汽称为过热蒸汽。过热蒸汽的温度超过同压力下饱和温度之值称为过热度。

将上述蒸气形成过程在压容图和温熵图上表示出来，如图 9-2 所示，状态点 a 代表不同压力下的未饱和水，状态点 b 是饱和水，c 点表示湿蒸汽，d 点表示干饱和蒸汽，e 点表示过热蒸汽。将相应的点连起来，如图 9-2 中的 a，a_1，a_2，…，未饱和水状态线，虽然压力提高，只要温度不变，其比容就基本保持不变，所以，未饱和水状态在一条垂直线上；b，b_1，b_2…饱和液体线，随着饱和温度的升高，水的比容明显增大；d，d_1，d_2…为饱和蒸汽线。当到某压力下，汽化过程线缩为一点就是两条饱和线会合的临界点 K。这一点（临界点）、两线（饱和液体和饱和蒸汽线）将 p—v 图和 T—s 图分为三个区域与五个状态。饱和液体线左侧为液态区域，饱和蒸汽线右侧为过热蒸汽区域，两条饱和线之间为湿蒸汽区。五种状态是 a—b—c—d—e 分别代表未饱和水状态、饱和水状态、湿饱和蒸汽状态、干饱和蒸汽状态和过热蒸汽状态。在湿饱和蒸汽区，湿蒸汽的成分用干度 x 表示干饱和蒸汽的质量成分，而（$1-x$）则为饱和水的质量成分。因此，饱和液体线也就是 $x=0$ 的等干度线，饱和蒸汽线就是 $x=1$ 的等干度线。

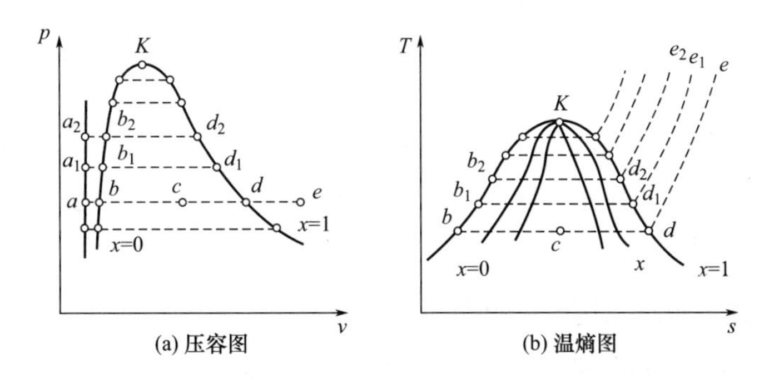

图 9-2 水蒸气形成过程压容图和温熵图上的表示

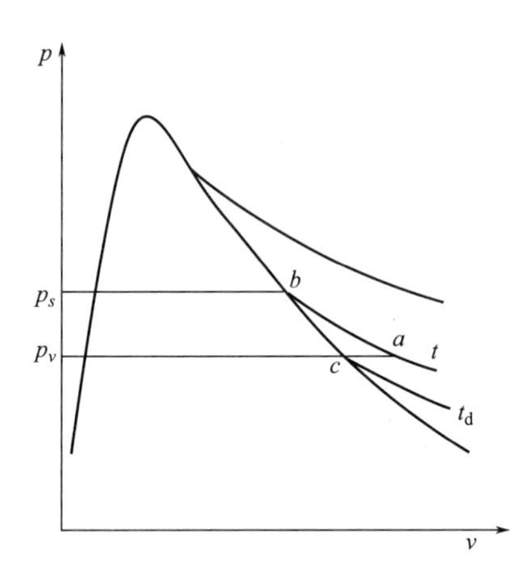

图 9-3　湿空气中水蒸气的 p—v 图

3. 湿空气中水蒸气的状态

湿空气中水蒸气的状态也可用 p—v 图来分析如图 9-3 所示。当湿空气的温度为 t，所含水蒸气的分压力为 p_v 时，湿空气中水蒸气的状态描述在 p—v 图上就是 a 点。此时水蒸气分压力为 p_v，低于温度 t 所对应的水蒸气的饱和分压力 p_s，水蒸气处在过热蒸汽状态。这种由干空气和过热水蒸气所组成的湿空气称为未饱和空气。

若在温度 t 不变的情况下，向湿空气中增加水蒸气，则水蒸气分压力将不断增加。湿空气中水蒸气状态将沿定温线 a—b 变化而达到饱和状态 b。在温度 t 下，此时的水蒸气分压力达到最大值，湿空气中的水蒸气为饱和水蒸气。这种由干空气和饱和水蒸气组成的湿空气称为饱和空气。如在温度 t 不变的情况下继续向饱和空气中加入水蒸气，则会有水滴析出，而湿空气保持饱和状态。

对未饱和的湿空气，在水蒸气分压力 p_v 不变的情况下冷却，使未饱和空气的温度 t 下降。这时湿空气中水蒸气的含量没有变化，湿空气中水蒸气的状态将沿 p_v 定压线 a—c 变化也达到饱和状态点。点 c 是对应于水蒸气分压力 p_v 的饱和温度，称为露点温度，用 t_d 表示。如继续冷却，将有水蒸气变为凝结水析出。

第二节　空调车间的送风状态和送风量的确定

在已知纺织车间冷（热）、湿负荷的基础上，空调系统可以采用不同的送风状态和排风状态来消除或补充热量、湿量，以维持车间生产工艺所要求的空气参数。

一、夏季车间送风状态及送风量的确定

图 9-4 为一个空调车间送风示意图。空调系统的夏季送风温差，应根据空调系统的精度要求、送风口的类型、安置高度和气流组织等因素确定，见表 9-2 和表

9-3。表 9-2 中还推荐了换气次数。换气次数是空调工程中常用的送风量指标，其定义为房间送风量 L（m^3/h）和房间体积 V（m^3）的比值，即换气次数 $n=\frac{L}{V}$（次/h）。表 9-2 中采用推荐的送风温差所算得的送风量折合成换气次数应大于其中推荐的 n 值。

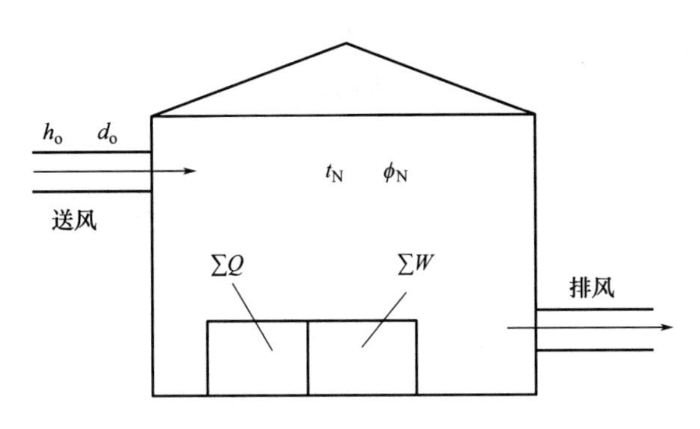

图 9-4　空调车间送风示意图

表 9-2　送风温差与换气次数

室温允许波动范围(℃)	送风温差 Δt_o(℃)	换气次数 n(次/h)
>±1.0	≤15	
±1.0	6~10	5
±0.5	3~6	8
±0.1~0.2	2~3	12

表 9-3　不同送风口形式推荐的送风温差

送风口安装高度(m)	圆形散流器	方形散流器	普通侧送风口
3	16.5	14.5	8.5~11.0
4	17.5	15.5	10.0~13.0
5	18.0	16.0	12.0~15.0
6	18.0	16.0	14.0~16.5

二、冬季车间送风状态及送风量的确定

冬季车间内的余热量一般比夏季小，有时对空调系统而言甚至是热负荷，即向

车间内供热。故冬季送风的焓值往往高于室内空气的焓值，送风温度也高于室内温度。冬季车间的余湿量一般与夏季相同。

但因为一般冬夏季车间的要求不一致，冬季基本向车间里送的是热风，其允许送风温差较夏季大，所以冬季的送风量一般小于夏季。但送风量必须满足最少换气次数的要求，送风温度也不宜超过45℃。冬季送风状态点和送风量的确定方法与夏季相同。

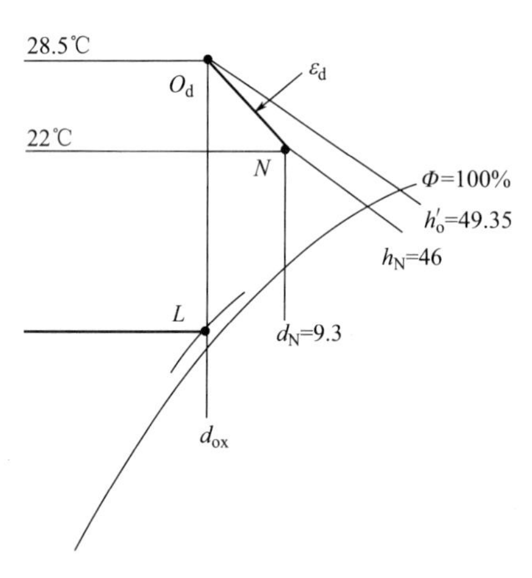

图 9-5　冬夏季送风量相等时冬季送风状态点的确定

如果冬、夏两季车间内空气参数要求相同，从运行管理方便角度出发，冬季可采用与夏季送风量相等的送风方式，同时冬季车间的余湿量与夏季一般相同。这时冬季送风状态点参数的确定方法如图 9-5 所示。

（1）在 h—d 图上找出室内空气状态点 N，并计算出冬季空气变化过程的热湿比 ε。

（2）找出夏季送风状态点的含湿量 d_{0x}。

（3）d_{ox} 等含湿量线与 ε_d 过程线的交点即是冬季的送风状态点 O_d。

第三节　夏季车间的空气调节过程分析

空气调节系统一般由空气处理设备和空气输送管道以及空气分配装置组成，根据建筑物的需要，能组成多种不同形式的系统。按空气处理设备的设置情况可以分为集中系统、半集中系统、全分散系统，按负担负荷所用的介质种类可分为全空气系统、全水系统、空气—水系统、制冷剂系统，按集中式全空气系统处理的空气来源可分为直流式系统（全新风系统）、混合式系统（根据混合位置还可分为一次回风系统、二次回风系统）、封闭式系统。封闭式系统虽然最节能，但卫生条件差，所以若有人长期停留的建筑则不能使用。由于纺织厂车间建筑的特点，其空调系统一般采用集中式全空气系统，空调系统设备安装在空调室中。从节能角度和卫生角度出发，大部分时间采用混合式系统，在过渡季节采用全新风系统。

一、全新风时的空气调节过程

空气处理设备处理的空气全部来自室外，热湿处理达到送风状态后送入室内吸收余热余湿后全部排出室外的系统称为全新风系统。其处理流程如图 9-6 所示，室外空气状态用 W 表示，经空气处理设备——喷水室处理后达到机器露点 L，由输送管道送到空气要求状态 N 的纺织车间，吸收车间的余热和余湿成为 N 状态的空气后排出车间。

如图 9-7 所示 h—d 图，可以按已知条件确定出车间空气状态 N 和室外状态 W。如果车间里无湿负荷（大部分车间没有散湿设备，人体的散湿对整个车间来说可以忽略），则热湿比为 $\varepsilon=-\infty$，为了排除车间里的余热量，送入车间的空气状态点一定是过 N 点的垂直等含湿量线上，且位于 N 点下方。而经过空调喷水室处理后的空气能达到“机器露点”，即其相对湿度可达 95%左右，因此，自 N 点引垂直向下的等含湿量线与 95%左右的等相对湿度线的交点即为送风状态 L 点（机器露点送风）。在 h—d 图上确定出 L 点，可查得 h_L 的值。

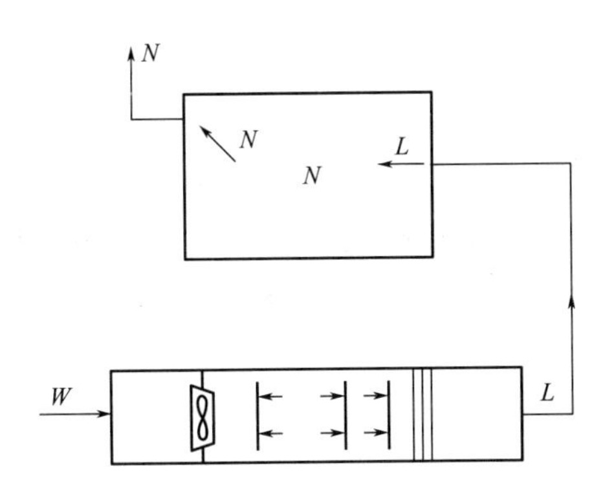

图 9-6　全新风空调系统装置示意图

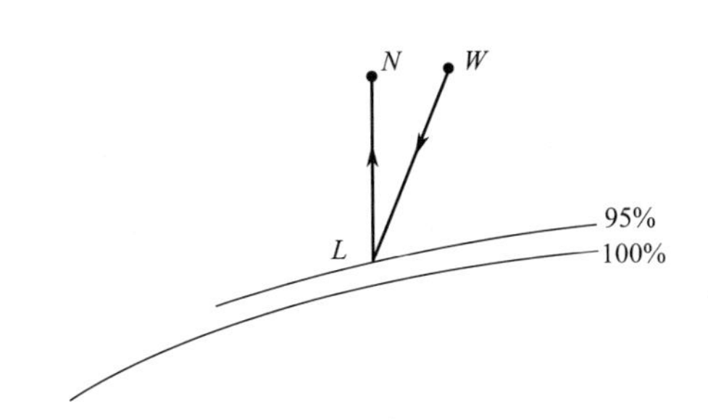

图 9-7　车间无湿负荷时全新风系统的焓湿图

喷水室的空气处理过程为冷却减湿 W—L，需要提供的冷量为 $Q_L=G(h_W-h_L)$，如果车间里有散湿源或有喷雾设备时，就形成了湿负荷。此时送入车间的空气不仅要吸热，还应吸湿。首先要根据具体的热湿负荷算出车间的热湿比 ε，如图 9-8 中的 ε。由于喷水室后挡水板不能完全分离出送风中携带的水分（这些水分叫过水，

其量用 Δd 表示如图 9-8 中的 Δd)，随着空气的输送过程一般会蒸发在空气中，相当于给空气加湿。所以，处理时要考虑这两部分湿量，若忽略风机温升，则状态点 L'才是送风状态点，据此可以算出送风量 $G=\dfrac{Q}{h_N-h_{L'}}$。冷却减湿过程 $W—L'$是喷水室的处理过程，喷水室提供的冷量 $Q_L=G\ (h_W-h_{L'})$ 也可求出。

在吸入式空调室中，被水处理后的空气经过风机输送进入车间。风机提供给流动空气的能量，用于克服阻力，这些机械能最终转化为热能，引起空气温升，称为风机的温升（对压入式空调室，不需考虑风机的温升)。纺织厂空调中所用的风机属于低压风机，风机温升按经验考虑 $\Delta t=0.5$℃左右。在图 9-9 中 L''是考虑了风机温升后的送风状态点。

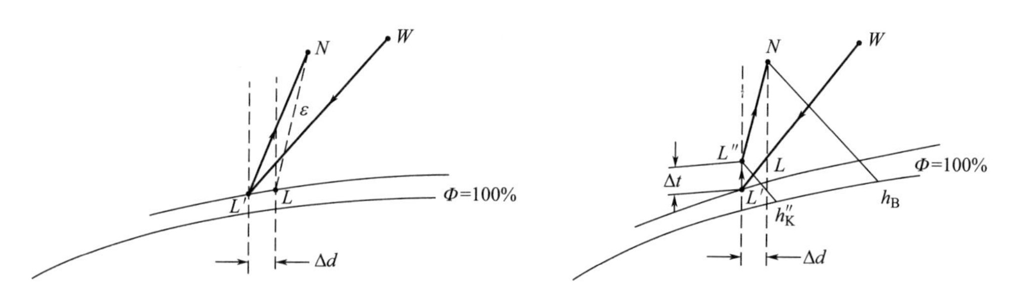

图 9-8　考虑车间除湿和过水时的空气状态变化　　图 9-9　考虑风机温升的空气状态变化

全新风系统在夏季和冬季都需要消耗大量的能量来处理室外空气，从一般纺织车间卫生标准来看，并不需要采用全新风。因此，为了节约能量消耗，应尽量多利用回风，但在过渡季节，当处理室外空气既不会增加能量消耗还可改善空气品质时，就可以采用。

二、一次回风的空气调节过程

在夏季，由于空调系统的运行，车间内空气的焓值一般低于室外空气的焓值。空调室处理空气需要的冷量和处理前后的焓差成正比，而处理后的空气状态是送风系统要求的。为了节约处理空气所需要的冷量，应尽可能减少处理前空气的焓值，即尽可能多利用室内空气。但纺织厂空调还须满足员工的舒适要求，所以从卫生角度出发需要引入一部分室外新风。如图 9-10 所示的装置图，从车间引用的空气叫

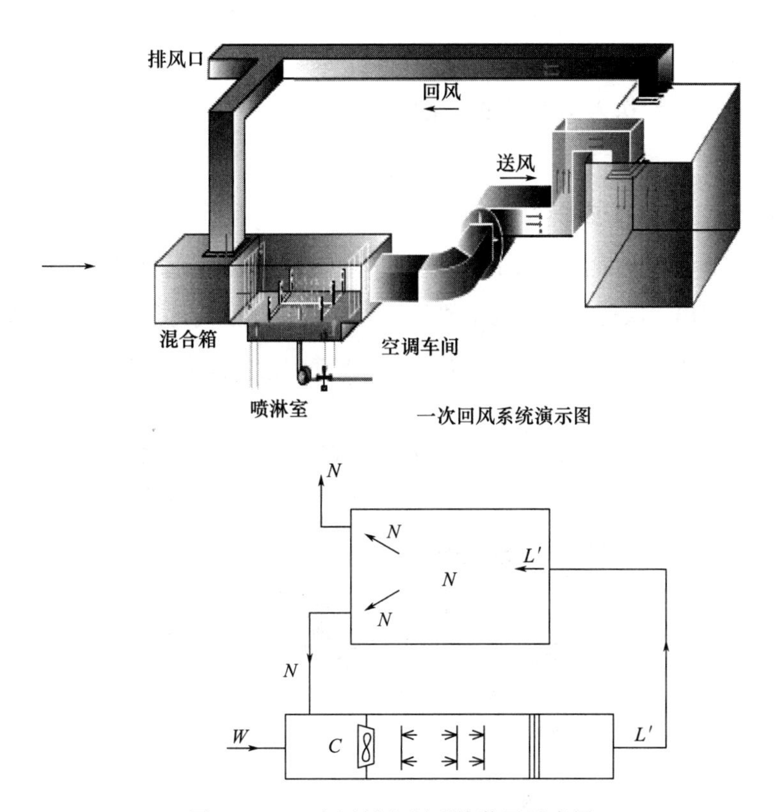

图 9-10　一次回风空调系统装置示意图

回风，回风与新风在喷水室处理前混合的系统叫一次回风空调系统。

根据图 9-10 所示装置图可以写出一次回风空调系统的空气状态变化流程如图 9-11 所示。

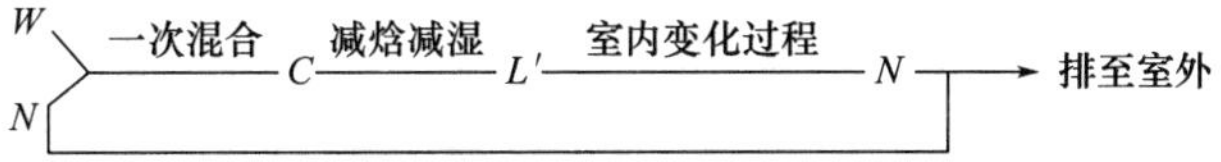

W、N —一次混合→ C —减焓减湿→ L' —室内变化过程→ N → 排至室外（N 返回参与一次混合）

图 9-11　一次回风空调过程在 h—d 图上的表示（忽略余湿和风机温升）

室外 W 状态的新风和 N 状态的回风在喷水室前以一定比例进行混合，室外新风与空调室总风量之比称为新风比，暖通空调规范规定夏季车间新风比不应小于 10%，因纺织厂的送风量较大，如新风比能满足 10%，一般也能满足每个工作人员每小时 $30m^3$ 新鲜空气的卫生要求标准。

由于尽可能多用回风（回风一般不大于总风量 90%），所以混合后的空气状态

C 点一般靠近 N 点。混合好的空气在喷水室中被处理后，其状态由 C 点变化至 L' 点达到送风状态，然后送入车间以吸收余热。

三、二次回风空气调节过程

所谓二次回风，就是把被喷水室处理后的空气，在送入车间前与室内回风再混合一次的系统。提出二次回风系统的主要目的是利用回风取代再热器，提高送风状态的温度，满足车间或房间对送风温差的要求。二次回风空调系统装置示意图见图 9-12。

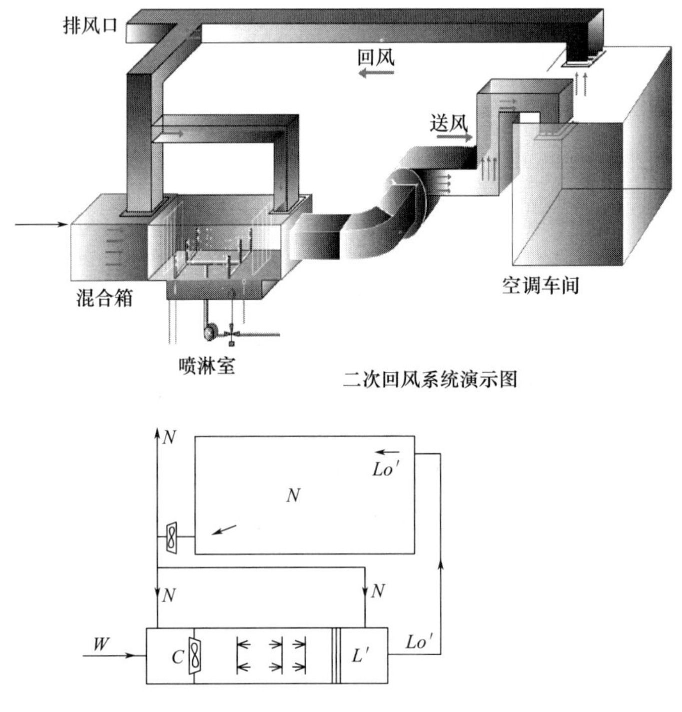

图 9-12　二次回风空调系统装置示意图

根据图 9-12 所示装置图可以写出二次回风空调系统的空气状态变化流程如图 9-13 所示。

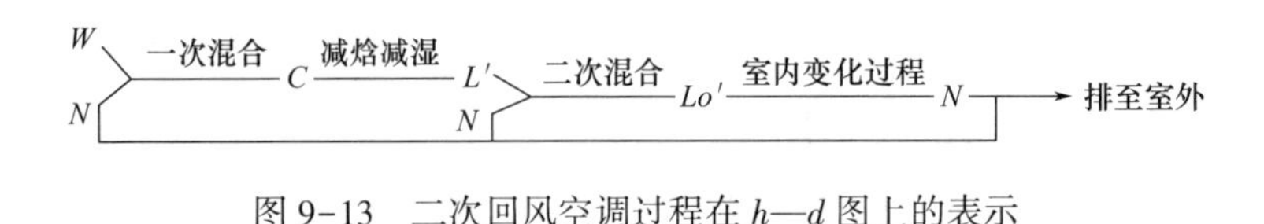

图 9-13　二次回风空调过程在 h—d 图上的表示

房间要求的送风状态点 Lo' 是 N 与 L' 状态空气的二次混合点，三点必在一条直线上，因此，第二次混合的风量比例已确定，送风状态点一定，则总送风量一定，由此可以算出第一次混合的风量情况。从该 $h—d$ 图上还可以看出，L' 是 ε 延长线与95%相对湿度线的交点，其决定的机器露点的温度较一次回风系统为低，所以要求喷水室的喷水初温亦较低。

因为纺织厂工作过程中散发灰尘较多，为了降低车间空气的含尘浓度，很多车间除了设计送风系统外还设计排风除尘系统。当除尘排风量大于空调送风量时，为了保持车间微小的正压或为改善气流组织和减少温湿度区域差异，一般适当增加送风量。加大后的送风量往往大于根据热平衡计算出来的通送风量，比排风量大5%~10%。这时也可采用二次回风空调系统。

不管是采用一次回风还是二次回风的空调过程，回风都必须经过除尘过滤系统处理后才能使用。

第四节 冬季车间的空气调节过程分析

从提高设备使用效率和管理方便角度，纺织厂不论夏季还是冬季都使用共同的空调喷水室来实现车间空气的需求。但由于冬季室外温度较低，即使车间内的散热量相同，一般来说，车间冷负荷会相应减少，更多的时候会有热负荷。所以，冬季一般需要将空气加热后送入车间，补偿车间不足的热量。其装置示意图和夏季基本是一致的，但各种系统的 $h—d$ 图有区别。

一、全新风时的空气调节过程

如图9-14所示为冬季全新风时的空气调节过程，如果冬季车间里要求的状态为 N，余湿量与夏季相同，则室内热湿比往往因车间里是热负荷而变成负值 ε'，则冬季送风状态点用 O 表示。

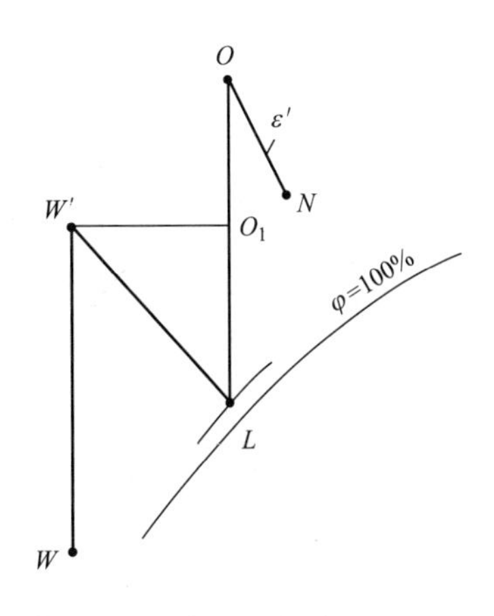

图9-14 全新风冬季空调过程

根据该地区冬季空调室外计算参数，在 $h—d$ 图上找出室外空调状态点 W。如果冬季采用与夏季相等的送风量，则可由夏季送风状态点 L 的等含湿量线和 ε' 的交点确定出冬季状态点 O。把空气从 W 状态处理到 O 状态有很多种方法，因为等湿加热和等焓加湿是比较容易实现的处理过程，所以采用常见的方法，流程见图 9–15。

$W \xrightarrow{\text{等湿预热}} W' \xrightarrow{\text{绝热加湿}} L \xrightarrow{\text{等湿再热}} O \xrightarrow{\text{室内变化过程}} N \longrightarrow$ 排至室外

图 9–15　常见处理流程

空气的等湿预热可以由空气预热器来实现，绝热加湿可以由喷水室喷循环水来实现，空气的再热由设在喷水室后部的再热器来完成。空调系统在冬季主要提供的是加热量。

如果纺织厂周围有比较廉价的蒸汽可以取用，当室外空气经过预热后，另一种处理过程就是直接喷蒸汽实现等温加湿，空气状态会由 N 变化到 O_1 点，然后经再热器达到 O 点。

二、一次回风的空气调节过程

如图 9–16（a）所示是一种常见的一次回风冬季空气调节过程，这里考虑车间冬季有热负荷的情况。其空气状态变化的流程见图 9–17。

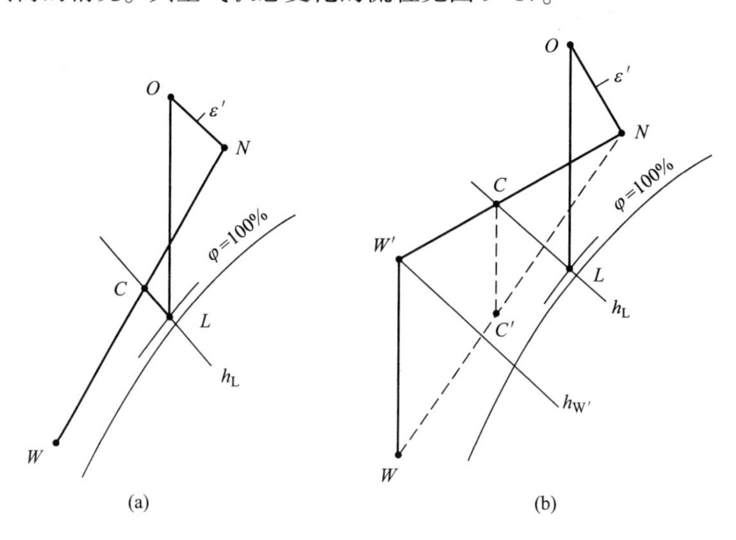

图 9–16　一次回风冬季空气调节过程

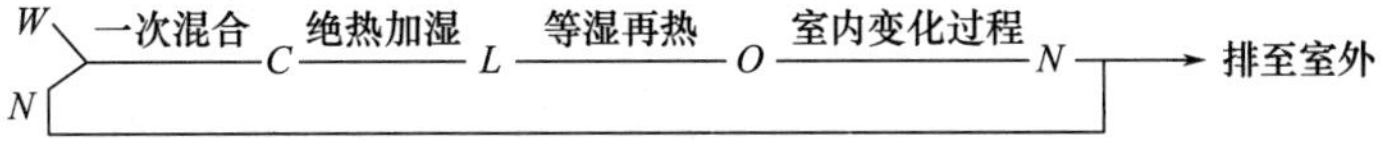

W
N
一次混合
C
绝热加湿
L
等湿再热
O
室内变化过程
N
排至室外

图 9-17　空气状态变化的流程

车间要求空气状态点 N、冬季热湿比 ε'，如果冬季采用与夏季相等的送风量，则可由夏季送风状态点 L 的等含湿量线和 ε'的交点确定出冬季状态点 O。所以送风状态 O 及送风量 G 的确定方法与全新风系统完全相同。

三、二次回风的空气调节过程

夏季提出二次回风系统的主要目的是满足车间或房间对送风温差的要求，利用回风取代再热器，实现节能。或者为了降低车间空气的含尘浓度而加大送风量的系统也可采用二次回风空调系统。若设计采用了二次回风系统，则空调系统在冬季的处理是要实现加热加湿，不存在冷热量抵消的问题。图 9-18 为冬季使用二次回风的空气调节过程在 h—d 图上的表示，前边和一次回风系统一致，只是多了一个二次混合过程。

O
ε′
N
φ=100%
C
O′
L
W′
C′
h_W′
W

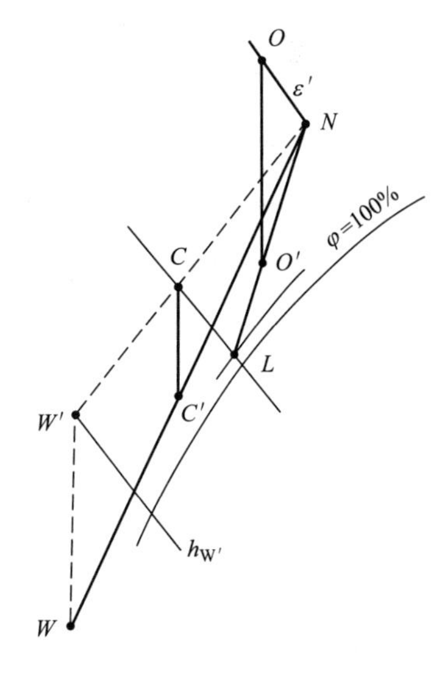

图 9-18　使用二次回风的冬季空气调节过程

在二次回风系统中，新风与一次回风的混合点 C 不能由新风来确定。因为新风比是指新风量与空调室总通风量之比，而总风量中还应包括二次回风量。所以，在相同的新风比情况下，与一次回风空调系统相比，二次回风空调系统中的 C 点更靠近 N 点。

第五节　喷气涡流纺工序空调要求

纺织厂在生产中影响产品质量与产量的因素很多，归纳起来可分为五个方面，

即原料、工艺设计、机械状态、运转操作和温湿度管理。研究温湿度与工艺生产的关系，严格来说只能是在其他生产条件相对稳定时，探讨温湿度在工艺生产中可能起到的作用。实践证明，合理地调节车间温湿度可以改善车间的生产状况，使生产得以顺利进行。要做到温湿度管理为生产服务，首要条件必须掌握车间温湿度对工艺生产影响的规律性，以及原料、半制品回潮率与产量质量的关系。同时，还要预见到促使产量质量发生变化的外界因素，然后再根据这些规律和因素进行有成效的温湿度调节和管理。温湿度与纤维的性能（如回潮率、强力、伸长度、柔软性和导电性等）之间有密切的关系。

一、温湿度与回潮率的关系

纺织厂使用的天然纤维（棉、麻、丝、毛）或利用自然界的纤维素及蛋白质原料制成的人造纤维（黏胶纤维、再生蛋白纤维等），在化学分子结构中一般都含有亲水性基因，并具有多孔性，因此，能吸收空气中的水蒸气并将它们保留在空隙里，故这类纤维的吸湿性能较强。而利用煤、石油、天然气等作原料，经过化学作用，在高压下合成的合成纤维（涤纶、腈纶等），要低于常见纺织纤维的吸湿等温线。

由图 9-19 可知，空气的湿度不同，纤维的回潮率也不同。空气的湿度增大，纤维的回潮率也增大；反之则减小。至于温度与纤维回潮率的关系在相对湿度恒定的情况下影响较小。一般来说，随着温度的升高，纤维里的水分子比低温时活动得强烈，水分子从纤维内部边出的动能增加，离开纤维的机率增多，因而在平衡条件下，纤维吸湿性能随着温度的增高而降低。基于这种原因，在夏天，相对湿度稍偏高一些对生产影响不大。而冬天因温度较低，若相对湿度偏高，则回潮率就增高很多，容易出现绕胶辊、绕罗拉现象。因此，当温度增高时，可适当提高一些相对湿度，以求得回潮率相对稳定。另外，由于棉纤维和黏胶纤维含有亲水性基团的缘故，它们的吸湿等温线与放湿等温线不相重合，即在同一相对湿度下，放湿过程时棉纱的回潮率比在吸湿过程时要高些。

二、温湿度与强力的关系

温湿度对纤维强力的影响很大，特别是湿度与纤维的强力关系更为密切。由于

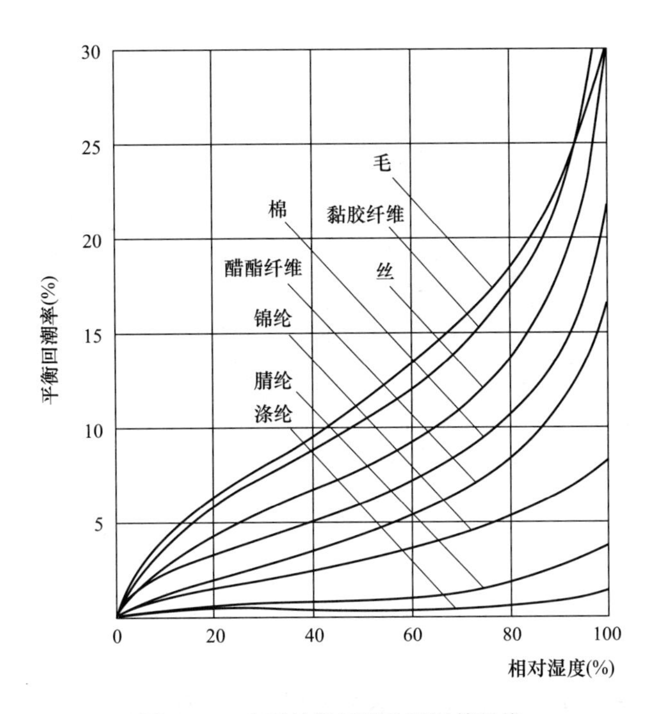

图 9-19　主要纺织纤维的吸湿等温线

各种纤维的化学分子结构不同，长链分子长短不一，因此，湿度对各种纤维强力的影响亦各不相同。有的纤维在湿度增大时，会促使纤维长链分子间起滑移作用而降低强力；有的则因能增进和改善长链分子的整列度而增加强力。如对棉纤维来说，在相对湿度为 60%~70%时，它的强力比干燥状态可提高 50%左右；如相对湿度超过 80%，则增加率很少。对于黏胶纤维则相反，在湿润状态时的强力比标准状态下要降低 50%左右（图 9-20）。

图 9-20 在不同相对湿度下，几种纤维的强度变化（标准相对湿度 65%）

至于温度，在一般室温变化条件下对纤维强力影响较小。一般来说，温度高时，纤维分子运动能量增大，减弱了某些区域纤维分子间的引力，因而拉伸强度降低。实验结果表明，温度每升高 1℃，纤维强力约减小 0.3%。

三、温湿度与伸长度的关系

湿度与温度相比较，湿度对纤维伸长度的影响更为明显。吸湿后的纤维，由于

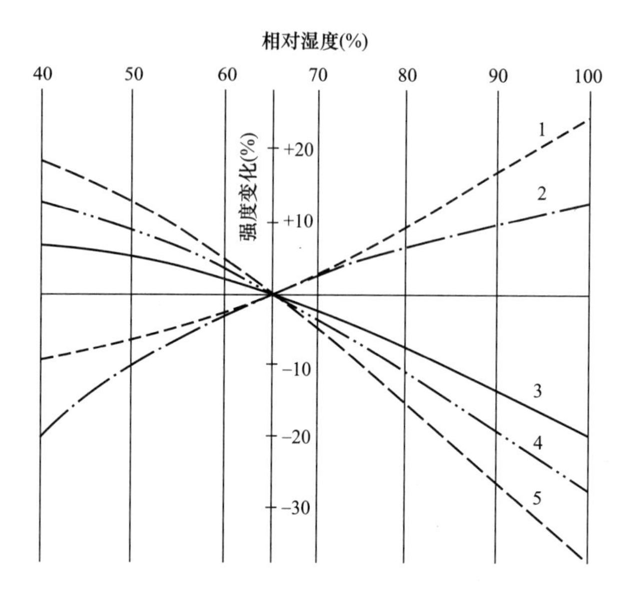

图 9-20　纤维强度与相对湿度的关系

分子间的距离增大，在外力作用下极容易产生相对位移，所以纤维的伸长度也随着相对湿度的上升而增加。其中羊毛、丝、黏胶纤维在吸湿后比棉、麻等天然纤维更容易伸长。至于合成纤维（如涤纶）则因吸湿性差，故湿度对伸长度影响很小。温度对伸长度的影响较小：对于棉纤维和黏胶纤维而言，在相对湿度不变的条件下，温度每上升 1℃，伸长度增加 0.2%~0.3%。

四、温湿度与柔软性的关系

在湿度增大时，由于纤维吸湿后分子间的距离增大，故纤维的硬度和脆性随之降低，使纤维的柔软性大为改善。对棉纤维来说，由于它的最外层有棉蜡存在，故对温度有一定的要求。棉蜡的熔化点很低，大约在 18.3℃时即能开始软化，随着温度的升高，纤维的柔软性增加，如遇温度过高，纤维将发生粘着现象。相反，在温度过低时，棉蜡则又会出现硬化现象，同时失去柔软性而变得脆弱。棉蜡与棉纤维的其他组成成分，在不同的温湿度条件下，一方面可以改变纤维的性能，同时，由于这些性质的改变还会对棉纺织工艺生产——开松、梳理、牵伸、加捻、卷绕、交织等过程产生不同的影响。例如，当棉纤维受机械处理时，倘若棉蜡能软化适度，就有利于原棉分解成单根纤维状态，也有利于除杂而不损伤纤维和改善成纱结构，并且借此可增进成纱的强力。反之，如果棉蜡呈黏着状态，就会增加纺纱牵伸过程中纤维间的摩擦，造成牵伸不良，条干不匀和断头率增加，从而影响成纱产品质量。一般来说，当温度在 20～27℃时，棉纤维受机械处理的效果最好。对一般纤维，它的硬度与脆性亦随着温度的升高而降低，使纤维的柔软性有所改善。

五、温湿度与导电性的关系

纺织纤维是电的不良导体，由于纺织纤维在牵伸或织造过程中都要经过机械处理，机械表面与纤维间的摩擦或各纤维间的相互摩擦，不可避免地会引起纤维带电，这种现象称作静电效应。当纤维与机件带有不同电荷时，即会相互吸引而使纤维吸附于机件表面，破坏纤维的运动规律，妨碍纤维的牵伸、梳理、交织、卷绕过程的顺利进行。当纤维间带有相同电荷时，纤维又会互相排斥而紊乱，使得纤维互不抱合、毛羽丛生，造成经纱发毛，以致织造中断头和跳花增多，使织物布面毛糙并形成分散性条影。不同纤维因摩擦而产生的静电及对加工的影响，主要取决于纤维的导电能力。一般来说，比电阻大、导电能力差的纤维，摩擦静电荷积聚性强，而散逸性弱。影响纤维导电性的因素很多，除了车间温湿度条件和纤维回潮率外，同时还与纤维的种类、结构及所含水分的散发情况有关。为了减轻静电对加工过程的不良影响，目前比较常用的消除静电的方法有：提高空气的相对湿度和加抗静电油剂，使纤维的比电阻降低，以增加电荷散逸的速度。例如，对于具有一定吸湿性能的纤维（如天然纤维中的棉、麻、丝、毛和人造纤维等），可以用提高空气的相对湿度的办法来提高纤维的回潮率，从而使纤维的导电性能大大增强，这时纤维所带的静电就比较容易通过机件而传入地下。据测定，当相对湿度由 20%提高到 60%时，棉纤维的导电性可提高 4 倍；相对湿度小于 45%时，容易产生大量溶电。对合成纤维来说，因在常态下它就具有很高的比电阻，它们在纺织加工中一旦带有静电后就不易消除。所以，通常相对湿度宜大。但若相对湿度过高，机件会生锈，纤维及机件发涩，纤维与纤维间、纤维与机件间的摩擦系数增大，因而产生绕胶辊、绕罗拉现象，杂质也不易清除。对于吸湿性很差的合成纤维，通常需加抗静电油剂。这样一方面可以在纤维表面形成一层很薄的导电性表面，使纤维的比电阻降低，以增加电荷的散逸能力。同时还可以减少纤维的摩擦系数和使纤维具有一定的吸湿性。此外，为消除静电，也可以适当调整纺织工艺，如采用合成纤维与天然纤维混纺，调节车速或采取其他措施，使露电保持在一定范围之内。关于温度对纤维导电性的影响，一般情况下，随着温度的增高，纤维的导电能力也会相应地增加。

由上面的介绍，可以了解到温湿度对纺织纤维性能的影响程度，为了提高工作效率和质量，建议喷气涡流纺工场生产环境温度应该控制在 25～30℃，相对湿度控制在 40%～60%。

第十章　喷气涡流纺纱线的开发与应用

第一节　喷气涡流纺色纺纱的开发与实践

随着时代的发展与个性的独立，人们对服装个性化的追求日益强烈，而传统服装风格单一，越来越无法满足市场化的需求。风格多样、色彩绚丽、个性化突出的喷气涡流纺纱线应运而生，如喷气涡流纺色纺纱、喷气涡流纺功能性纱线等。

色纺纱是目前十分流行的一类纱线，它先将纤维染成有色纤维，然后将两种或两种以上不同颜色的纤维经过充分混合后，纺制成具有独特混色效果的纱线。色纺纱能实现白坯染色所不能达到的朦胧的立体效果和质感，还可以最大限度地控制色差。因此，颜色柔和时尚、能够应对小批量多品种灵活生产的色纺纱，被越来越多地运用于中高档服饰产品中。

色纺纱由于采用“先染色、后纺纱”的新工艺，缩短了后道加工企业的生产流程，降低了生产成本。比传统工艺节水减排50%以上，符合低碳环保要求，生产一件普通的衣服，色纺纱可节约4kg水。如果过去的一年，中国所有的纺织品都采用色纺纱的话，将可节约5000万吨水。并具有较高的附加值，相对于采用“先纺纱后染色”的传统工艺，色纺纱产品性能优于其他纺织产品，有较强的市场竞争力和较好的市场前景。

色纺纱染色工艺独特，在纤维染色、配色及多纤维混纺方面具有较高的科技含量。更多的新型面料诞生，促进了服装、家纺产品呈几何积数增长。整个纺织行业中，传统工艺的占比为65%左右，染色纱20%左右，色纺纱15%左右，因此，色纺纱的成长空间很大。现在还是靠流通拉动生产，未来如果实现消费拉动生产，则色纺纱的前景就不可估量。

色纺喷气涡流纺纱具有毛羽少、耐磨性佳等优点，制成的织物色彩靓丽、立体自然，有利于提高纱线的附加值，增加盈利空间。近几年来，浙江纺纱企业加大了对喷气涡流纺色纺纱的开发，其中湖州威达、华孚金瓶、杭州宏扬、杭州奥华等企业已成功在喷气涡流纺机上开发出三大系列色纺纱线。德州华源生态科技有限公司作为生产色纺纱企业的后起之秀，已经在高端色纺领域开拓出了自己的一片天地。

一、常规色纺纱的质量控制要点

1. 色纺原料混合方式

由于色纺纱对混合要求十分严格，传统的本色纺纺纱流程不能满足色纺纱的混合要求。为了得到充分的混合，纺企一般采用以下两种方法。

（1）双流程混合。将原料按照配棉成分要求排放在圆盘内进行抓取，经过清棉流程进行打卷，将打成的一次卷重新排放在圆盘内进行抓取，再经过清棉流程进行抓取成卷，制成的二次卷供应梳棉工序使用。

（2）人工混合。将原料按照配棉成分比例过秤，然后由人工将不同颜色的原料进行交替层叠混合，平铺直取装入打包机或直接放在圆盘内进行抓取。过清棉流程进行抓取成卷供应梳棉工序使用。

（3）两种混合方式的特点。

①双流程混合的特点。

优点：混合均匀效果好。

缺点：同样的流程进行了两遍，人工、电耗、设备折旧成本增加；双流程打击过度，对纤维造成一定的损伤，影响成纱质量；设备重复占用，产量大减。

②人工混合的特点。

优点：在人工混合的基础上实现了单流程混合成卷，初步实现了原料的混合；避免了双流程的重复打击，减少了纤维的损伤，对成纱质量有益。

缺点：吨纱人工成本高，混棉成本消耗大；混棉只是实现了初步混合，混合效果较差。

双流程混合的优缺点比较显而易见，这里有必要对人工混合的效果进行补充说明。一般认为，五颜六色的纱经过人工一层一层地交替平铺，然后垂直抱取成包或者排放，混合效果好于机器的混合效果。实际上采取人工混合的棉纺厂在清棉工序都没有配备多仓混棉机，所以，对于混合效果来说还是影响比较大的。纺企可以根据自身的实际情况并结合客户的使用要求，进一步制订工艺流程。

2. 色纺原料混色方式

混色方法主要有以下几种：多颜色棉花混色、条卷混色、棉条混色、粗纱混色、并纱混色。

（1）多颜色混色。主要是对两种及两种以上颜色，采用圆盘抓棉机混和后打包，再排包。在比例差异特别大时，需要将一个或多个小比例颜色采用人工混和后，作为一个新的混和颜色，再与大比例颜色混和。混棉后的纤维在纱线截面分布均匀，但混纺比不易控制，尤其是性能差异较大的纤维更难控制。

（2）条卷混色。条卷混色是指梳棉条与清花卷混和，一般有两种方式：一种是将梳棉条喂入成卷机输棉帘，由角钉罗拉转动与混色纤维共同进入成卷机制成混和纤维卷；另一种是将梳棉条在梳棉机后与棉卷一起喂入，制成混色棉条，这种方法适合色比差异非常大的生产，小比例色棉在纵向含量得到保证，利于控制混纺色比。

（3）棉条混色。在并条机上按配色比例搭条，使各种颜色纤维在纵向实现混和。根据色条所占比例，可采用一混二并法或二混一并方法。条混时需要注意错开色条的排列位置，并防止错条、漏条现象。成纱色比控制准确，成纱色泽不如包混均匀，色差偏大，但有层次感，风格独特。

（4）粗纱混色。在细纱机上挂两种颜色的粗纱，由于两根粗纱经过胶圈退捻，粗纱定量、捻度存在差异：定量大、捻度低的粗纱纤维会转移到纱体的表面，定量小、捻度高的粗纱纤维会向纱体的中心转移，并且呈现随机分布，纺出纱具有特殊的 AB 混色纱效果。

（5）并纱混色。在并线机上加工两种不同颜色的筒子纱，可以同特数，也可以不同特数，通过调节张力片来控制纺纱张力。这种混色纱主要体现一种颜色交替、规律变化的风格。混色方式的选择需结合纱线颜色风格及质量确定，并由此制订相应的工艺流程。

3. 色纺纱的配色

色光是具有彩色视觉的光，由一种或几种不同波长的电磁波组成。色光中的三原色是红、绿、蓝三色，用于加色混色法；物质中的三原色是品红、柠檬黄、湖蓝，处于三原色的补色位置，用于减色混色法。

（1）加色混合。由两种不同颜色的光产生视觉感觉，随着不同色光的混合量增加，色光明度也逐渐加强。如色光的三原色混合得到白色。

（2）减色混合。各种颜色或染料混合叠加形成一种颜色，色纺纱运用此方法。它是由色棉纤维对光谱中的光选择性地吸收与反射，在光源不变的情况下，两种或两种以上的色棉纤维混合后，相当于白光减去各种色棉纤维吸收的光，而剩余的反射色光就成为混合的色彩。混合后的色纤维增加了对色光的吸收能力，而反射能力降低，混合纤维的明度、纯度降低，色相也发生变化。参加混合的纤维种类越多，白光被减去的吸收光越多，相应的反射光就越少，最后成灰黑的颜色。如用各种颜色的色棉以相同比例混合后纺成纱，棉纱颜色变成近似灰色。

（3）补色。两种相加呈现白色的色光及两种混合成黑色或灰黑色的颜料色为一对互补色。如红光与青光相加产生白光，而品红与绿色相加呈现灰黑色。

（4）调色。即调色相，各种物质都有主色，另一种作为辅助用来调色光。调色光时要掌握量的多少，如橙红带红光、柠檬绿带绿光。

4. 色纺纱配色注意事项

（1）分析配色对象。如果是客户来样，就要对来样进行分析，纱线试样首先拆成散纤维，这样便于分析出纱线有几种色纤维组成并确定其颜色；色织面料先要弄清面料是否经过漂白、防缩、柔软等整理，没有整理的便可直接把它拆成纱线，再拆成散纤维；经过处理的，应慎重考虑配色所选用的纤维颜色的色光在处理后是否会发生改变。

（2）在色纺纱生产中，配色比例就是各色纤维组分与整个配色组分的干质量百分比，用质量百分比来表示。当配由同一种纤维原料组成且具有多种颜色组分的色纺纱时，在估计好各颜色组分所占比例而称量配色时无需考虑纤维回潮率，可直接称其干质量配色。当配由多种纤维原料组成且具有多种颜色组分的色纺纱时，在估计好各颜色组分所占干质量比例而称量配色时必须考虑纤维回潮率，即称量前先换算出各色纤维在公定回潮率下的公定质量，这样才能保证配色比例正确。

（3）所打样纱一定要和客户来样或指定样纱特数、捻度一致，否则对色不准。这是因为同样情况下纱线越细、捻度越大，颜色越深，色光也会改变。

（4）一般来说常用的对色光源有：晴天自然北光，D65、TL84、CWF灯。但一定要以客户指定的光源为准，因为在不同光源下产生不同的色光，甚至会面目全非，这样就会因色光不同而造成工厂和客户产生分歧。

（5）对色要由专人负责，且目光要统一。因为不同人员在辨色方面有很大差异，目光偏向不同，很难达到色光上的统一。

（6）一般确认样以 A、B、C 色给客户确认，并做好留样，以便生产时取出对应的打样对色依据。

（7）使用精密电子天平，准确称量，减少误差，使误差降至 1%以内。

（8）仿色时应重视分品种、分色系而留样，积累资料，建立色库。

（9）要考虑各工序落物对颜色的影响，如梳棉机斩抄、落棉，精梳落棉甚至并条机吸风花等都会影响色纱颜色，要在配色时注意调整配比。

5. 色纺纱配棉要求

色纺纱强调的是布面效果，色纺纱的配棉主要控制黑白星、色点及色节等外观疵点，同时达到色纺纱需求的强力要求。色纺纱根据颜色深浅、强力要求，配棉需要用到白生条、白精条，同时还需制备白生条、白精梳棉网染相应颜色，制成色生条、色精网，通过混和，制订相应的工艺流程进行生产。

（1）生条、精网质量要求。AFIS 测试的棉结要求为：白生条<40 粒/g，色生条<60 粒/g，白精条<10 粒/g，色精条<20 粒/g。

（2）基本麻灰色纺纱配棉原则。麻灰系列色纺纱一般采用黑白两色配置，使用生条一般是防止布面杂质和大的色点、白星；使用精条主要是色比差异大，防止出现大反差的色点、白星。一般小比例色棉+大比例白棉时，要用色精条代替色棉；反之，采用大比例色棉+小比例白棉，用白精条代替白棉。结合质量、成本，一般配棉中生条、精条总比例以不超过 35%为宜。

在可见光谱中，黑色的波长为零，因此，在染棉过程中，一般用不合格的染色棉套染黑色，而且黑色所用染料、染色时间、工艺与其他彩色棉有差异，综合以上原因，黑色染棉纤维强力下降明显，一般下降 30%～50%，因此，在色比超过 80%时，配棉需要加入 20%～30%长绒棉来弥补黑色棉的强力损失。另外，所用白棉含杂率要求低，杂质在梳棉过程中会嵌入针布，影响梳理效果，布面会出现杂质、色点等疵点。

（3）彩色系列及其他系列色纺纱配棉原则。总体原则与麻灰基本系列相同，考虑色棉颜色因素，配棉中生条、精条比例增加 10%～15%；在色棉中起到调色作用的反差大，小比例色棉需要制条，并提前混和，作为一个新的颜色成分，这样在生产操作中，不会因抓棉不匀或落物等因素影响而造成颜色偏差。另外，色比非常小的色纺纱，即颜色偏向于白纱或颜色很浅的，为了解决色点问题，要求全棉混棉后走精梳工艺路线。

在含有漂白棉、荧光棉的配棉中，需要考虑对漂白棉、荧光棉做柔顺预处理，因为漂白棉、荧光棉染棉工艺与其他颜色不同，碱缩处理会造成棉纤维表面蜡质损失，纤维表面静电大，可纺性差。

在细特色纺纱的生产中，小比例调色棉可采用细绒棉。采用精梳工艺时，落棉率一般控制在10%~13%。细特股线可依据颜色决定是否采用精梳路线，浅色可走普梳路线。

二、小比例色纺纱质量控制要点

小比例色纺纱（麻灰纱）是在纺纱过程中把黑色纤维（黑色棉、黑色涤或黑色黏胶等）与本色纤维经过充分均匀的混和后，纺制成具有独特混色效果的色纱。黑色纤维与本色纤维反射的色光相互配合，呈现出一种“空间混和”的效果，色彩富有层次变化，富有立体感，被广泛应用于针织产品，并受到消费者的喜爱。

小比例色纺纱的产品质量不仅首先要达到本色纱线的各项质量标准，而且更重要的是要保证纱线的外观质量。虽然有的小比例色纺纱各项物理指标都能达到标准要求，但是因为成纱的外观质量存在色差、棉结等问题，从而影响布面的实物质量，造成退货或者索赔，给生产厂家造成了极大的经济损失。因此，如何防止色差，减少成纱棉结，是色纺厂家的重要技术问题。由于生产小比例色纺纱使用了黑色纤维，稍有不慎，黑色纤维就可能混入本色纱中产生疵点。如何防止色纤维混入本色纱也成为日常管理工作的重要内容。要生产出使用户满意的产品，必须在原料、工艺技术与管理等方面采取有效措施。

1. 纺纱方案的确定

在生产中首先要保证小比例色纺纱中黑色纤维含量符合设计要求。小比例色纺纱颜色的深浅主要取决于成纱中黑色纤维含量的高低。黑色纤维含量低，小比例色纺纱的颜色呈浅灰色；黑色纤维含量高，小比例色纺纱的颜色呈灰黑色或者黑色。小比例色纺纱中的黑色纤维含量一般在1%~50%，通常以黑色纤维含量在10%以下的品种最为多见。

因小比例色纺纱中黑色纤维的含量比较低，一般不选用圆盘混棉。先在清棉工序分别制成黑色卷和本色卷，而后在梳棉工序分别制成生条，再通过并条混和，因此，并条工序是确定小比例色纺纱中黑色纤维含量的关键工序。通常黑色纤维的含量在10%以上的品种，黑色、本色梳棉条先按照各自的干定量，确定混和根数，然后通过头并并合一次就可以使黑色纤维的含量达到设计要求。黑色纤维的含量在1%~10%的品种，黑色、本色梳棉条先按照各自的干定量，确定混和根数，先预并一次得到预并条，然后根据预并条和本色梳棉条的干定量确定混和根数，再并合一次，才能使黑色纤维的含量达到设计要求。黑色梳棉条、预并条、本色梳棉条在并条机后排列时，一般黑色条、预并条排列在中间，本色梳棉条排列在两边。实践证明，经过三道并合的小比例色纺条比经过二道并合的小比例色纺条纤维混和得充分，混色效果好。对于要求不同的小比例色纺纱可选用二道或三道并条。

2. 质量控制技术要点

（1）纺纱工艺流程。

黑色棉：A002C 型抓棉机—A006B 型混棉机—A034 型开棉机—A036B 型开棉机—A036C 型开棉机—A092A 型给棉机—A076C 型成卷机—A186D 型梳棉机—A272F 型并条机—A191B 型条卷机—A201C 型精梳机—A191B 型条卷机—A201C 型精梳机黑色精梳条和本色条经并条混和后纺纱。

（2）工艺技术要点。

①开清棉工序：由于黑色棉经过染色等处理，使棉纤维形成束状或者块状，所以要采用多松少打的工艺原则，提高除杂效率，减轻纤维损伤；黑色化纤要降低打手速度，防止产生束丝，并及时清理棉箱和通道，防止挂花。

②梳棉工序：梳棉设备的好坏直接影响棉结的多少。对于纺小比例色纺纱的梳棉机台，各部位隔距要准确；对锡林、道夫、盖板的针布情况要严格检查，达不到质量要求的针布要及时更换。

a. 对于纺黑色棉的梳棉机，采用加装锡林固定分梳板，使用加密型盖板针布，增强分梳效果，以减少棉结，减小棉结颗粒的大小，使小比例色纺纱中的黑色棉结在布面上不容易显现。

b. 对于纺黑色化纤的梳棉机，采用加密型盖板针布，增强分梳效果；放大前上罩板与锡林之间的上口隔距，多出斩刀花；采用棉型小漏底，增加落杂。

c. 对于纺本色棉的梳棉机，采用加装锡林固定分梳板，增强分梳效果，减少棉结杂质，减小棉结颗粒的大小，使小比例色纺纱中的本色棉结在布面上不容易显现。

d. 对于纺本色化纤的梳棉机要严格检查，本色棉结不能超出正常控制标准。

本色生条棉结控制指标为 55 粒/g（无固定盖板）和 46 粒/g（有固定盖板），黑色生条棉结控制指标为 42 粒/g（盖板针布 McH42）和 28 粒/g（盖板针布 MCH52）。

③精梳工序：随着人们审美水平的不断提高，用户对小比例色纺纱的质量要求越来越严格，要求减少小比例色纺纱布面上的黑色棉结，有的用户甚至要求布面上没有黑色棉结。对于用黑色棉调色的纯棉或黑色棉与化纤混纺的所有品种，都使用了黑色棉精梳条进行生产，这在一定程度上减少了布面上的黑色棉结，但用户仍然反映布面上的黑色棉结较多。为此，采用了双精梳工艺。双精梳工艺与一次精梳工艺相比短绒率降低，黑色棉结减少，并且黑色棉结颗粒非常小。使用黑色棉双精梳条生产的麻灰纱，颜色均匀，布面上的黑色棉结极少、黑色棉结颗粒极小，用户比较满意，但工艺流程很长，精梳工序因有二次落棉，吨纱用棉量很高。

（3）色差的预防措施。

①原料的选配：小比例色纺纱中本色纤维的选配与本色纺纱相同，黑色纤维（黑色棉或黑色化纤）的选配要注意以下两点：一是要选择品种和性质差异较小的原棉，经染色后纤维着色差异小。黑色棉要染透、染匀、色牢度好。同批号的产品要使用同一批染色的黑色棉。二是黑色化纤要选择黑度稳定、产地相同的原料，以便于接批。

②工艺管理措施：开清棉工序的设备状态要好，工艺参数要适当。黑色棉要注重开松，采用轻定量；黑色化纤要调小 V 型帘，降低定量，减轻因化纤打滑造成堵塞通道的现象。成卷重量不匀率应符合要求，以保证后道工序长片段重量不匀率在控制范围之内，稳定黑色纤维的含量，使小比例色纺纱的颜色均匀无色差。梳棉工序的生条重量不匀率要小，保证混纺生条定量稳定。并条工序要保证小比例色纺纱中黑色纤维的含量正确；保证自停装置灵敏，防止缺条；二道、三道并条交叉喂入棉条，以减少眼与眼之间的色泽差异。

（4）减少棉结的措施：通过布面和筒子纱外观质量反映的情况来看，在浅灰色的小比例色纺纱中黑色棉结极易显现；在灰黑色的小比例色纺纱中黑色棉结和本色棉结会同时显现；在黑色的小比例色纺纱中本色棉结极易显现，说明小比例色纺纱的外观质量比内在质量更加重要。

为减少棉结应采取以下措施：应选择品级高，成熟度好，细度适中，短绒含量低，尤其是疵点少、含杂低的原棉进行染色；在染色过程中由于棉纤维要经过煮练等处理，去除了棉蜡，降低了纤维的可纺性能，需要经过喷洒化学油剂处理后，才能提高纤维在后加工过程中的可纺性能。如果处理不好，在梳棉工序，黑色棉纤维易起静电，不仅增加了纺纱难度而且也难以保证生产出质量好的纱线，所以应选择染色水平高的厂家加工原棉；黑色化纤中的疵点含量要低，原料中的黑色粉尘要少；黑色化纤的含油率要适当；若含油率低，容易使纤维产生静电，应在原料中加抗静电剂，放置24h后使用；黑色棉或黑色化纤的回潮率要适当。回潮率过大，容易产生棉结；回潮率过小，容易产生静电，影响生产的正常进行。

3. 生产管理措施

操作人员应加强质量意识，从而保证小比例色纺纱的质量。各工序由保全人员检修设备，保持通道光洁、无毛刺；挡车工要做好并条、粗纱绒板和细纱绒辊的清洁工作。除此以外，还应做好以下质量管理工作。

（1）要重点控制好梳棉工序的温湿度，保证黑色纤维纺纱的顺利进行。试验室加强对梳棉机生条棉结的检测工作，达不到要求的停车检修，不合格的机台不开车。

（2）络筒工序在筒子纱成包时，挡车工要检查筒子的外观质量，发现明显的棉结要妥善处理；发现黑色棉结增加时，要及时反馈信息。

（3）回花应合理使用。对黑色纤维含量为100%的清棉卷头、卷尾、梳棉条可以本支回用。预并条、头并条、末并条、粗纱头、细纱风箱花均不回用。这样做有利于控制混纺比，还能减少黑色棉结。

三、喷气涡流纺色纺纱工艺设计及生产管理

1. 工艺设计要点

（1）清花工序。加强混和作用是色纺纱在清花工艺的重点，为防止产生纤维团，减少原料翻滚，使用多仓混棉机，确保各仓储棉量，以加大延时时差，大容量

混合，减少色差产生。另外，纤维经染色后，表面蜡质受到损伤，加之染棉后烘干、打包，易造成纤维纠结成团块，因此，需要增加对色棉的开松作用，将 A036C 打手转速提高至 600r/min，给棉罗拉转速由 53r/min 降低至 35r/min，减小给棉量，有利于将纤维团块进一步开松成细小的纤维束。在成卷时加入同色粗纱 3~5 根，可以解决粘卷现象，同时减小棉卷定量，利于梳棉机充分梳理，减少色点。

（2）梳棉工序。加强分梳以有效排除色点、杂质是梳棉工艺重点，紧隔距有利于强分梳，锡林/盖板隔距为 0.18mm、0.15mm、0.15mm、0.15mm、0.18mm，盖板线速度提高至 340mm/min；给棉板/刺辊隔距为 0.18mm，加强预分梳；增加前后固定盖板，有利于纤维的导向及细致梳理，同时加装棉网清洁器，有效清除大的棉结、杂质及部分短绒；采用轻定量、慢速度工艺，生条定量为 16g/5m，出条速度为 49m/min。另外，梳棉后部落棉需要逐台调整一致，防止个别机台存在落棉太差，造成色差。

（3）并条工序。采用三道并条，对防止色纺纱色差及减少疵点有较好的作用。工艺采用顺牵伸，头道并条一般采用较小的总牵伸倍数，要求小于并合数，后区牵伸倍数在 1.8 倍；二道并条总牵伸倍数与并合数一致，后区牵伸采用 1.6 倍；三道并条采用带自调匀整装置的并条机，控制条子的质量不匀率在 0.2%以下。改造断条自停装置，将反光式断条自停改为对射式断条自停，避免因深色棉条不反光而误判，产生缺色、少色棉条。另外，增加接触式断条自停装置，增强断条检测信号，保证色条颜色。由于色棉染色后，纤维表面蜡质损失，可纺性差，因此，需要对胶辊进行涂料处理，防止色条发黏、缠胶辊，造成缺色。

（4）粗纱工序。采用“重加压、大捻系数”的工艺原则，加大摇架压力，严防产生“硬头”，捻系数比白纱偏高 10%，提高粗纱内部纤维间的抱合力，适当放大后区牵伸倍数，有助于减小牵伸力，提高粗纱均匀度。此外，保证粗纱绒套板运转灵活、正常，减少纱疵的产生。

（5）细纱工序。主要解决牵伸力与握持力相匹配问题。牵伸力过大会导致浮游纤维提前变速，须条在前罗拉钳口处打滑产生棉结。因此，色纺纱的粗纱定量一般偏小掌握，这样细纱总牵伸倍数就会偏小，布面棉结、色点会有所改善。使用大直径胶辊，重加压，保证纱线条干。检查是否出现锭带滑移、破损、松紧不一、细纱管内积花高等问题。捻度出现偏差，对色纺纱颜色影响很大，捻度偏小，纱体颜色偏浅，反之颜色偏深。另外，弱捻、强捻也会造成布面横档。生产深色品种时需要对胶辊进行化学处理，消除深色纤维因静电带来的缠绕问题。风箱花应及时掏尽，避免堵塞造成吸棉笛管负压不足。

(6) 络筒工序。筒子纱密度适中，不能过软，过软会造成运输过程中纱线粘连，过硬则会使纱线强力有所损失。清纱参数的设定以切除棉点、短粗节为主，捻接器要定期检查，防止捻接外观不合格而产生的布面疵点以及捻接强力偏低造成的织造断头。另外，需要加装上蜡装置，增加纱线色纤维表面蜡质，消除毛羽，提高织造效率。

2. 生产现场管理

(1) 在日常生产过程中，要加强不同色系、品种的管理，防止混色、异色污染。原料入库要分区域堆放，标识清楚、唯一，有专人负责。要有固定原料、半制品、成品运输路线，有专门的运输车辆、罩布、容器。

(2) 色纺所用的条筒、粗纱管、细纱管需要专人管理，每次使用完，需要清洁。做清洁的工具要区分，避免异色污染。

(3) 回花、吸风花要用专门的包装袋装好，标识清楚，注明色号、质量，单独存放，待下次同色号品种纱开纺时，小比例使用。沿每台细纱机间车弄中线自顶到地用尼龙（锦纶）网布制作上部固定、可上下拉起的隔帘，防止异色飞花污染。改进车间空调系统，采用多风机方式，增加送排风口数量，均匀对称布局，提高相对湿度，减少飞花。

选择色纺棉用原料时要注重棉纤维的细度、成熟度、含杂率等，优选原料是保证染色棉质量的前提。棉花染色过程中优选染料、助剂，制订合适的染棉工艺，尽量减少对纤维的损伤，提高色棉可纺性。

在保证原料充分混合的前提下，根据色纺纱风格，选择混色方式及组合混色方式，确保色泽准确性。色纺纱颜色控制过程中，配色是关键，对色是基础，制订相应的颜色把关工作细则。

加强对设备的检修、保养、维护，防控断条、强弱捻纱的发生，减少色差及横档。

制订有效严格的生产现场管理制度及措施，提高管理水平，最终生产出满足质量要求的色纺纱。

第二节　功能性及特殊风格喷气涡流纺纱的开发

一、功能性喷气涡流纺纱线的开发

随着人们对穿着要求的不断提高，穿着舒适、亲肤保健等功能服饰已成为多数消费者的诉求。近几年纺织企业在开发功能性喷气涡流纺纱线上取得一定的进展，主要有“超仿棉”纤维、改性涤纶、多种天然纤维等组合生产的喷气涡流纺纱线、亚麻/棉混纺纱、亚麻与多种纤维混纺纱等。

二、特殊风格的喷气涡流纺纱

1. 喷气涡流纺点子纱

点子纱品种是一种喷气涡流纺的特色风格纱，判定点子纱风格，区别在于点子的颜色和大小、布面单位面积的点子数量、布面风格及手感等（图 10-1）。

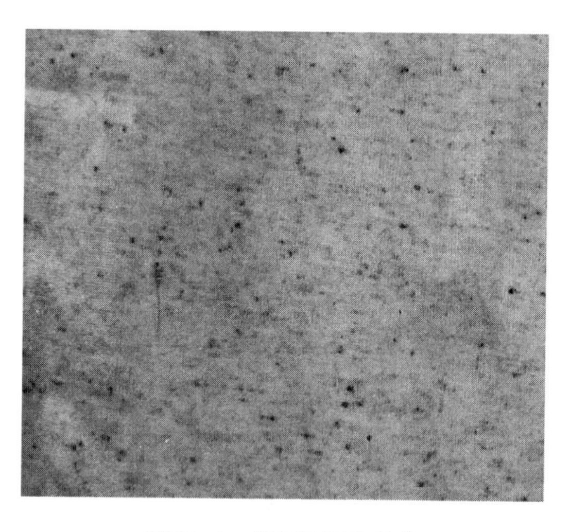

图 10-1　布面风格及手感

布面单位面积的点子数量需要采用取样计数法。标准点子数定义为样布自然伸直铺平状态下，以一个边长为 10cm 的正方形取样器，分别在样布的五个不同位置取样，统计取样器内布面点子数量，求平均值，作为标准点子数，控制标准见表 10-1。

表 10-1 点子数控制标准

标准点子数（个/0.01m²）	50 以下	50~200	200 以上
单位面积内的点子数量控制标准	±5%	±10%	±15%
每两个取样区间的点子数最大差异数量（占标准点子数）	≤10%	≤15%	≤20%

按照既定配比生产出成品后，需要与模板进行比对。由经过专业培训的人员判定点子颜色和大小、手感与客户样品是否一致。采用取样计数法测量出点子数后，按照标准点子数的范围判定生产成品是否达标；若不合格，则需重新调整配比、投料生产。

喷气涡流纺点子纱生产过程中原料分为底色原料和点子原料。原料预处理时，需要先将底色原料进行预梳，然后将经过预梳的底色原料与点子原料分层铺好，均匀混合。混合之后的原料再进行一次混合后然后上盘生产。在梳棉工序生产点子纱时，前后固定盖板隔距不宜过小，为了减少点子的流失、保持风格，活动盖板在生产过程中要停止转动。

在喷气涡流纺工序的生产过程中，为了保证点子不被电清误切掉，部分电清工艺需要关闭。

2. 喷气涡流纺包芯纱

长丝纱与短纤维相比，具有条干均匀、强度高、伸长以及弹性好等特点。而短纤维具有良好的功能性，例如，吸湿快干、耐热、柔软、保温等特点。为了将两者的优势集为一体，互相取长补短，开发了兼有两者优点的喷气涡流纺包芯纱。

包芯纱技术的发展虽有几十年的历史，但直至喷气涡流纺纱技术的问世才解决了环锭纺生产包芯纱易出现芯纱外露的弊端，同时，喷气涡流纺成纱的特性为包芯纱品种的质量、风格、多样性、附加值等方面提供了更多选择的空间。

喷气涡流纺成纱过程（图 10-2）中，牵伸后的须条进入喷嘴加捻器；与此同时，从包芯纱装置上引出的长丝（或弹力丝）随该纤维束头端一并进入空心锭构成芯纱，此时纤维束开始接受旋转气流的影响，脱离前罗拉钳口点的纤维在后端处开始反转，该反转的纤维被拉入带有适合纺纱支数的孔的中空锭子，在变成芯纤维的四周按旋转气流方向完成缠绕，从而形成喷气涡流纺包芯纱。纺成的纱线再经清纱器，将纱线疵点去除后，被卷绕到筒子上。根据喷气涡流纺纱原理可知，长丝在通

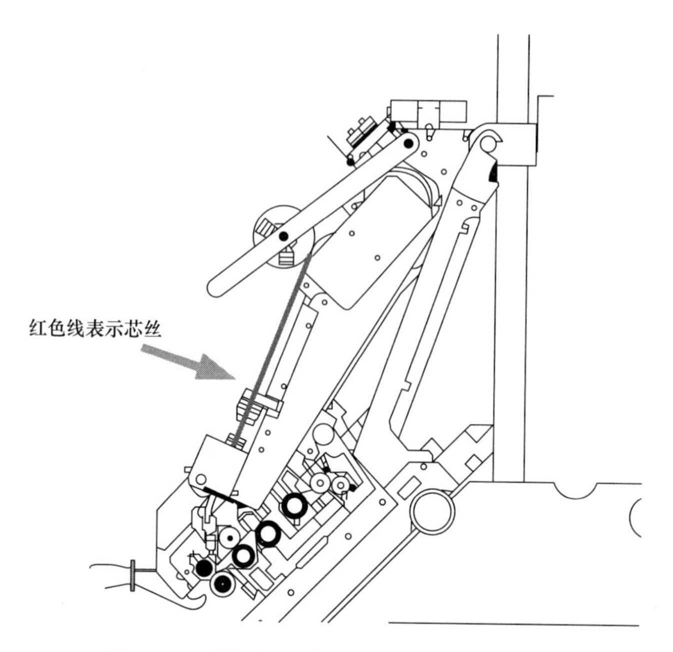

图 10-2　喷气涡流纺包芯纱生产装置示意图

过其中间喷嘴时，可受到外包纤维均匀的包覆，真正做到长丝被包覆于中间，解决了长丝外露的问题。

3. 喷气涡流纺包芯纱生产工艺设计中需要注意的事项

（1）集棉器规格以外包纤维的支数来确定，外包纤维是多少支就选择相应规格的集棉器，如 XT~4+50D 30SK MVS（BX），外包纤维的支数为 42 英支，选择集棉器就按生产正常的 42 英支普通纱线的规格来设计集棉器的规格。

（2）喂入比一般设计为 0.96，对于包覆牢度要求较高的，可以将喂入比调小。

（3）包芯纱的张力取决于芯丝，芯丝张力越大，包覆率会越好，但是张力大容易造成纺纱段张力大，外包纤维脱落，需要积累经验，进一步摸索。

（4）Ln 捻接长度杆：位置选择 3~7，Ln 杆的长度设置与纱支相关，一般纱支越粗，Ln 对应的位置越大。

4. 喷气涡流纺包芯纱生产中需要注意的事项

（1）喷气涡流纺包芯纱在长丝喂入前部有感纱传感器，发现断纱时，传感器亮，从而发送信号使单锭同步断头，以免无芯丝纺纱。但在生产中也发现部分传感器出现故障后，芯丝断而传感器不亮，包芯纱仍然继续生产的现象，因此，生产中保全和值车工要加强巡回，发现有这样的锭子要及时维修更换传感器。

（2）喷气涡流纺的包芯纱生产中，长丝退绕喂入张力的控制是做好包芯纱的关键，如果张力控制不好，成纱质量将很难保证。长丝张力的控制主要从喂入部分的张力及纺纱段张力两方面来调节。喂入部分长丝的张力控制可以调节以下几个部位：长丝的安放角度、张力片的重量、张力片的角度等。如果张力控制偏小：长丝没有充分伸直，造成长丝在成纱中出现成圈的现象，造成芯纱外露。如果张力控制偏大：在纺纱过程中长丝会出现意外牵伸，成纱会产生橡皮筋一样的效果，出现回缩打皱现象。以上两种情况会造成染整工序时布面不上色、染色不匀，织造中布面出现横档等现象。

（3）集棉器规格的选择、喷嘴到前罗拉的距离、环境温湿度的控制等纺纱条件同样需要根据包芯纱规格进行合理设计。

5. 喷气涡流纺柔软纱

涡流纺柔软纱具有更好的亲肤性和舒适性，解决了传统涡流纺纱手感偏硬、死板的特点。喷气涡流纺柔软纱一般采用棉纤维或者黏胶纤维，采用较高的涡流纺车速（一般为450m/min），改变纱线表面纤维的包缠角度，达到手感柔软的目的。但是也在一定程度上减弱了纱线的耐磨性，使得毛羽有所增加（图10-3）。

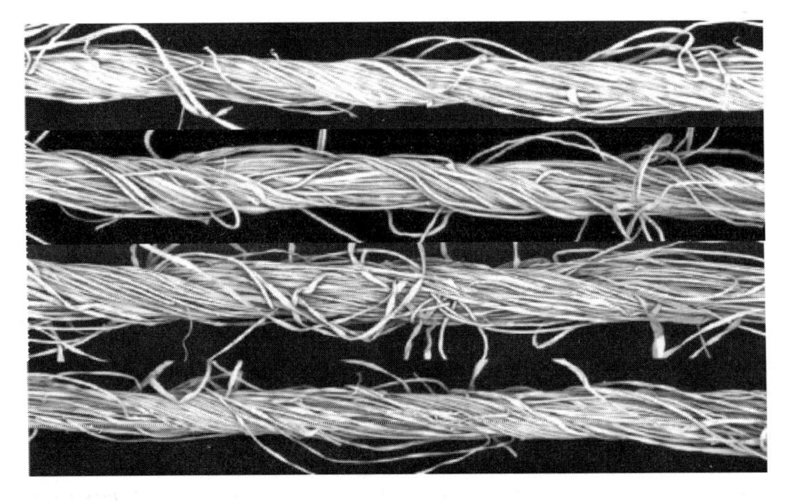

图10-3 喷气涡流纺柔软纱

以26英支精梳纯棉纱（J26S）的生产成本为例进行说明（表10-2），其中+15%的引纱速度，调整纺纱气压从6MPa到5MPa，平衡了纱线的特性，制成手感柔软的针织物。

表10-2 喷气涡流纺柔软纱与标准纱生产成本对比

纺纱单元	标准纱	柔软纱
产能（kg）	3815	4417
生产成本（元）	32046	33128
含原料（元）	91560	102033
纱线售价（元）	103386	119700
税前利润（元）	11826	17667
每年单锭利润增加（元）		5841

第三节 喷气涡流纺纱线在织造过程中的应用

喷气涡流纺因其工艺流程短、生产效率高而广泛受到纺企的青睐，利用喷气涡流纺开发产品深受人们的广泛关注。由于喷气涡流纺的强力比环锭纺低，毛羽偏少，故目前主要还是用于针织产品，其面料广泛应用于高档内衣以及运动休闲系列领域。用创新思维开发喷气涡流纱产品，拓展其应用领域，增加喷气涡流纱的附加值是进一步发展喷气涡流纺技术的首要任务。

山东、浙江等省内的喷气涡流纺纱企业早期主要以生产黏胶纤维纱为主，近期通过大胆创新并结合市场需求，积极开发出了多种特色纱线，目前已向多品种的“精、特、新”纱线的方向发展，应用领域也已从原先的针织逐步向机织物、家纺、装饰及半精纺毛针织物延伸，避开与环锭纺同质化竞争，提高了其产品附加值。

一、针织物

1. 喷气涡流纺针织品前处理工艺

（1）亚氧漂工艺。目前国内只有山东省的十几家印染厂还在使用亚氯酸钠漂白工艺，加工棉弹力罗纹、棉毛（双面组织）内衣产品。亚氧漂的产品白度白润，手感弹性好，坯布失重少，近几年又从罐式设备发展到钛板溢流亚漂机，有O型、L型两种。与罐式机相比，坯布与漂液交换比加大，漂白时间短，减少了在罐内堆压成折皱的现象。但亚氯酸钠漂白工艺由于 ClO_2 的毒性、腐蚀设备、污染空气、危害人体健康、无法加工含有氨纶的产品等问题，不属于清洁生产，国外早已淘汰，国内正逐年减少。

（2）溢流机常温氧漂工艺。常温溢流机氧漂工艺至今已有30多年的历史，由于在沸煮氧漂，染机不密封，大量热量、H_2O_2 的分解物以汽化热形式散失于车间内，蒸汽热量散失大，工艺时间长，消耗能源多。该工艺使用烧碱练漂合一，烧碱能除去棉纤维上的油脂、蜡质，使坯布手感粗硬、失重率高，一般为5%~8%。按年加工800万t棉织物计算，失重在（40~64）万t，这是一个巨大的浪费。所以控制漂染的失重率是工艺改进的当务之急，有巨大的社会效益。同时，烧碱起着空气中的氧对纤维强力受损的催化剂的作用，使坯布强力下降。在氧漂时，坯布吸碱不匀会造成下道工序染色色花。此外，烧碱漂后难以洗净，水洗次数多，耗水量大，废水COD高，污水处理难度大，含有氨纶、黏胶等纤维的织物不宜使用烧碱前处理。因而，针织物的前处理工艺应改进为不用烧碱的氧漂工艺。

（3）无烧碱的快速氧漂工艺。20世纪末，山东省的一家外资助剂企业从欧洲总公司引进了一种复合型的不含烧碱的快速氧漂剂，在针织物、筒子纱等氧漂工艺应用中，白度好、失重少（2.5%~3.6%），容易清洗，染色匀染性好，适宜于高温速漂，适宜于多种纤维氧漂。

（4）生物酶前处理工艺。生物酶前处理主要是指果胶酶煮练工艺，已经开始推广。使用果胶酶在温度为50~60℃，pH为4.5~5.5的条件下处理棉针织物，能去除果胶质，提高毛细管效应，且对棉的潜在损伤少。经过酶煮练后再进行氧漂，其失重率小于碱氧工艺，有些深色产品如藏青、黑色等用果胶酶煮练可直接进行染色，坯布手感柔软、厚实、缩水率小。生物酶前处理工艺与碱氧工艺相比，可减少水、汽消耗，是提倡大力推广的清洁生产工艺。

（5）连续式前处理工艺。连续式前处理工艺有绳状、圆筒平幅、剖幅平幅三种加工形式。浙江一厂家引进的德国欧宝泰克斯公司的圆筒平幅已投产；剖幅平幅在广东也有投入生产，国产的同类设备也已进行试生产。连续式前处理工艺加工的布面质量好，布面平整没有细皱纹、磨毛、纬斜等疵病；整机配有自动加料、工艺参数在线监控设备，工艺重现性好，耗水少（吨布用水为1∶8~1∶10），耗能少（吨布耗汽1∶0.8），生产效率高（人班产可达6~8t）。目前在国内这种生产线还只有几家企业在使用，但随着设备的不断完善和成本的降低，将是今后前处理工艺发展的方向，特别是与平幅烧毛、平幅丝光、平幅冷轧堆染色、平幅印花、平幅后整理配套使用，能显著提升产品和企业的竞争力。

2. 后整理工艺

喷气涡流纺针织物的后整理工艺与普通针织物没有太大的差异。针织物的后整理一般采用圆筒和剖幅平幅两种工艺。圆筒加工以小圆机的罗纹、棉毛、汗布、内衣产品为主，采用超喂湿扩幅、圆网烘燥、无张力式松式烘燥、超喂轧光。使用引进的FERRARO公司或SANTEX公司的分离式撑板超喂呢毯预缩机，直向缩小率可控制在5%以内。然而，圆筒呢毯预缩机存在撑板与超喂轮之间的挤压力大、深色品种坯布易出轧光痕、大圆机的产品纬斜难以解决等问题，该机型目前满足不了大圆机坯布的质量要求。剖幅拉幅后整理工艺目前应用较为普遍，单、双面大圆机的坯布，特别是含有氨纶丝的坯布都经过拉幅定形整理。浙江、山东一些厂家已引进了拉幅呢毯预缩机，可有效解决纯棉针织坯布的缩小率和布面光洁问题。中高档针织面料拉幅定形后，再经过拉幅超喂汽蒸呢毯预缩，布面的高质量效果才会显示出来，手感柔软且有光泽，缩小率可控制在2%以内。

后整理工艺技术水平是提高针织产品档次的重要工序。通过先进的后整理加工，使织物达到手感好、弹性高、布面光洁、纹路清晰笔直、缩小率低。根据客户要求，有的产品还进行特种功能整理，如防紫外线整理、抗菌整理、远红外整理、防静电整理、防污整理、吸湿速干整理等。针织物的后整理有两条工艺路线：一是圆筒坯布，二是圆筒剖幅平幅，两种加工形式将长期并存，各有特点。圆筒坯布的加工适宜做内衣产品，应采用超喂强扩幅、松式无张力烘干和分离式撑板超喂呢毯预缩机；剖幅产品经拉幅定形后最好经过拉幅呢毯预缩处理，可有效解决缩水、布面光洁度和手感问题。

二、机织物

1. 喷气涡流纺纱线整经工艺的选择

整经是浆纱的基础，涡流纺纱线整经工艺四原则：即小张力、中车速、中压力、三均匀。为保证“三均匀”，要做到筒子大小一致，整批换筒。断头操作做到找头清、接头小，防止浆纱过程中的浪头。落轴时要固定纱距，保证浆纱中的排列均匀，经生产实际经验，涡流纺纱整经实测百根万米断头 0.3 根。

2. 喷气涡流纺纱线浆纱工艺差异性分析

虽然涡流纺表面毛羽极低，但强力仍略显不足，为保证生产过程中因强力不足而造成的频繁断经问题，因此，在织造前仍需要上浆。但是涡流纺因其特殊的包芯结构，在实际生产过程中，如按常规配方上浆，浆料覆盖过厚，在织造过程中会加剧内应力集中，使覆层与芯纱的滑移加剧，从而使布面出现毛圈，影响布面光洁。为改善布面效果需要调整上浆配方，让不同类型的纱线获得适宜的浆料覆盖以满足生产的情况，尽可能减少浆料的使用量，以降低成本（表 10-3、表 10-4）。

表 10-3　喷气涡流纺纱上浆工艺

卷绕张力（kN）	21	退绕张力（kN）		0.5
干区张力（kN）	15	湿区张力（kN）		0.8
压浆辊压力（kN）	前辊	上限点	9.5	
		下限点	1.7	
	后辊	上限点	3.5	
		下限点	1.7	
引纱辊压力（kN）	前浆槽	3.1	浆纱速度（m/min）	70
	压浆槽	3.1		
	干区	5		
浆槽温度（℃）	95	烘筒温度（℃）	130	

表 10-4　浆料配方表

32 英支环锭纺	醋酸酯淀粉浆料 75kg，TH-100 系列淀粉浆料 20kg，胶水 10kg，蜡片 3kg
32 英支气流纺	醋酸酯淀粉浆料 75kg，TH-100 系列淀粉浆料 17kg，胶水 8kg，蜡片 3kg
32 英支涡流纺	醋酸酯淀粉浆料 60kg，TH-100 系列淀粉浆料 15kg，胶水 10kg，蜡片 3kg

3. 如何实现喷气涡流纺高效织造

织机的织造效益是由产量高低决定的，而产量高低又取决于织机速度和效率，单纯依靠提高车速增加产量的方法，是片面而不切实际的。所以，当织机速度增加到一定水平后，织机效率是决定织机产量和织造效益的主要因素。

影响织机效率的因素主要有织机经纬向故障停台、更换品种及设备维修等占用的时间。其中，更换品种及设备维修所占用的时间，在动态的生产过程中变化不大，在一定条件下基本趋于恒定。因此，如何降低经纬向故障停台是提高织机效率、增加产量及效益的关键。

目前，无梭织机的性能已趋成熟，引纬率大幅度增加，其非常重要的原因是由于纺纱和前织准备技术方面的进步，使纱线具有在高速织造条件下承受更大应力的能力。如果经纱不能适应高速运转，则实际引纬率也就不可能提高。同样，如果织机的经纱张力、梭口几何形状和织机速度等上机工艺参数设置不当，即使纱线质量好，经纬纱的断头率也会增加，同时织物的产量和质量也会下降。因此，纱线质量、织机参数设置等都存在着最优化问题。

喷气织机导航系统赋予织机上机工艺参数自动检测、控制功能；进一步扩大和强化了工艺参数自动设定功能和简易设定、自动优化功能，使各种设定项目更具体化、更简单化，引导使用最佳的织造工艺条件。

利用调节主喷嘴喷气时间，改为利用调节主喷嘴的压力来优化纬纱飞行。这种系统确保了不同纬纱的飞行时间一致，最大限度地降低气流对纬纱的作用力，使纬纱张紧程度相同，从而降低引纬张力，避免纬向疵点和织机纬停。

4. 如何实现喷气涡流纺机织产品优质

（1）通过织机机构改进，提高织机高速稳定性及产品适应性。

①用于产业用织物加工的多尼尔剑杆织机，采用共轭凸轮打纬机构，筘座采用轻质合金制造，强度高。织机的左右两侧均有一组打纬机构，能获得强大的打纬力，同时保持左右布面得到的打纬力平均一致，使整台机器在运转时能达到高稳定性、低振动，满足织机高速运转的要求。打纬机构的凸轮和转子采用油浴润滑，延长使用寿命。其打纬凸轮曲线设计可使筘座有较长停顿期，在高速、阔幅织造时使纬纱有足够的飞行时间，降低引纬张力和纬纱的断头。

②喷气织机采用共轭凸轮打纬系统，使打纬力增加，同时也有利于延长引纬时间，减少纬纱疵点，使喷气织机在发展高速、高效优势的同时，不断扩大其织造品种适应性。喷气织机配置积极式凸轮开口，适应加工重厚织物，进一步使其产品适应性得到拓展。

③新型喷水织机采用具有高度刚性的两侧箱型机架，可以减轻高速运转时的振

动。其主要驱动部分都处在油浴的环境中，并采用了提高喷射水流集束性的新型喷嘴，可用小开口引纬，从而实现进一步高速运转。由于采用了强韧的机架结构和高刚性的送经（加强齿轮箱和双后梁）、高精度的卷取机构，使织口位置更加稳定，从而织造范围也从轻薄织物扩大到中等厚重织物，从低密度织物到高密度织物，品种得到了大幅度的扩大。

（2）通过织机主要机构改进，提高产品质量。

①剑杆织机采用SUMO电动机直接驱动织机。由于不使用离合器、制动系统，使织机结构特别简单，织机运动更加稳定、可靠。SUMO电动机强大的启动转矩保证织机开车第一转的转速达到正常转速的90%以上，使开车横档得以减少。同时，织机速度由电子调控，大大缩短了设定时间，使织布工能根据纱线的质量、综框的数目与织物结构，方便地设定织机速度。SUMO电动机能根据每根纬纱的强度不断地调整机速。因此，在引入较弱纬纱时，织机会自动以较低的速度运转，过后恢复全速运转，既减少纬纱断头造成的疵点，又避免了织机持续的低速运行。

②在挠性剑杆织机上，采用无导剑钩技术，革除了导剑钩对经纱的损伤，特别有利于无捻长丝织造。将剑杆织机的消极式剑头改换成积极式剑头，采用积极式纬纱交接方式，使纬纱交接更为可靠，织物的纬向疵点减少。

③在部分刚性剑杆织机上，采用压缩空气轴承导向，形成引纬剑杆气垫导轨。这种无接触的空气润滑方式同时也是一种良好的冷却方式。随着剑杆杆身温度的下降，剑杆的润滑周期可以延长，加上空气气流对剑杆的清洁作用，可以使剑杆更清洁，从而降低织物的油污疵点，也克服了由于剑杆、导齿的温度升高而影响合成纤维的织造。

④低气耗喷气织机在引纬系统上技术创新比较多，重点是优化引纬元件、提高引纬效率，减少气耗。措施如设计新型主喷嘴、辅喷嘴、电磁阀、空气管道和储气罐，改进储纬器、纬纱张力控制器以及完善筘座运动、清晰梭口，通过计算机监控整个引纬系统，确保不同引纬元件之间的同步性，达到高速度、运转高效率、织物高质量。新型喷气织机的每片综框由独立的伺服电动机单独驱动，不仅可对开口形式，同时也可对每片综框的静止时间、闭口时间进行自由设定，充分保证开口清晰和纬纱从容飞越梭口，实现最优化的开口工艺条件，保证产品的高质量。

（3）通过织机辅助装置的改进与增设，提高产品质量。

①剑杆织机选纬目前大多采用电磁式电子选纬装置，先进的剑杆织机采用步进电动机控制选纬指运动的选纬装置或单独的线性电动机控制选纬指运动的选纬装置，这不但有利于增加色纬数量、提高选纬的可靠性，而且使织机车速得以进一步提高。

②Easyleno 简易纱罗系统完全取消原先的开口装置、综框和纱罗绞综等，它有助于大幅度提高织机的速度，适用于生产玻璃纤维纱罗织物、窗纱和地毯底布。Motoleno 绞边器，取代有大量回转机械部件的传统的行星式绳状绞边装置，MotoLeno 绞边器的电动机自身作为一个圆盘绞转边纱，其圆盘的转向、转动圈数以及每个圆盘的转动时间配合都可以通过电子设定，该装置结构十分简单、紧凑，采取独立电动机，使传动简化。

③采用双织轴送经的织机公称筘幅可达 38m，两侧织轴配有独立的电子送经系统，由两侧后梁上的压电传感器分别控制两侧的伺服电动机传动，缩小两轴送经差异。

④新型织机普遍配置可编程计算机控制系统。系统采用高分辨率的大屏幕彩色视窗平台、图像显示、触摸式人机界面，大幅度地扩大并提高了自动设定、自我诊断、状态监控及管理功能。

第四节　喷气涡流纺纱线的后续应用

一、纱线结构对服装面料的影响

纱线能使纤维材料的特性发生显著的变化，包括几何性能、物理性能、机械性能和外观特征等。

1. 几何性能

几何性能包括长度、细度和截面形状，捻度、捻向和合股等参数。同一种纤维可以设计成多种不同的长度（化学纤维）、细度、截面形状，捻度、捻向和合股等参数。如纤维长度，涤纶可以设计成长丝纱、短纤纱、毛型纱、中长纱、棉型纱等；棉纱的纱线细度可以从几特到几百特，毛纱可从几特到几十特；不同的纱线截面形状不同，变形纱、花式纱线的截面形状更是变化多端；纱线可根据织物的需要设计成各种不同的捻度，大到极强捻纱，小到无捻纱；捻向也可以是左捻、右捻或左、右交替的变形纱。

（1）纤维的长短对服装面料的影响。纤维的长短对织物的外观、纱线质量以及织物手感等都有影响。短纤维纱线表面有茸毛，织制的面料具有良好的蓬松度、覆盖性和柔软度，手感温暖。但纱线均匀度不够好，面料不够光洁，光泽较弱。长丝纱线具有良好的强力和均匀度，具有阴凉感，其面料光滑明亮、透明匀净。纤维越长，其纱线表面越光洁，面料也越平滑，且不易起毛起球。有时为了追求面料的风格质感，将长丝变形加工成变形纱，使其面料拥有蓬松性和覆盖力，从而获得短纤维的粗糙外观。

（2）纱线的细度对服装面料的影响。纱线较细，可织制细腻、轻薄、紧密、光滑的面料，手感柔和，穿着舒适，适用于内衣、夏装、童装及高档衬衫等；若纱线较粗，面料的纹理较粗犷、清晰，质感也较厚重、丰满，保暖性、覆盖性和弹性比较好，更适用于制作秋冬外衣。

（3）纱线的捻度对服装面料的影响。纱线捻度对服装面料的许多方面都有影响。捻度增大，纤维间抱合紧密，强力也随之增大，但超出临界值强力反而下降。捻度大的面料，手感硬挺爽快，不如低捻度面料柔软蓬松。在一定范围内，捻度增加，长丝面料光泽减弱，短纤维面料光泽增加。

（4）纱线的捻向对服装面料的影响。纱线的捻向与服装面料的外观、手感有很大关系。利用经纬纱捻向和织物组织相配合，生产出组织点突出、清晰、光泽好、手感适中的面料。由于不同捻向纱线对光的反射不同，利用不同捻向纱线的间隔排列，可使面料产生隐条、隐格效应。当 S 捻和 Z 捻纱线或捻度大小不同的纱线一起织制面料时，表面呈现波纹效应。利用强捻度及捻向的配合，可织制绉纹效应的面料，如丝织物中的双绉和绉缎。

（5）纱线的形态对服装面料的影响。形态简单而一般的普通纱线需经过组织设计、印染或特殊整理方可使面料获得不同寻常的色彩效应与肌理质感，而形态结构特殊的花式纱线，其面料则直接拥有色彩变化和特殊肌理，因为纱线已具备这些因素，在面料的构成中则更具表现力，即使采用简单的组织结构也会产生与众不同的效果，有趣的是，同一种花式纱线若采用不同的结构、密度、幅宽等，就会产生截然不同的外观和肌理，甚至产生意想不到的效果。

2. 物理性能

物理性能包括密度、膨松度、吸湿性、吸水性、静电性等。如密度，长丝纱比短纤纱高，短纤维又比膨体纱高。密度低，膨松度高。纱线内空气多、间隙大，吸湿性就好，抗静电性能就强。如表面起绒的涤纶空气变形纱，手感柔软，蓬松温暖，其吸湿、吸水、抗静电性能就比一般的涤纶长丝纱好得多。

3. 力学性能

机械性能包括强伸度、弹性、刚度、摩擦性等指标。某些变形丝纱线的伸长和弹性可以达到普通长丝的若干倍，强捻纱要比弱捻纱的刚度大，膨体纱要比一般短纤维耐磨性强。

4. 外观特征

外观特征包括毛羽、光泽、花式、花色。纱线的外观特征多种多样，不同原料纱线的外观特征不一样，长丝纱和短纤纱外观不一样，不同粗细的纱外观不一样，各种变形纱外观也不一样，花色纱线和花式纱线的色、花、形、光更是变化莫测。各种特性可以在很大幅度内变化。纱线特性的变化为织物的变化提供了充足的素材，纤维如不经过纱线，不仅无法获得如此丰富多彩的织物，甚至连起码的织物也难以形成。

二、新型服装面料开发的新思路

服装面料将随时代的发展出现新的格局。对面料的研究、开发和设计也需要在新的条件下、新的水准上，采用新的思路。未来新型服装面料产品开发的思路应包括以下几方面。

1. 技术与艺术的结合

今后任何一种高档面料不仅需要采用新原料与新的加工技术，而且将十分重视其艺术表现力，尤其是流行色的运用和与时尚元素的结合创造出新的产品风格。如一套高档服装或高级时装，消费者往往不仅重视其质地和品位，还特别注重其色彩、款式与穿着风度。为此，设计时必须采用立体思维的方式，两者兼顾。对一般服装而言，应兼顾其功能性与艺术性，对特殊服装可以有所偏重。例如，运动服、工作服、职业服可以强调某些功能，但这些服装在美学方面也应颇有讲究，也应讲究技术美学、造型美学。而艺术服装、舞台服装往往把艺术放在第一位。针织服装由于可以运用流行色纱线直接编织成形服装，其服装设计更强调技术与艺术的结合。

2. 物质与精神的结合

过去主要从色彩、内在质量等有关物质内容对面料提出要求，当然价格也在考虑之中。现代人对面料的选择，又有了新的追求和标准。对于人体包装，人们不仅讲究外在美，还讲究内在美、整体美、个性美。认为衣着不仅是人体的外包装，也是人的内心表露，个性的展示。因此，对于服装追求意境，讲究形神兼备，心物交融。事实上，面料的色、形、花、质、风格等都带有意境。例如，有人认为服装面料看似无声，实际上是有节奏、有韵律、有韵味、有诗意的。有人说，喜欢什么样的面料可以看出有什么样的性格；一些人追求名牌效应，一些人喜欢通过服装来显示地位、优越感等，这都是一种精神反映。不同地区、不同民族、不同国度在服装方面都有自己喜好的材料、色彩和款式，也有一套自己的着装方式，这就是物质与精神相结合的道理。

3. 传统与现代的结合

服装面料与现代科技、当代文化紧紧相依，更要体现时代特征。所谓时代特征包括两个含义，一是科学技术进步与社会经济发展给人们服饰观念与生活带来新的变化；二是人与特定社会环境相互交流所产生的一种时尚。第一个含义是说，什么样的社会经济基础产生什么样的生活观念，在服装上表现出来的就是一种时代风格。比如，现代社会生活使自行车、汽车成为人们日常的交通工具，而穿长袍马褂显然就不适宜。第二个含义是说，每个人都生活在一个特定的国度里，而每个国家的社会发展又都具有自己独特的民族历史性。在这种情况下，如果追求与自己相距遥远的地域时尚，自己生活的这个社会就难于接受，这种时代感也不会有生命力。服装面料是现实生活中的一件实用品，它与人类的生活密切相连；它不能割断历史、民族、传统，甚至习俗；它不能脱离自然与社会。如今返璞归真、回归自然的潮流就足以证明这一点。许多流行色都带有这方面的影响，如宣称灵感来自埃及古装、路易十四时代、古老宫殿、东方神韵、高原生活文化、原始印记、敦煌壁画，服装的主题来自乡村气息、清静的自然、热带丛林、沙漠、草原、海岛夏日、田园风情等。所以，现代化与传统、现代化与民族、现代化与自然有着不可分割的联系。

4. 个性与共性的结合

当代服装面料强调个性化，这是服装文化的一种发展和进步，是服装面料多样化、需求多样化折射出来的一个侧影。然而不能忽视它共性的一面，如服装面料的基本性能，服装面料所需的舒适性、美观性、时代感等（只有在人们与自己生活的社会交流中产生的具有民族性、符合社会经济发展水平的时尚，才称得上时代感，或者叫民族时代感）。服装面料的流行色、流行风格也是必须遵循的共同内容。所以，重要的是如何使个性与共性相结合，如何既重视产品的共性，又发挥其个性。两者兼备，才是有水平、有特色的产品。

5. 宏观和微观相结合

对于服装面料开发来讲，宏观是指时代的大背景（大趋势），环境保护、生态化等现代的政治、经济、文化、思想方面的大动向；所谓微观，指服装面料的具体设计、原料的选择、生产工艺的制订等因素。目前，许多产品设计人员往往重视微观，忽视宏观。实际上，宏观方面的内容带有方向性、指导性，它是服装面料开发的主旋律，它对服装面料开发的影响面广、时效长而深刻，它与微观方面的内容是主从关系。以男装为例，多少年来一向以传统文化为基础的西服，强调立体造型、结构合理、整体挺括，要求正统性、标准化。当代由于休闲意识的普及，着装观念的更新，服装面料也大踏步地向自由化方向发展。美国的李维·史特劳斯公司的调查表明，休闲潮流使正规服装失去市场，美国人开始越来越多地追求休闲，而且许多人已经开始习惯休闲。他们尝试使随意化的穿着看起来更有趣、更引人注目的同时更时髦，所以休闲装潮流已使许多正规服装失去了吸引力，而使服装领域产生了一个全新的服装分类，有时称为“公司休闲装”或“职业休闲装”，以区别在家里的那种随随便便的服装。这说明，休闲装现今已经有了全新的概念，即休闲装不单在闲暇时间穿用，有些休闲装能使上班族在工作中不失身份，在娱乐中又不显拘束。以上都说明在现代服装面料的开发中，有许多要认真思考的问题，如模仿与创新、实用技术与高新技术的运用、前卫派与大众化、流行与反流行等。

三、喷气涡流纺具体应用实例

1. 机织物

（1）涤纶/黏胶——西服（图 10-4）。

混纺：65%涤纶，35%黏胶。

纱支：30/1 英支。

织物结构：110×60；110×71。

机织物：平纹机织物（仿毛风格）；$\frac{2}{1}$斜纹布。

织物重量：165~180g/m²。

（2）天丝休闲服（图 10-5）。

纱支：40/1 英支。

织物结构：120×65。

图 10-4　喷气涡流纺涤/黏面料

图 10-5　喷气涡流纺天丝面料

机织物：平纹机织物（仿毛风格）；$\frac{2}{1}$斜纹布。

织物重量：180g/m²。

2. 喷气涡流纺针织物具体应用实例

（1）有/无弹性的单面针织物。

原料：100%棉，或 100%兰精莫代尔®，或 50%兰精莫代尔®/50%棉，（图 10-6）。

纱支：30/1 英支。

图 10-6　喷气涡流纺单面针织物

面料重量：150g/m^2。

（2）双螺纹针织物（图 10-7）

原料：100%棉或 100%兰精莫代尔®或 50%兰精莫代尔® 50%棉。

纱支：40/1 英支。

面料重量：185g/m^2。

图 10-7　喷气涡流纺双螺纹针织物

（3）黏胶面料—印花（图 10-8）

纱支：40/1 英支

织物结构：110×63。

针织物：平纹针织物。

面料重量：155g/m²。

图 10-8　喷气涡流纺印花面料

参考文献

[1] 邢明杰，郁崇文. 喷气涡流纺（MVS）自由端纺纱特征的研究［C］. 2008 年中国纱线网涡流纺和喷气纺论文汇编. 2008.

[2] 邹专勇，程隆棣，俞建勇等. 喷气涡流纱中纤维的空间轨迹研究［J］. 纺织学报，2008，29（10）：25-28.

[3] 魏俊虎，邹小祥，周志标等. 浅议皮辊应用及皮辊房管理的重点［C］. 2013 中国棉纺织总工程师论坛文集. 2013

[4] 魏俊虎，周国平. 紫外线光照技术的应用探讨［C］. 2016 “天门—昊昌杯” 全国精并粗技术研讨会论文集. 2016.

[5] 村田机械有限公式. VORTEX III 870 使用说明书.

[6] 严立三. 纺织厂空调与除尘［M］. 2 版. 北京：中国纺织出版社，2009.